普通高等教育"十一五"规划教材

教育部高等学校轻工与食品学科教学指导委员会推荐课程

U0288804

食品科学导论

卢蓉蓉 张文斌 夏书芹 编著

SHIPIN

KEXUEDAOLUN

化学工业出版社

·北京·

本书是为食品科学与工程专业的初学者编写的一本入门书，旨在帮助他们了解食品科学与工程的基础理论和加工技术，并能在此基础上学习更高深的理论和更专业的知识。

本书重点介绍食品科学的研究领域、食品组分的基本化学性质和营养性质、实现食品加工的主要单元操作、食品的质量控制、食品加工原理、常见类型的食品加工工艺、食品包装与安全的重要意义、相关法规等内容。

本书可作为食品科学与工程及相关学科的大专院校的教材，也可作为食品领域及相关领域工作的教师、研究生、科技工作者及相关部门管理人员的参考书。

图书在版编目（CIP）数据

食品科学导论/卢蓉蓉，张文斌，夏书芹编著 . —北京：化学工业出版社，2008.7（2022.11重印）

普通高等教育"十一五"规划教材

教育部高等学校轻工与食品学科教学指导委员会推荐课程

ISBN 978-7-122-03077-1

Ⅰ. 食…　Ⅱ.①卢…②张…③夏…　Ⅲ. 食品工业-基础科学-高等学校-教材　Ⅳ. TS201

中国版本图书馆 CIP 数据核字（2008）第 086160 号

责任编辑：赵玉清　　　　　　　　文字编辑：何　芳
责任校对：洪雅姝　　　　　　　　装帧设计：刘丽华

出版发行：化学工业出版社（北京市东城区青年湖南街 13 号　邮政编码 100011）
印　　装：大厂聚鑫印刷有限责任公司
720mm×1000mm　1/16　印张 16　字数 342 千字　　2022 年 11 月北京第 1 版第 13 次印刷

购书咨询：010-64518888　　　　　　　售后服务：010-64518899
网　　址：http://www.cip.com.cn
凡购买本书，如有缺损质量问题，本社销售中心负责调换。

定　　价：38.00 元　　　　　　　　　　　　　版权所有　违者必究

前　言

　　本书是食品科学与工程专业的一本入门书，旨在帮助食品科学与工程专业的初学者在进入专业课学习之前初步了解食品科学与工程的基础理论和加工技术，并能在此基础上学习更高深的理论和更专业的知识。

　　本书内容涵盖了与食品科学相关的领域，以通俗易懂的语言、深入浅出的文字将食品科学与工程的最重要的方面介绍给读者。本书包括了食品科学的研究领域、食品组分的基本化学性质和营养性质、实现食品加工的主要单元操作、食品的质量控制、食品加工原理、常见类型的食品的加工工艺、食品包装与安全的重要意义、相关法规等全方位的信息。可以说，这是将来专业课的一个简缩版。

　　本课程是轻工与食品学科教学指导委员会推荐的特色课程，而本书对于食品领域及相关领域工作的教师、研究生、科技工作者及相关部门的管理人员都将是一本极有价值的参考书。

　　参加本书编写的有江南大学食品学院的卢蓉蓉（第一、三、五章）、张文斌（第二、五章）、夏书芹（第三、四章）、姜启兴（第六章）和孙秀兰（第七章），全书由卢蓉蓉统稿。

　　限于编者水平，书中难免有疏漏之处，敬请广大读者批评指正。

编　者
2008 年 4 月

目　　录

第一章 绪论

第一节 食品科学的研究领域

自从人类在地球上出现，就同食品联系在一起。"民以食为天"这句俗语正说明了食品对人类的重要性。从茹毛饮血到燧木取火，从原始蒸煮到美味佳肴，以及罐藏食品的出现和现代营养学的建立是食品科学史中的四个里程碑。食品科学可以定义为：以基础学科和工程学的理论为基础，研究食品的物理、化学和生物化学性质以及食品加工原理的一门学问。

食品科学是一个集理、工、农等学科的相关知识为一体，边缘性、综合应用性极强的交叉学科。食品科学涉及的范围很广，包括食品微生物学、食品化学、食品营养学、食品保藏原理与技术、食品工艺学、食品机械与设备、食品工厂设计、食品分析、食品感官鉴评和食品包装等。

一、食品微生物学

食品微生物学是食品科学与工程专业的专业基础课。学习这门课的目的是为了掌握食品微生物学的基本知识、基础理论和基本实验技能，辨别有益的、腐败的和致病的微生物。一方面在食品制造和保藏中，充分利用有益的微生物，为提高产品的数量和质量服务；另一方面，控制腐败微生物和病原微生物的活动，以防止食品变质和杜绝有害微生物对食品的危害。

食品微生物学是研究与食品有关的微生物的性状，及其在食品工艺、食品保藏、食品卫生中的作用、影响与控制的科学。它是一门综合性的学科，融合了普通微生物学、农业微生物学、工业微生物学、医学微生物学和食品有关的部分，同时又渗透了生物化学、机械学和化学工程的有关内容。微生物学的发展经历了微生物学的史前时期、微生物学的启蒙时代（形态学期）、微生物学的奠基时代（生理学期）以及近代微生物学的发展等四个阶段。

食品微生物学的研究对象主要是与食品有关的细菌、酵母菌、霉菌及病毒等微生物类群。这些微生物虽然形态不同、大小各异，但它们的生活习性、繁殖方式、分类及分布范围很相近，尤其是它们的培养方法和研究手段基本相同。

食品微生物学所研究的内容非常丰富，包括：与食品工业关系密切的各大类微生物的细胞形态结构、菌落特征、繁殖方式及其生命活动规律；环境条件对食品微生物生命活动的影响及控制食品微生物的理论依据；研究、分析微生物的基本技术和方法；微生物在食品生产，主要是发酵食品工艺中的应用及原理；微生物遗传变异的基本理论，掌握几种新的育种方法——诱变育种、杂交育种、基因工程育种的原理与技术；微生物可能对食品造成的污染，包括引起食品的腐败、变质、毒害及危害，以及各类食品的防腐、防霉安全保藏技术；食品微生物学检验分析方法，制定食品中微生物指标，从而为食物中毒的分析和预防提供科学依据。

二、食品化学

食品化学是食品科学的专业基础课，这门课程的学习目的是了解食品材料中主要成分的结构与性质，食品组分之间的相互作用和这些组分在食品加工和保藏中的物理变化、化学变化和生物化学变化，以及这些变化和作用对食品色、香、味、质构、营养和保藏稳定性的影响。它是为改善食品品质、开发食品新资源、革新食品加工工艺和储运技术、科学规范饮食结构、改进食品包装、加强食品质量控制及提高食品原材料深加工和综合利用水平奠定理论基础的发展性学科。

食品化学是食品科学学科中涉及范围很宽泛的一个分支。根据研究对象物质分类，食品化学主要包括：食品碳水化合物化学、食品蛋白质化学、食品油脂化学、食品酶学、食品添加剂、维生素化学、食品矿质元素化学、调味品化学、食品风味化学、食品色素化学、食品毒物化学等。另外，食品化学还涉及食用水质处理、食品生产环境保护、食用天然产物的提取分离、农产品资源的深加工和综合利用、食品工业中生物技术的应用、绿色食品和功能食品的开发、食品加工、食品包装和储运、食品工程等领域。

食品化学与化学、生物化学、生理学、植物学、动物学和分子生物学有着密切的联系。食品化学家主要依靠上面这些科学有效地研究和控制人类食物来源中的各种生物资源，了解这些生物物质固有性质和加工储运过程中的变化。同时食品化学家也有其专门的关注重点，他们要着重考虑植物采摘（储藏）、动物宰杀后组织的生理变化以及在不同外界条件下食品中营养成分的变化。如新鲜水果在储运和销售时，通过低温、包装的方法使其呼吸代谢处于最低限度来维持果蔬的新鲜度；在储藏过程中通过调控冷库的气体组成、温度、湿度等环境因素，使之有较长的保藏期。

食品化学是发展很快的一个领域。近几十年来，食品加工和储藏过程中引入了大量的高新技术，如微胶囊技术、膜分离技术、超临界萃取技术、冷灭菌技术、微波技术、超微粉碎技术、可食用膜技术等，这些技术推动了食品化学的发展，也对食品化学的研究方法提出了更高的要求。例如，在微胶囊技术中，壁材（wall material）中各个组分的结构和性质、各组分之间的相互作用以及它们对微胶囊产品超微结构的影响，都是食品化学研究的课题。这就需要应用更先进的分析和测试手段，从宏观、分子水平和超微结构三个方面着手将这项高新技术正确地应用于食品工业。

三、食品营养学

食品营养学是研究人类营养与食物和健康关系的科学，旨在将现代营养科学知识及人们合理营养需要与食品生产、加工、储存和供应的合理规划、安排结合起来，达到不断提高人民营养水平、增进健康的目的。

食品营养学涉及了食品体系所能包含的各种组分。主要的内容包括：食物中所含的营养素类型以及食物在消化道中的消化吸收过程;三类产能营养素——碳水化合物、蛋白质、脂类的组成分类、生理功能、在食品加工储存中的变化以及食物来源和供给量;维生素的特点、分类,各种易缺乏维生素的功能、缺乏时的影响;矿物质的功能、生物有效性,食品的成酸和成碱作用,矿物质在食品中的含量以及食品加工对矿物质的影响,易缺乏的矿物质的功能、吸收特点,缺乏时对健康的影响,矿物质的食物来源与供给量;膳食纤维的分类、功能、在食品加工中的变化以及食物来源和供给量;平衡膳食的概念、基本原则,了解中国居民膳食营养素参考摄入量、合理营养以及中国居民膳食指南;食品营养强化的概念、主要目的,掌握食品营养强化的基本原则、常见的食品营养强化剂和强化食品的种类等。

四、食品保藏原理与技术

食品保藏原理与技术是一门研究食品腐败变质的原因及食品保藏方法的原理和基本工艺,解释各种食品腐败变质现象的机制并提出合理的、科学的预防措施,从而为食品的保藏、加工提供理论基础和技术基础的学科。食品保藏从狭义上讲,是为了防止食品腐败变质而采取的技术手段,因而是与食品加工相对应而存在的;但从广义上讲,保藏与加工是互相包容的,这是因为食品加工的重要目的之一是保藏食品,而为了达到保藏食品的目的,必须采用合理的、科学的加工工艺和加工方法。

食品保藏的原理可分为四种类型:①维持食品最低生命活动的保藏法。此法主要用于新鲜水果、蔬菜的保藏。通过控制水果、蔬菜保藏环境的温度、相对湿度及气体组成等,使水果、蔬菜的新陈代谢活动维持在最低的水平上,从而延长它们的保藏期。这类方法包括冷藏法、气调法等。②抑制食品生命活动的保藏方法。在某些物理、化学因素的影响下,食品中微生物和酶的活动也会受到抑制,从而也能延缓其腐败变质,使食品品质在一段时间内得以保持。但是,解除这些因素的作用后,微生物和酶即会恢复活动,导致食品腐败变质。属于这类保藏方法的有冷冻保藏、高渗透压保藏(如干藏、腌制、糖渍)、化学保藏等。③运用发酵原理的食品保藏方法。这是一类通过培养有益微生物进行发酵,利用发酵产物——酸和醇等来抑制腐败微生物的生长繁殖,从而保持食品品质的方法。泡菜和酸黄瓜就是采用这类方法保藏的食品。发酵作用更重要的意义在于提供形式多样的饮料产品。④利用无菌原理的保藏方法。利用热处理、微波、辐射等方法,将食品中的腐败微生物数量减少或消灭到能长期储藏所允许的最低限度,并长期维持这种状况,以免储藏期内腐败变质。罐藏、辐射保藏及无菌包装技术等均属于此类方法。密封、杀菌和防止二次污染是保证此类食品长期安全的技术关键。

五、食品工艺学

食品工艺学是一门运用化学、物理学、生物学、微生物学和食品工程原理等各方面基础知识,研究食品资源利用、生产和储运的各种问题,探索解决问题的途径,实现生产合理化、科学化和现代化,为人们提供营养丰富、品质优良、种类繁多、食用方便的食品的一门学科。

食品工艺学的主要任务可以归纳为:①研究充分利用现有食品资源和开辟食品

资源的途径；②探索食品生产、储运和分配过程中食品腐败变质的原因和控制的途径；③改善食品包装，提高食品保藏质量，以便于输送、储藏和使用；④创造新型、方便和特需食品；⑤以提高食品质量和劳动生产率为目标，科学地研究合理的生产组织、先进的生产方法及适宜的生产工艺；⑥研究食品工厂的综合利用问题。

由于食品工业包含很多门类，因此不同门类的产品均可形成一门自身的工艺学。根据研究内容，食品工艺学可划分为罐藏工艺学、果蔬工艺学、肉类工艺学、乳制品工艺学、饮料工艺学、糖果和巧克力工艺学等。

六、食品机械与设备

食品机械与设备是一门运用所学过的食品工程原理、食品工艺等基本理论和基础知识，研究食品机械设备的结构、性能、工作原理、使用与维护、设备选型以及一些自动控制的应用等内容的应用型学科。其目的是通过系统地介绍食品工厂机械与设备方面的基础知识，培养学生的工程思维能力和创新思维能力，为日后学生步入食品行业从事食品加工工作打下理论和技术基础。

食品机械与设备主要涉及输送、清洗和原料预处理、搅拌及均质、真空浓缩、干燥、装料及检重、排气及杀菌、空罐制造、封罐机、冷冻等单元操作的机械与设备以及典型食品生产线及其机械设备。

七、食品工厂设计

食品工厂设计是食品科学与工程专业的一门专业课程。它是一门涉及经济、工程和技术等诸多学科的综合性和应用性很强的学科。其目的是使学生在学完食品科学与工程专业的所有课程后，能将所学的知识在食品工厂设计中综合运用，通过毕业设计使学生受到必要的基本设计技能训练。待学生走上工作岗位后既能担负起工厂技术改造的任务，又能进行车间或全厂的工艺设计。

食品工厂设计是食品企业进行基本建设的第一步，食品工厂的科学建造是食品卫生、安全、质量的保证。成功的食品工厂设计应该是经济上合理，技术上先进，投产后产品在质量、数量上均能达到所规定的指标的必要前提。

食品工厂设计的内容一般包括：工厂总平面设计、工艺设计、动力设计、给排水设计、通风采暖设计、设备选型、管阀件设计、车间平面及立面设计、管路平面及剖面设计、自控仪表、三废治理、技术经济分析及概算等。

八、食品分析

食品分析是建立在分析化学、无机化学、有机化学和现代仪器分析等学科基础上的一门综合性的学科。它是食品专业的专业课程之一，是食品产品质量控制、技术监督和卫生监督的理论根据。分析工作者的任务是根据物理、化学、生物化学等基本理论，应用各种科学技术，按照制定的技术标准，对原料、辅助材料、半成品及产品的质量进行检验，以保证生产出质量优良的产品，改革生产工艺，改进产品包装和储运技术。

食品分析的内容包括：①食品中营养成分的分析。食品中营养成分的分析的目的是通过分析食品的营养成分及含量，来评价食品的营养价值，制定合理的膳食营养指标，从而实现居民的合理营养。此外，在食品工业生产中，食品配方的论证、生产过程的控制、成品质量的检验、对食品加工工艺合理性的鉴定等，都离不开营养成分的分析。②食品添加剂的分析。食品在生产中，为了改善食品的感官性状、防止腐败变质、提高食品质量或加工工艺而加入了少量的辅助材料称为食品添加剂。食品添加剂分为化学合成的和天然的两大类。化学合成的食品添加剂除了对食品具有特效作用外，对人体还具有一定的毒害作用。故对化学合成食品添加剂的使用，我国制定了严格的使用标准。食品分析工作者应严格把关、积极监督，确保食品的安全性及添加剂的合理使用。③食品中有害物质的分析。食品中的有害物质的来源，一是由于环境污染造成食品原料被污染；二是由于食品在加工过程中受到污染；三是农药的污染；四是因微生物污染而产生的有害物质。为了保证人民健康，国家制定了食品卫生标准和卫生法规，对食品质量及其中有害物质的最高允许含量都有明确的规定，食品企业必须严格遵守。

食品分析方法有感官检验法、物理分析法、化学分析法、仪器分析法、微生物分析法、酶化学分析法等。随着科学的发展，食品分析的方法不断得到完善、更新，在保证分析结果准确度的前提下，食品分析正向着微量、快速、自动化的方向发展。例如：采用近红外线自动测定仪对食品营养成分进行检验时，样品不需进行预处理，可直接进样，经过微机系统迅速给出蛋白质、氨基酸、脂肪、糖类、水分等各种成分的含量。

九、食品感官鉴评

食品感官鉴评是在食品理化分析的基础上，集心理学、生理学、统计学的知识发展起来的一门学科。人们在选择一种食品的时候，首先要凭个人经验感知，根据食品的感官特性，即食品的色、香、味、形来决定食品取舍，这属于"原始的感官检查"，但这种感官鉴定存在许多局限。在经过许多科学工作者的努力之后，食品感官检查采用了现代科学知识，而且这一工作正逐步趋向完善。其中，采用计算机处理数据，使得结果分析快速而准确。

食品感官鉴评这一学科不仅实用性强、灵敏度高、结果可靠，而且解决了一般理化分析所不能解决的复杂的生理感受问题。应该注意的是，食品感官鉴评是以人的感觉为基础，通过感官评价食品的各种属性后，再经统计分析而获得客观结果的试验方法。因此，在鉴评过程中，其结果不但要受客观条件的影响，也要受主观条件的影响。食品感官分析的客观条件包括外部环境条件和样品的制备，而主观条件则涉及参与感官鉴评试验人员的基本条件和素质。因此，对于食品感官鉴评试验，外部环境条件、参与试验的鉴评员和样品制备是试验得以顺利进行并获得理想结果的三个必备要素。只有在控制得当的外部环境条件，经过精心制备所试样品和参与试验的鉴评员的密切配合，才能取得可靠而且重现性强的客观鉴评结果。

食品感官鉴评在新产品的研制、食品质量评价、市场预测、产品评优等方面都已获得了广泛应用。感官分析在世界许多发达国家已普遍采用，是从事食品生产、营销管理人员以及广大消费者所必须掌握的一门科学知识。我国的感官分析工作正逐步得到重视和发展，并已制定了感官分析的国家标准，这对开展和普及感官鉴评工作起了很好的促进作用。

十、食品包装

食品包装是指采用适当的包装材料、容器和包装技术，把食品包裹起来，以使食品在运输和储藏过程中保持其价值和原有的状态。食品包装科学是一门综合性的应用科学，它涉及化学、生物学、物理学、美学等基础学科，更与食品科学、包装科学、市场营销学等人文学科密切相关。食品包装工程是一个系统工程，它包含了食品工程、机械力学工程、化学工程、包装材料工程以及社会人文工程等领域。

食品是一种易受环境因素和微生物影响而变质的商品。在外在因素的作用下，食品的品质（色、香、味和营养价值、应具有的形态、质量等）都会发生改变。如大气中的氧使食品中的油脂发生氧化，不但使食品失去食用价值，而且会产生有害物质。环境因素和微生物对食品直接和间接的影响也是我们对食品进行包装设计的重要依据。

食品包装的目的和功能主要有：①保护商品。包装最重要的作用就是保护商品。商品在储运、销售、消费等流通过程中常会受到各种不利条件及环境因素的破坏和影响，采用科学合理的包装可使商品免受或减少这些破坏和影响，以期达到保护商品的目的。②方便运输。包装能为生产、流通、消费等环节提供诸多方便，能方便厂家及运输部门搬运装卸、仓储部门堆放保管、商店陈列销售，也方便消费者携带、取用。现代包装还注重包装形态的展示方便、自动售货方便及消费时的开启和定量取用的方便。一般来说，产品没有包装就不能储运和销售。③促进销售。包装是提高商品竞争能力、促进销售的重要手段。精美的包装能在心理上征服购买者，增加其购买欲望。在超级市场中，包装更是充当着无声推销员的角色。随着市场竞争由商品内在质量、价格、成本竞争转向更高层次的品牌形象竞争，包装形象将直接反映一个品牌和一个企业的形象。现代包装设计已成为企业营销战略的重要组成部分。④提高商品价值。包装是商品生产的延续，产品通过包装才能免受各种损害、避免降低或失去其原有的价值。因此，投入包装的价值不但在商品出售时得到补偿，而且能给产品增加价值。包装的增值作用不仅体现在包装直接给商品增加价值——这种增值方式是最直接的，而且更体现在通过包装塑造名牌所体现的品牌价值这种无形而巨大的增值方式。

第二节　食品工业的发展趋势

一、我国食品工业发展现状

食品工业主要包括食品制造业、餐饮业以及食品机械制造、包装业等相关配套行业。食品工业作为我国产业中的传统支柱产业，在国民经济和人民生活中发挥着重要作用。

食品生产是由一系列产业构成的生产部门，从最初的生产活动、种植业、自然和矿产资源的开发直到最终的消费环节，形成产业链。这绝非单个的企业可以独自承担，而以生产部门为单位来探讨可持续发展的问题似乎是最为恰当的。食品生产这个部门是其中最值得探讨的单位之一，因为它上承国土及生态系统的治理，下启民众的福利与健康，地位举足轻重。因此，无论在中国还是在世界其他国家和地区，食品生产部门的可持续性都是关键的问题。

近年来，我国食品工业中出现了一批高速成长的行业，它们是液体乳及乳制品、食用植物油、谷物加工、蔬菜加工、水果加工和坚果加工等。这些行业受消费市场需求增长的强力拉动，得到国家产业政策的扶持；同时，企业大力推进技术进步，有效降低了生产成本，产品销售收入增长幅度达到 30%～50%。同时，也出现了一批投入、产出水平高的行业，如酒类制造、软饮料、糖果、巧克力及蜜饯制造，其总资产贡献水平、利润水平都较高，人力、能源等消耗较低，经济效益水平明显高于其他行业。我国食品工业迅速发展延长了农业生产链，特别是龙头食品企业在推动食品工业健康发展、农业产业化经营和农村经济结构中起到了巨大作用。由此可见，在今后若干年中，食品工业将是我国国民经济中极具发展潜力的主要支柱产业。

食品新产品、新品种丰富多彩，满足了人民生活不断改善的需求。除粮、油、肉、禽、蛋、奶、果、菜、茶等基本生活所必需的食品已经得到满足供应外，随着社会主义市场经济的发展，人民生活节奏的加快，各种方便食品如方便面、冷冻食品、各种熟肉、肠类制品、方便菜肴、方便汤料等都有了迅速发展。还有儿童食品、营养保健食品等也发展迅猛，从而满足了不同消费层对食品品种、质量、档次的不同需求，逐渐适应了食品消费行为个性化、多样化、时尚化，促使食品消费水平大大提高。

随着现代生活水平的提高，消费者开始从健康、卫生、营养、科学的角度注重饮食生活，过去高能量、高脂肪、低纤维等引起心脏、血管、消化道等疾病的食品的使用逐渐减少。鉴于消费者对食品营养和质构的要求越来越高，食品加工业正竭力应用高新技术，向消费者提供一系列味道、结构组分和营养全新的食品。低脂、低糖、低热量、低胆固醇和添加各种食品功能因子或营养强化剂的健康食品已在欧美、日本等发达国家受到广泛欢迎。

目前，随着我国建设小康社会目标的不断推进，广大人民生活水平日益提高，人们对食物的消费已向健康、营养和安全的方向发展，积极推崇纯天然、无污染、高品质和富营养的现代健康食品。因此，根据我国食品工业的实际需求以及国际食品科技的发展趋势，有必要实施食品制造关键技术的研究与产业化开发，通过采取整体部署、分步实施的方式推进关键技术创新，缩短我国在食品科技方面与国际先进水平间的差距，促进食品工业乃至整个国民经济的健康和快速发展。

根据国内外发展态势，农业领域的拓展有两个方面，一是在传统意义上的农产品与食品加工，二是在新的社会需求和新的科技推动下的精深加工。在世界发达国家，农业产后加工科技领域是各国政府投入农业的重点，以食品工业为主的农产品加工业已经成为发达国家经济发展的主导产业。如今，农产品加工和食品加工技术发展呈现出以下趋势：规模化生产的水平越来越高，加工技术与设备越来越高新化，科技投入比例越来越大，资源的利用越来越合理，精深加工程度和副产物利用水平越来越高，产品标准体系和质量控制体系越来越完善。

二、21 世纪食品工业发展的趋势

方便化、工程化、功能化、专用化和国际化将是 21 世纪食品工业发展的趋势。

(一) 方便化

方便食品 (含休闲食品、旅游食品等) 以其包装精美、便于携带著称。发展方便食品是优化食品工业产业结构、产品结构和提高居民食品制成品消费水平的重要措施，进一步使城乡居民从繁琐的炊事劳动中解放出来。

这里说的方便食品是广义的概念，主要包括主食方便食品和副食方便食品。主食方便食品主要是米面制品，如方便面、方便米饭、方便粥和馒头、面包、饼干以及带馅米面食品，其中主要是方便面，总量已列世界之最，但人均量还较低。随着农村人口城市化进程的加快，城乡居民收入水平的提高，方便面市场前景乐观。还有馒头等中国传统特色的米、面食品的方便化也是重要内容，今后要进一步解决好保鲜、保藏等方面的技术问题。副食方便食品，主要是各种畜肉、禽肉、蛋的熟食制品，或经过预处理的半成品以及方便汤料等。我国的方便食品也有一定基础，具有传统特色的方便食品、休闲食品居多，但尚需采用现代科技进行改造，发展潜力也是很大的。

速冻食品制造业是最近几年食品工业中发展最快的新兴行业。在大城市里，速冻食品已进入寻常百姓家。速冻食品发展的重点应放到方便消费的主食类、肉食等菜肴类产品上来。除现有的速冻饺子等产品外，速冻面条、速冻炒饭具有较好的发展前景。经过膨化涂裹、油炸、速冻的牛排、炸鸡腿、酥肉、面拖虾、面拖鱼等产品及经过成形、涂裹、油炸、速冻的肉饼、薯饼、米饭饼、面条饼等产品也是受到市场欢迎的速冻方便食品。对于肉制品生产，要在传统散装熟食加工的基础上，进一步利用现代保鲜技术，重点开发方便、卫生、有特色的袋装、罐装方便食品、休闲食品，例如地方特产扬州风鹅、高邮咸鸭蛋、南京盐水鸭、风鸡等畜禽熟食品。这些产品通过真空包装、灭菌保鲜，便于储藏流通，易于开拓异地市场，既能满足更多的消费者需求，又能扩大企业的生产经营规模。微波系列套餐、速冻烘焙食品和冷冻面团以及速冻蔬菜都是速冻食品开发的重要领域。冷冻食品的发展要重视与食堂、餐馆和学生午餐紧密结合，扩大集团消费用冷冻食品的份额。

传统食品的方便化。中国传统食品是千百年饮食习惯和饮食文化的积淀，每个产品都是几代人的经验积累和智慧结晶，有着独特的风味，深受广大群众欢迎。但是，它操作复杂、费工费时、生产量小、保鲜期短。要从原料的品种、品质抓起，采用科学、先进、合理的工艺技术，按一定的规模进行标准化生产，用现代的保鲜、包装技术，延长保存期，方便群众消费。

(二) 工程化

工程食品是 20 世纪不断发展而形成的一类新型食品概念。工程食品的基本特点是：①根据营养平衡的原则，对原料的成分进行合理配合，必要时强化某些营养素，使产品符合人体对营养的需求；②应用现代技术，进行工业化生产，严格执行各项标准，保证产品规格一致、质量安全、卫生可靠；③通过综合利用原料和采用优良的代用品，降低了生产成本。

工程食品除采用先进技术生产各种原配料，如从低值原料或植物性原料中提取优质蛋白质，从天然植物中提取色素，从天然资源或用化学方法制造食品添加剂等外，还涉及营养强化食品。在食品加工时，补充某些原料中缺乏的营养素或特殊成分，使消费者获得营养比较完全的食品，减少营养缺乏症及其并发症的发生。

20 世纪 40 年代以后，加拿大、日本、菲律宾等国家纷纷对食品进行营养强化。我国碘盐推广、牛奶中添加维生素 A 和维生素 D 等也取得了较好的效果。但主食营养强化只是星星点点，远未达到产业化水平。

模拟仿真食品，是指采用性质相似但价格低廉的原料，模拟某些价格昂贵的食品的色、香、味、形而仿制成的食品，如仿螃蟹腿和仿对虾等，口味与形态同真品十分相像，而价格却便宜得多。

针对预防某些疾病开发的具有保健功能的食品也属工程食品，如加有膳食纤维、低热量甜味剂以及不饱和脂肪酸等功能因子制成的食品。进入 21 世纪，越来越成熟的高新技术在食品工业中推广应用，必然会使工程食品推出许多新配料、新产品。

（三）功能化

保健食品（或称功能性食品）是 20 世纪 80 年代发展起来的，几十年来对经济比较发达的国家和地区解决"文明病"或"富贵病"起着重要作用。跨入 21 世纪后显示，功能化即保健功能食品的发展将成为未来食品工业的重点。这是因为随着社会的发展，人们愈来愈认识到饮食与健康的关系，拥有健康又是人类永恒的追求；而收入的增加，生活水平的提高，又使人们更加关注健康；生活节奏加快，竞争和精神压力的加重，需要保健食品来提高工作效率和生存质量；科技的进步使食品企业有能力生产各种保健食品，满足市场需要。随着高新技术的应用，功能性乳制品、功能性饮料和功能性食品均向着"五低"（低热量、低脂肪、低盐、低糖、低胆固醇）和第三代、第四代分子水平方向发展。

开发保健食品是一个十分复杂的过程，它必须建立在对特定人群保健需求的医学调查与统计，功效成分（保健成分）的保健作用的深入了解，载体食品的选择与工艺技术的研究，样品的功能性试验与配方调整等基础之上。开发时要根据不同人群，不同生理条件下的不同营养与健康需求，如婴幼儿、青少年、老年人、孕妇以及营养素失衡人群等，有针对性地进行配方设计，使其既具备人体生理调节功能，又有营养功能和感官功能，轻松享受美味与健康。目前，我国保健食品发展不平衡，多集中在经济发达的省市。同时技术含量还不够高，仍处于第二代的水平。并且，我国已公布了一套健全保健的管理办法。根据国内外市场需求，我国保健食品与传统中药宝库融合，具有发展潜力，这也是我国食品工业发展的重要方向。

从目前市场销售的情况看，比较热销的保健品有不饱和脂肪酸、补钙、减肥、美容、补血类等产品。未来，其他各类系列保健品，如肽系列、蜂王浆系列、蜂蜜系列、菌类多糖系列、益生菌系列、低聚糖系列、螺旋藻系列、海洋生物系列以及中草药系列等都将成为时尚。"药食同源"是我国保健食品的基本优势，但中成药方不能用来开发保健食品。要加强对保健食品功效成分的研究开发，这些功效成分主要有：多糖类，如膳食纤维、香菇多糖等；功能性甜味料（剂）类，如单糖、低聚糖、多元糖醇等；功能性油脂（脂肪酸）类，如不饱和脂肪酸、磷脂、胆碱等；维生素类，如维生素 A、维生素 E、维生素 C 等；肽与蛋白质类，如谷胱甘肽、免疫球蛋白等；活性菌类，如乳酸菌、双歧杆菌等；微量元素类，如硒、锌等；其他还有二十八烷醇、植物甾醇、皂苷等。通过对功能因子的提取、合成、分析、检测、功能评价、分离重组等工作，加上新技术、新工艺的应用，在 21 世纪，我国保健食品将从已有的第二代产品向具有国际水平的第三代产品提升，以满足国内外需求。

（四）专用化

专用化是指食品工业生产用的各种基础原料要做到专用化，改变过去那种不管原料是否符合加工要求，有什么就用什么的落后状况。发展食品专用原料，对提高食品品质至关重要，也是衡量食品工业水平的一个标志。

一般来说，食品生产用基础原料的专用化有两方面的内容。一是直接由农业生产组织选育、栽培适合食品生产用的优良谷类、果蔬、畜禽和水产品等专用品种。未来农业为食品工业提供的原料要做到基地化、规格化、标准化，实现由数量型向质量型的转变。二是通过食品加工，为食品生产提供各种专用原料。

（五）国际化

跨国大公司拥有资金、技术、人才、管理上的优势，在食品工业中向着经营规模化、产品标准化、管理规范化，集贸、科、工、农为一体的产业化和系列化的方向发展，并向世界各地扩张。中国食品工业经过数十年的磨炼和积累，技术、管理和企业素质已有较大提高，无须回避食品工业国际化的大趋势，一方面应奋起与进入中国市场的境外食品企业展开竞争，另一方面努力把企业办到大洋彼岸去。中国食品尤其是一些传统食品和保健食品，有许多历来受到国际上的欢迎，在未来扩大食品的出口会有更大的作为。要走出国门，要开展国际交流，在科技、经营、管理领域广泛开展友好合作活动，使中国食品工业置身于国际化的大循环中快速健康发展。

第二章 食品组分

食品主要是由可食用的生物化学物质构成的，它们的主要来源是有生命的植物和动物。食品提供了人体发挥所有功能所需的能量和身体生长与生命维持所需的构成成分。饮食在人体疾病（如肿瘤和心脏病）的预防和治疗、个体的智力发育和行为姿态等方面发挥重要的影响。

一般地，食品中营养成分可分为碳水化合物、蛋白质、脂肪、维生素和矿物质等，这些组分存在于不同的食品中并决定着食品的结构、质构、风味、颜色和营养价值。人们必须平衡地摄入这些营养成分才可以维持最佳的健康状态。虽然没有将水单独地作为一类营养成分，但它在环境污染极为普遍的今天，对于人类的生存和人体的健康仍具有极其重要的意义。在这些人体必需的营养素中，碳水化合物、蛋白质和脂肪这三大营养素是生热营养素，均具有重要的营养生理功能，若膳食中的供应量长期不足，就会导致全身性营养不良、贫血等症状。维生素虽然在人体中所需的量很少，但一旦缺乏就会导致维生素缺乏症，如缺乏维生素 A 可能会导致夜盲症。

食品科学是围绕食品的组分、它们的营养及性质来展开的。从营养学角度讲，食品科学家应该考虑的问题包括：食品含有什么样的营养成分？人们对营养成分有什么样的要求？这些营养成分具有怎样的稳定性？食品加工、储存和制备如何影响它们的稳定性？考虑到一般的食品科学入门者尚未掌握有机化学、物理化学、生物化学和微生物学等基础知识，往往不能在分子水平上学习食品组分的营养、性质和组分之间的反应。本章将主要介绍重要食品组分的营养价值、基本结构和一般性质，并简单涉及它们在食品生产加工实践中的应用。

第一节 碳水化合物

碳水化合物亦称糖类化合物，是自然界存在最多、分布最广的一类重要的有机化合物。葡萄糖、蔗糖、淀粉和纤维素等都属于糖类化合物。糖类化合物由碳、氢、氧三种元素组成，分子中 H 和 O 的比例通常为 2∶1，与水分子中的比例一样，可用通式 $C_m(H_2O)_n$ 表示，因此曾把这类化合物称为碳水化合物。但是很多来自生物体的天然碳水化合物并不具有这种简单的经验式，如鼠李糖（$C_6H_{12}O_5$）、脱氧核糖（$C_5H_{10}O_4$）等；而有些化合物如乙酸（$C_2H_4O_2$）、乳酸（$C_3H_6O_3$）等，其组成虽符合通式 $C_m(H_2O)_n$，但结构与性质却与糖类化合物完全不同。所以碳水化合物这个名称并不确切，但因使用已久，迄今仍在沿用。

食品中最重要的碳水化合物是糖、糊精、淀粉、纤维素、果胶和一些植物胶。简单的碳水化合物被称为糖，其中最简单的一种碳水化合物是葡萄糖。碳水化合物在人体中的主要功能就是提供热量。碳水化合物经消化水解后，都可变为单糖而被人体吸收，其中主要是葡萄糖。当葡萄糖在人体血液中含量较高时，以肝糖原的形式储存于肝脏中，或者转化成脂肪储存于体内。

一、碳水化合物的营养价值

在三大能源物质中，碳水化合物比脂肪和蛋白质廉价，而碳水化合物往往是最廉价的来源，人类膳食的大部分能量都是由碳水化合物提供的。碳水化合物中的淀粉、乳糖和蔗糖，同 D-葡萄糖、D-果糖一起，在膳食中为人类提供约 $70\%\sim80\%$ 的热量。目前，碳水化合物的营养价值研究还在不断拓展，其对人体的各种功用正不断被认识或重新认识，主要包括如下几方面。

1. 供给能量

食品是向人体提供化学能以支持日常活动和合成体内必需的化学物质的"燃料"。碳水化合物是供给人体能量的最主要、最经济的来源。碳水化合物是人的生命活动和生产劳动的动力源泉，它在体内可迅速氧化提供能量。食品的热量单位为 cal，1cal 是指将 1g 水升高 1℃ 所需要的热量，常用 kcal 表示食品的能量。kcal 与 kJ（国际单位制）的关系为 1kcal＝4.2kJ。糖和淀粉一般可被人消化 98% 左右或完全氧化，提供能量约 4kcal/g。

碳水化合物消化的最终产物是葡萄糖。它在身体内有三个去向：一是进入血液被直接利用；二是暂时以糖原的形态储存于肝脏和肌肉中；三是转变为脂肪。脑组织、心肌和骨骼肌的活动需要靠碳水化合物提供能量。脑细胞活动的唯一动力是葡萄糖，所以饥饿的人首先感到头昏，然后才可能出现昏迷、休克甚至死亡。

同营养一样，能量的供给也要平衡，当前世界上还有许多人在挨饿，而在经济发达地区因摄入过多的热量而造成肥胖的现象也越来越普遍，实际上这两种情况都是营养疾病，这需要我们整个社会的努力去消除。

2. 构成一些重要生理物质

尽管碳水化合物在机体组织中仅占干重的 2% 左右，但它是细胞膜的糖蛋白、神经组织的糖脂以及传递遗传信息的脱氧核糖核酸（DNA）的重要组成成分，也是很多酶、激素和抗体的一部分。

3. 节约蛋白质

从蛋白质获取能量会消耗形成机体组织或合成酶、抗体和其他含氮物质所需的蛋白质和氨基酸。而碳水化合物补充充足时，机体会首先利用碳水化合物提供能量，节省了蛋白质。脂肪也同样起到节省蛋白质的效果。

4. 抗酮

碳水化合物在氧化过程中生成的有机酸对于脂肪完全氧化成水和二氧化碳是必需的。当碳水化合物摄入不足时，脂肪代谢不完全，会产生大量酮体。酮体是酸性物质，血液中酮体浓度过高会发生酸中毒，导致酮症的发生。酮症发生后还常常会迫使机体氧化蛋白质来提供能量，引起人体消瘦、抵抗力下降，儿童还有可能导致发育不良。这也是营养摄入必须均衡的一个体现。

5. 保肝解毒

糖原具有保肝解毒作用，肝内糖原储备充足时，肝细胞对某些有毒的化学物质和各种致病微生物产生的毒素有较强的解毒能力。肝脏中的葡萄糖醛酸可以和有毒物质结合，排出体外，起到排毒的作用。

6. 增强肠道功能

纤维素、半纤维素以及一些低聚糖对于维持肠道的健康状况是必需的。一方面，膳食纤维摄入不足往往不利于肠道蠕动，易引起便秘等症状。另一方面，人体摄入的碳水化合物的种类和数量对肠道中的微生物影响显著。像淀粉和乳糖，由于它们在肠道中溶解消化相对较慢，保留的时间相对较长，可为微生物生长提供营养，而这些微生物能合成维生素 B 族。同时，一些成年人因为消化吸收乳糖困难，在过量摄入乳糖时，微生物迅速生长代谢，会引起腹泻等现象。

7. 其他

各种碳水化合物的功能性质存在差异。很多低聚糖和乳糖可能会增加人体对钙的吸收，而一些真菌多糖则在提高人体免疫力方面可能发挥功用。

因此，从营养角度看，人体在摄入碳水化合物时，既要考虑到它与蛋白质、脂肪等营养物质的均衡，也要考虑多种碳水化合物之间的平衡，从而避免膳食纤维摄入不足导致的便秘、热量过多导致的肥胖症及其引发的高血脂和糖尿病等。依不同膳食结构，碳水化合物在饮食中总热量的比例应控制在 50%～70% 为宜。另外，儿童长期吃糖会引起食欲不振、厌食等不良习惯，长期如此还会引起骨质疏松等，应该避免。

二、碳水化合物的基本结构与组成

根据其能否水解和水解后的生成物，可将碳水化合物分为单糖、低聚糖和多糖。

（一）单糖

单糖是指不能再水解的多羟基醛或多羟基酮。以含有碳原子数目不同，可将单糖分为丙糖、丁糖、戊糖、己糖和庚糖，也可称为三碳糖、四碳糖、五碳糖、六碳糖和七碳糖。食品中以戊糖和己糖较多，如阿拉伯糖、木糖、葡萄糖、果糖和半乳糖等（图 2-1），其中己糖分布最广。根据所含功能团不同，可将单糖分为醛糖和

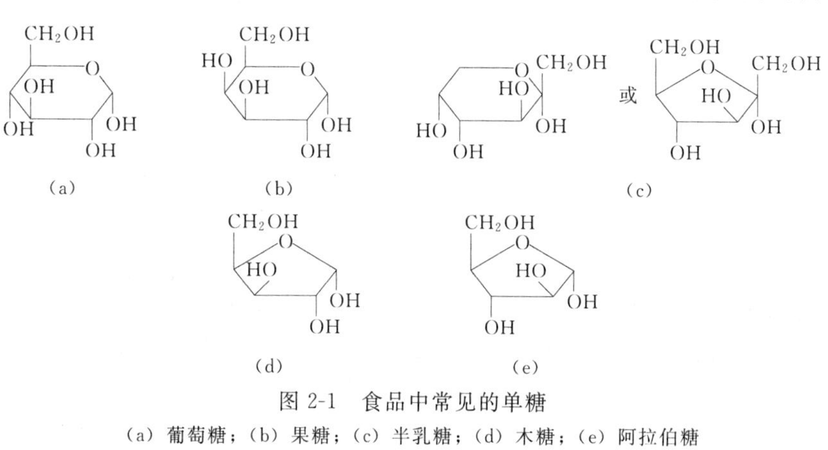

图 2-1 食品中常见的单糖

(a) 葡萄糖；(b) 果糖；(c) 半乳糖；(d) 木糖；(e) 阿拉伯糖

酮糖，比如葡萄糖是醛糖，而果糖为酮糖。

1. 葡萄糖

葡萄糖广泛分布于动植物的组织和器官中，是食品中最重要的单糖。它是构成水果与蔬菜甜味的重要成分，也是构成多种低聚糖及多糖，如麦芽糖、肝糖原、淀粉、纤维素和半纤维素等的基本单位。

2. 果糖

果糖是葡萄糖的异构糖，主要存在于水果中，故名果糖，是甜度最高的单糖。

3. 半乳糖

半乳糖主要存在于动物的乳汁或甜菜中，是乳糖的组成成分。半乳糖常以多糖形式存在于多种植物胶中。

4. 木糖

天然 D-木糖以多糖的形态存在于植物中，在农产品的废弃部分中（例如玉米的穗轴、秸秆、棉桃的外皮）含量很高。

5. 阿拉伯糖

阿拉伯糖广泛存在于植物中，通常与其他单糖结合，以杂多糖的形式存在于胶、半纤维素、果胶酸、微生物多糖及某些糖苷中。阿拉伯糖有 8 种立体异构体，常见的为 β-L-阿拉伯糖和 β-D-阿拉伯糖。

（二）低聚糖

低聚糖是指聚合度 2～10 的糖类，按照水解后生成单糖的数目可分为二糖、三糖、四糖等。根据组成低聚糖的单糖种类，可将其分为均低聚糖（以同一种单糖聚合而成）和杂低聚糖（由不同种单糖聚合而成）。前者如麦芽糖、聚合度小于 10 的糊精等，后者如蔗糖等。根据还原性可将低聚糖分为还原性低聚糖和非还原性低聚糖。众多低聚糖中，双糖最为常见，如麦芽糖、蔗糖和乳糖等（图 2-2）。

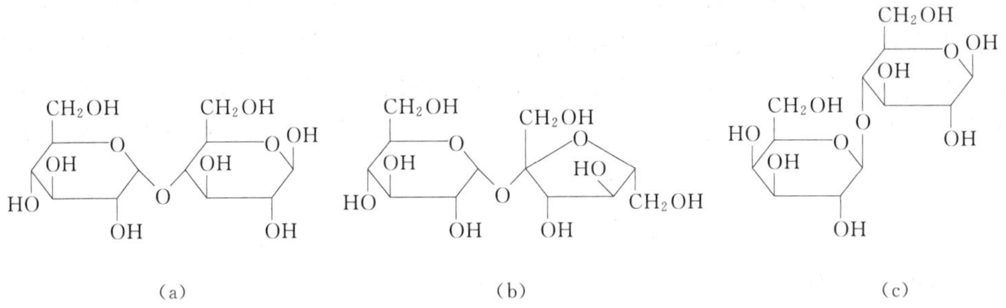

图 2-2　食品中常见的二糖
（a）麦芽糖；（b）蔗糖；（c）乳糖

麦芽糖是由两个葡萄糖基连接在一起同时失去一分子水所形成的二糖。蔗糖是由一个葡萄糖和一个果糖连接在一起同时失去一分子水所形成的二糖。而乳糖是由一分子半乳糖和一分子葡萄糖连接在一起同时失去一分子水所形成的二糖。除上述3 种外，食品中的二糖还有水苏糖、海藻糖、蜜二糖、纤维二糖等。各种二糖由于结构的差异，导致其很多性质如溶解度、甜度、对微生物发酵的敏感性等存在差别。

（三）多糖

多糖又称多聚糖，是指聚合度大于 10 的糖类，如淀粉、糖原、纤维素、半纤维素和果胶等。根据组成单元的种类可分为均多糖和杂多糖。均多糖的主链由单一的一种糖类构成，而杂多糖的主链由不同种单糖构成。前者如淀粉、纤维素等，后者如阿拉伯木聚糖、半纤维素等。根据来源可将多糖分为植物多糖、动物多糖和细菌多糖。

淀粉是单纯葡萄糖分子结合而成的多糖类，主要存在于植物体内。淀粉以颗粒形状存在于植物中，完整的淀粉颗粒不溶于冷水，但加热可破坏其膜而形成黏滞的溶液或凝胶。根据结构不同，可分为直链淀粉和支链淀粉（图 2-3）。直链淀粉由至少 200 个葡萄糖按 α-1,4 糖苷键连接而成，相对分子质量 30000～40000，支链淀粉的分子量往往比直链淀粉大 5 倍左右，其分支处由 α-1,6 糖苷键构成。淀粉经过酸或酶处理后会逐步降解成糊精和麦芽糖，最后生成葡萄糖。

目前，食品工业界应用最为广泛的一类添加剂——改性淀粉也是以淀粉为原料来制备的。改性淀粉是采用物理、化学方法或者酶法来改变天然淀粉的性质，如水溶性、黏度、色泽、味道、流动性等，只调整了淀粉粒的内部结构，而化学本质未变，但可以更好地适应食品加工的需要。改性淀粉种类很多，既可以通过淀粉分子上的醇羟基发生酯化反应、醚化反应或者氧化反应制得，也可以与具有多个官能团的化合物反应制得交联淀粉。改性淀粉在糖果加工业、饮料工业、罐头工业中应用广泛。

糖原是动物体内储存的碳水化合物，也由葡萄糖组成，多存在于肝脏中，因此被称为肝糖原。糖原的结构类似于支链淀粉的结构。

膳食纤维主要包括纤维素、半纤维素和果胶等。纤维素是 D-葡萄糖以 β-1,4 糖苷键组成的大分子多糖（图 2-3），相对分子质量约 50000～2500000，相当于 300～15000 个葡萄糖基。纤维素是植物纤维的主要成分，不溶于水，分子量极高，可以被反刍动物利用，但几乎不被人的肠道消化。尽管如此，纤维物质可以促进肠道蠕动，也可以被大肠中特定菌群分解利用，对于维持人体健康有着重要的贡献。

三、碳水化合物的基本性质

按单体、聚合度、聚合方式等划分，不同碳水化合物的基本性质存在一定差异，它们在食品中的应用也不同。

（一）单糖和低聚糖的性质

单糖和低聚糖具有下列一般特征。

1. 甜度较高

通常以糖的相对甜度来表征，计蔗糖的甜度为基数 100，其他糖的甜度为与蔗糖比较得到的相对数值，如果糖的甜度为 173、麦芽糖的甜度为 74。甜度会随着温度、存在状态、构型的变化而改变，且多种糖混合时也可能起到提高甜度的效果。

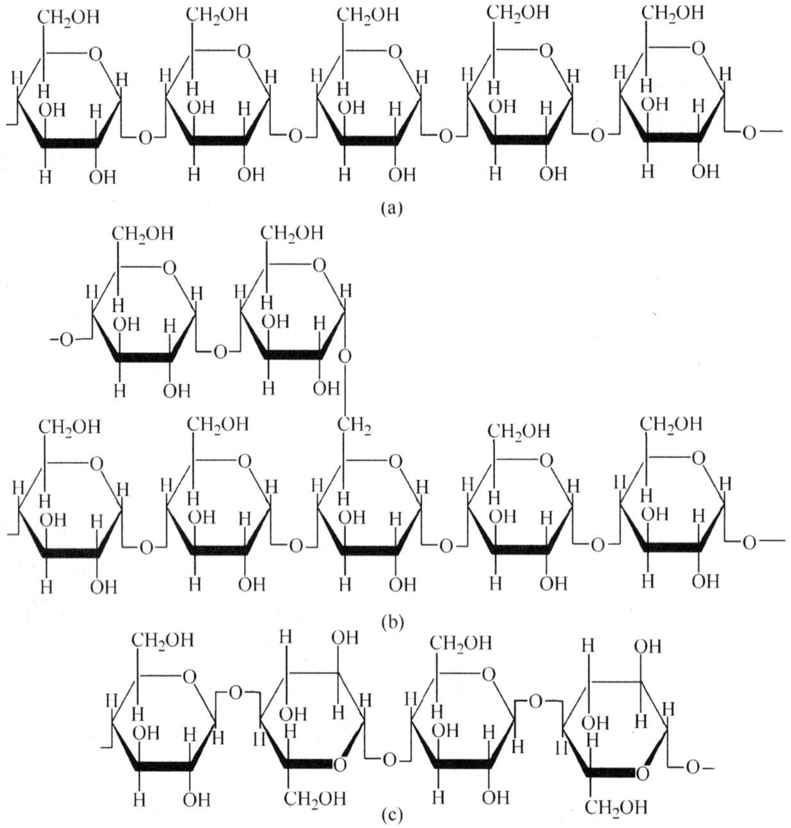

图 2-3 常见多糖的结构

(a) 直链淀粉；(b) 支链淀粉；(c) 纤维

2. 溶解度大

在 20℃时，蔗糖的溶解度为 199.4g/100g 水，果糖为 374.7g/100g 水。

3. 易结晶

当水从糖溶液中蒸发掉时，糖很容易以结晶形式析出，特别是蔗糖，非常容易结晶，并且晶体能生长很大。

4. 提供能量

最常见的包括乳糖、蔗糖、葡萄糖和果糖等。

5. 可被微生物发酵

低浓度的糖溶液是微生物生长的优质碳源，如酵母菌能使葡萄糖、果糖、甘露糖、麦芽糖等发酵而成酒精，同时放出二氧化碳，这是葡萄酒、黄酒和啤酒生产以及面包膨松的基础。

6. 可作为防腐剂

因为高浓度的糖溶液具有高的渗透压，能防止微生物生长，因此可以使食品脱水，降低水分活度，抑制微生物的生长发育，达到提高食品储藏稳定性的目的。果酱、蜜饯等的加工和储存都利用了这个原理。

7. 美拉德反应

美拉德反应是具有还原性的醛糖和蛋白质或氨基酸中的氨基发生的一类非酶褐变，比如烘烤的面包、饼干等糕点表面呈现褐色。美拉德反应受温度、氧气、水分、金属离子等因素的影响，控制这些条件可以防止或产生褐变。

8. 焦糖化反应

糖类在没有含氨基化合物存在的情况下，加热到熔点以上，也会发生褐变现象，这种作用称为焦糖化反应。由蔗糖溶液和亚硫酸氢铵加热制得的棕色焦糖色素可应用于可乐等酸性饮料、烘焙食品、糖浆、糖果、宠物食品以及固体调味料等。

9. 抗氧化性

糖类有利于延缓饼干、各种糕点的油脂氧化酸败。

10. 吸湿性和保湿性

糖类在较高的空气湿度下具有吸收水分的性质，而在较低空气湿度下则具有保持水分的性质。

采用酶法将多糖降解成具有生物活性或特殊功能性质的低聚糖是当前食品加工中的一大重要进展，另一大重要进展是将葡萄糖转变成它的异构体果糖，这些方法已经在食品加工中得到较广泛的应用。依靠这些技术，可以大大提高以多糖为主的普通食品原料，如淀粉、玉米芯等的附加值，同时有利于减少对蔗糖等原料的依赖。

（二）淀粉的性质

淀粉主要来源于各种植物，天然的淀粉具有如下性质：①无甜味；②在冷水中不易溶解；③溶解后的淀粉遇到碘可形成蓝色络合物；④储备能量，淀粉为全人类提供的热量占 70%～80%；⑤以特有的淀粉颗粒形式存在于种子和块茎中（图 2-4）；⑥可发生糊化和老化现象；⑦可在酸或酶的作用下得到糊精、麦芽糖和葡萄糖等产物；⑧可通过改性改善其功能性质。

其中后三个性质对于淀粉在食品工业中的应用具有显著意义，是当前应用研究的主要内容。

淀粉的糊化和老化是其重要的加工性质。淀粉的糊化指淀粉颗粒在水中被加热到一定温

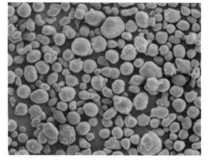

图 2-4　玉米淀粉颗粒结构

度时，淀粉颗粒突然膨胀，体积出现数百倍的增加，体系立即变成黏稠的胶体溶液的现象。由于淀粉糊具有高黏度，它们常被用于食品体系的增稠。糊化后的淀粉在低温中静置一定时间后，变得不透明，甚至凝结沉淀，这种现象称为淀粉的老化，俗称"淀粉回生"。淀粉老化会导致食品质构发生变化。

在酸或酶的作用下，淀粉可以部分降解产生糊精，糊精在链长上介于淀粉和糖之间，其性质也介于这两类化合物之间。低黏度的糊精能以高浓度用于食品加工，它们具有成膜性和黏结性，可用于糖果中，增加糖果韧性，防止糖果"返砂"和

"烊化"，可降低糖果甜度，改变口感，改善组织结构。糊精也可用作填充剂、包埋剂及风味载体。淀粉连续水解还可产生葡萄糖、麦芽糖以及其他低聚糖等混合物，这在食品工业界内已经大规模应用。

由于天然淀粉在很多性能方面的不足，人们尝试通过改性来增强其功能性质，如烧煮性质、溶解性、黏度、冷冻-解冻稳定性、透明度、胶凝性、成膜性以及耐酸、耐热、耐剪切性能等。改性技术主要包括化学法和酶法。例如，采用交联剂与相邻淀粉分子上的羟基反应，能在线性分子间形成化学桥联，可以滞缓淀粉在水中加热时的肿胀性质。采用各种化学试剂与淀粉分子中的羟基反应以形成酯、醚、醛或其他衍生物，可以改善其胶凝或乳化性能等。采用酶法降解淀粉可以提高溶解性、降低黏度、改善冷冻-解冻稳定性等。

（三）纤维素和半纤维素的性质

纤维素和半纤维素在植物中广泛存在，它们主要具有如下性质：①构成植物细胞壁；②吸水后膨润，可持水；③不能被人消化，不产生能量；④吸附胆汁酸、胆固醇等有机分子；⑤可在酶和微生物作用下分解，纤维素和半纤维素不会被人体自身消化，但在大肠内因肠道微生物的作用可受不同程度的分解、发酵；⑥纤维素长链结合成束，形成纤维，食品中可食的纤维主要是纤维素。

（四）多糖类植物胶的性质

在很多植物中都分布有果胶和其他多糖类植物胶，尽管在数量上少于其他碳水化合物，但它们往往具有独特的性质，以果胶为例：①由重复单位的半乳糖醛酸形成长链构成，通常有一部分半乳糖醛酸以甲酯化形式存在；②广泛存在于水果和蔬菜中，对组织起软化和黏胶作用；③溶于热水；④可作为增稠剂和稳定剂；⑤可作为果酱和果冻的胶凝剂，当加入糖和酸时果胶溶液形成凝胶，这是制造果冻的基础。

植物中其他多糖类植物胶，包括阿拉伯胶、刺槐豆胶、黄原胶以及海藻中的琼脂胶、卡拉胶和海藻胶等，也在食品中作为增稠剂和稳定剂广泛使用。

第二节 蛋 白 质

蛋白质是构成生命的物质基础，广泛分布于动植物和微生物体内。蛋白质是由数目不同的基本单元——氨基酸通过肽键交联形成的。例如胰岛素是由 51 个氨基酸组成的比较简单的蛋白质，相对分子质量约 5700。大多数的蛋白质相对分子质量比胰岛素高很多，常包含 5000 个以上的氨基酸残基。从元素组成上看，蛋白质主要由碳、氢、氧、氮组成，但通常还包含少量的硫、磷、铁、铜、碘、锌和钼等元素。蛋白质中氮元素的含量平均约为 16%，所以当测定出食品中的氮含量以后，便可求出食品中所含的粗蛋白的含量，这是凯氏定氮法测定蛋白质含量的计算依据。

一、蛋白质的营养价值

不同蛋白质的营养价值主要取决于氨基酸组成。人类在饮食中对蛋白质的需要，很多情况下是对氨基酸或小肽的需要。蛋白质主要包括如下几种营养和生理功能。

1. 构成机体和合成新的组织

蛋白质占到人体干重的几乎一半以上，人体的任何一个细胞、组织和器官都含有蛋白质，人体中新组织的形成需要大量的蛋白质，外伤痊愈也需要合成新的蛋白质。

2. 维持平衡和提供人体必需氨基酸

人体中的蛋白质不断发生降解和重新合成，处于一种动态平衡，只是在不同阶段两种作用水平不同。构成蛋白质的 20 种氨基酸中，亮氨酸、异亮氨酸、赖氨酸、蛋氨酸、苯丙氨酸、苏氨酸、色氨酸和缬氨酸这八种氨基酸是人体不能合成的，这些氨基酸必须从食物中摄取，称为必需氨基酸。对于儿童，还应加上组氨酸以满足生长的需要。

3. 参加物质的代谢调节

蛋白质中存在一大类具有催化特性的特殊蛋白质——酶。酶广泛参与人体中各类物质的代谢调节，是人体新陈代谢顺利进行、生命得以维持的重要物质。另外，一些蛋白质承担着人体内特定物质的运输，比如血红蛋白输送氧、脂蛋白输送脂肪、细胞膜上的受体还有转运蛋白等。还有些蛋白质是人体中的某些激素的构成成分。

4. 增强人体的抵抗力

人体的血液、呼吸道或消化道的分泌液中存在多种具有免疫作用的球蛋白，称为抗体。抗体能使病原微生物失去侵染力，是人体中具有重要保护作用的蛋白质。

5. 提供能量

当糖类和脂肪摄入不足时，蛋白质可为人体提供所需能源。每克蛋白质在体内氧化可提供约 4kcal 热量。

此外，蛋白质作为肌肉中的重要成分，可发挥收缩与松弛肌肉作用。蛋白质还是构成神经递质乙酰胆碱、5-羟色胺等的基础物质，对维持神经系统的正常功能，如味觉、视觉和记忆等具有重要意义。其次，蛋白质还可以维持体液的酸碱平衡等。

食品中蛋白质营养价值的评价是一个重要内容。化学分析的方法是最容易操作的。但是采用化学分析氨基酸含量的方法来评价蛋白质质量时，如果想兼顾考虑蛋白质在人体生长、代谢损失、损坏组织的修复、繁殖和哺乳等方面的贡献，往往会因许多因素干扰而复杂化，如氨基酸分析方法的准确性、蛋白质的利用率和可消化率、蛋白质中氨基酸平衡性等。

当采用动物饲养试验这样的生物方法时，就可以避免化学分析法所遇到的妨碍。但是动物实验的结果与人体可能还存在差异。研究发现从年轻大鼠得到的结果可以适用于人体，此类试验易于开展，或许可能得到营养方面新的发现。

在生物方法中，常用的方法之一是测定摄入每克蛋白质大鼠所增加的体重，这被称为蛋白质效率比（PER）。PER 值主要的限制因素是食品的可口性。不可口的食物往往带来错误的结果。研究者提出了一种被称为净蛋白质保留率（NPR）的改良方法。它采用两组试验动物，其中一组动物被饲喂含试验蛋白质的饲料，另一组动物被饲喂不含试验蛋白质的饲料，然后比较因饲料中不含蛋白质而导致动物的失重和饲料中含蛋白质而导致动物的增重。如果适当地控制，试验的结果将不受所摄入食品的影响，可以较好地反映特定蛋白质的影响。

最常用的另一种方法是生物效价（BV），它指机体摄入的氮中能保留在体内以维持生命体和/或其生长需要的氮所占的比例。考虑到摄入的蛋白质往往不是全部被消化，所以研究者将被消化的氮占消费的食品氮的比例定义为可消化率（D），根据可消化率因子校正生物效价（BV）后，就得到摄入的氮中能在体内保留下来的部分所占的比例，它被称为净蛋白质效率（NPU），相当于 BV×D。NPU 是评价蛋白质质量的一个重要指标。将 NPU 乘以食品中蛋白质的数量，可以得到净蛋白质效价（NPV）。

从食品蛋白质的来源看，许多动物蛋白质，如肉类、家禽、鱼、乳和蛋中的蛋白质一般具有高的生物效价（表 2-1）。其中蛋中的蛋白质是一种高质量的蛋白质，常用其作为标准，定义其生物效价为 100，其他蛋白质的生物效价可以通过与其对比获得。植物蛋白质常常由于部分氨基酸的限制，它们的生物效价不如动物蛋白质的高。例如，大多数品种的小麦、大米和玉米缺乏赖氨酸，玉米还缺乏色氨酸。相比来说，豆类蛋白质的质量稍高，但是蛋氨酸含量略低。

表 2-1　常见食物中的氨基酸组成　　　　　　　　　　　mg/g

氨基酸	牛肉	牛奶	鸡蛋	小麦	豆子	玉米
异亮氨酸	301	399	393	204	267	230
亮氨酸	507	782	551	417	425	783
赖氨酸	556	450	436	179	470	167
蛋氨酸	169	156	210	94	57	120
半胱氨酸	80	—	152	159	70	97
苯丙氨酸	275	434	358	282	287	305
酪氨酸	225	396	260	187	171	239
苏氨酸	287	278	320	183	254	225
缬氨酸	313	463	428	276	294	303
精氨酸	395	160	381	288	595	262
组氨酸	213	214	152	143	143	170
丙氨酸	365	255	370	226	255	471
天冬氨酸	562	424	601	308	685	392
谷氨酸	955	1151	796	1866	1009	1184
甘氨酸	304	144	207	245	253	231
脯氨酸	236	514	260	621	244	559
丝氨酸	252	342	478	281	271	311

人体每日所需的蛋白质量在过了幼儿期后一般在 40～60g，此需求量在人体生长、怀孕和哺乳期时往往增高。如果蛋白质摄入量不足或优质蛋白质含量过低，就会引起全身性营养不良、贫血和水肿，儿童和青少年的生长发育受阻、身高偏矮、

体重不足、精神不易集中、对疾病的抵抗力下降、智力发育受到影响。

二、蛋白质的基本结构与组成

1. 氨基酸

氨基酸是组成蛋白质的基本结构单位，蛋白质可水解生成氨基酸。目前已发现175 种以上的氨基酸，但组成蛋白质的氨基酸主要有 18 种，典型的氨基酸具有如图 2-5 所示的结构。除甘氨酸之外，该结构中中间的碳原子为手性碳原子，连接着氨基、羧基、氢原子和另一个基团 R，由于氨基、羧基和 R 基团在化学上是活泼的，所以能与酸、碱和许多其他试剂反应。

$$R-\overset{\underset{\textstyle |}{\textstyle H}}{\underset{\textstyle NH_2}{C}}-COOH$$

图 2-5　氨基酸通式

根据 R 基团的结构和性质的差异，可以将这些常见氨基酸分为 6 类（表 2-2）。

表 2-2　常见的 18 种氨基酸

分　　类	名　　称	缩　写	对应 R 基团
中性氨基酸	甘氨酸	Gly	H
	丙氨酸	Ala	CH_3
	缬氨酸	Val	$CH(CH_3)_2$
	亮氨酸	Leu	$CH_2CH(CH_3)_2$
	异亮氨酸	Ile	$CH(CH_3)CH_2CH_3$
	丝氨酸	Ser	CH_2OH
	苏氨酸	Thr	$CH(OH)CH_3$
酸性氨基酸	天冬氨酸	Asp	CH_2COOH
	谷氨酸	Glu	CH_2CH_2COOH
碱性氨基酸	赖氨酸	Lys	$(CH_2)_4NH_2$
	精氨酸	Arg	
	组氨酸	His	
芳香氨基酸	苯丙氨酸	Phe	
	酪氨酸	Tyr	
	色氨酸	Trp	
含硫氨基酸	半胱氨酸	Cys	CH_2SH
	蛋氨酸	Met	$(CH_2)_2SCH_3$
亚氨基酸	脯氨酸	Pro	（整个脯氨酸结构简式）

一个氨基酸的氨基可以和另一个氨基酸的羧基通过消去一分子水、形成一个肽键来结合，如图 2-6 所示。两个氨基酸反应形成一个二肽，肽键处在中心，而保留在两端的游离氨基和羧基能以同样的方式与其他氨基酸反应形成多肽，这样所形成的线性序列就组成了蛋白质的一级结构。

$$H_2NCH(R)CO\text{-}OH + H\text{-}NHCH(R)COOH \rightleftharpoons H_2NCH(R)CONHCH(R)COOH + H_2O$$

图 2-6　两个氨基酸缩合生成肽键

2. 蛋白质

由于氨基酸的含量、肽链中氨基酸排列顺序、肽链长短和肽链立体结构的差别，蛋白质的种类也多种多样。蛋白质可以是直线的、盘绕的或折叠的，这些差别是造成不同品种蛋白质的结构、性质和功能之间存在差异的主要原因。

氨基酸通过肽键共价连接成线性序列被称为蛋白质的一级结构。由 n 个氨基酸残基构成的蛋白质分子含有 $n-1$ 个肽键。游离的 α-氨基末端被称为 N-末端，而游离的 α-羧基末端被称为 C-末端。一般可采用 N 表示多肽链的始端，C 表示多肽链的末端。

二级结构是指多肽链某些片断的氨基酸残基周期性的空间排列。一般来说，在蛋白质分子中存在着两种周期性的（有规则的）二级结构，即螺旋结构和伸展片状结构。最常见的二级结构为 α-螺旋、β-折叠（图 2-7）。

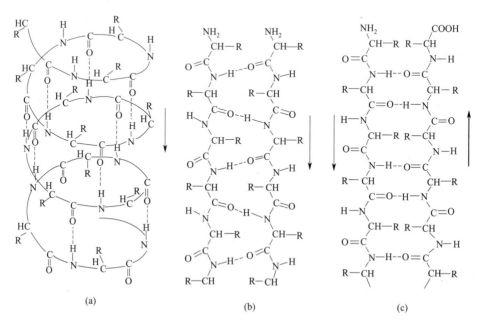

图 2-7　蛋白质常见的二级结构

（a）右手 α-螺旋；（b）平行 β-折叠；（c）反平行 β-折叠

三级结构和二级结构同属于蛋白质的三维空间结构。当含有二级结构片断的线性蛋白质链进一步折叠成紧密的三维形式时，就形成了蛋白质的三级结构。因此，蛋白质的三级结构涉及多肽链的空间排列。蛋白质从线性构型转变成折叠状三级结构是一个复杂的过程，蛋白质三级结构的根本存在于它的一级结构中。从能量角度考虑，三级结构的形成包括在蛋白质中各种不同的基团之间疏水相互作用、静电相互作用、范德华相互作用和氢键的优化，使得蛋白质分子的自由能尽可能地降至最低。

四级结构是指含有多于一条多肽链的蛋白质分子的空间排列。这些四级复合物（也称为寡聚体）由蛋白质亚基（单体）构成，其亚基可以是相同的（同类），也可以是不同的（异类）。例如，乳清中的 β-乳球蛋白在 pH 5～8 以二聚体的形式存在，在 pH 3～5 以八聚体的形式存在，在 pH 高于 8 时，以单体形式存在；构成这些复合物的单体都是相同的。血红蛋白则是由 2 种不同的多肽链，即 α 链和 β 链构成的四聚体。

蛋白质分子由无规则的多肽链折叠成一个独特的三维结构的过程十分复杂，维持其结构稳定性也依赖于多种非共价相互作用。影响蛋白质折叠的作用力包括两类：①蛋白质分子固有的作用力所形成的分子内相互作用；②受周围溶剂影响的分子内相互作用。范德华相互作用和空间相互作用属于前者，而氢键、静电相互作用和疏水相互作用属于后者。除此之外，蛋白质分子中的二硫键也能帮助稳定蛋白质的折叠结构。二硫键是天然存在于蛋白质中的唯一的共价侧链交联，它既能存在于分子内，也能存在于分子间。在单体蛋白质中二硫键的形成是蛋白质折叠的结果。

根据分子组成，蛋白质可分为两类：①有些蛋白质完全由氨基酸组成，称为简单蛋白质。简单蛋白质又可根据其物理化学性质分为水溶性蛋白质，如清蛋白；盐溶性蛋白质，如球蛋白；酸溶性蛋白质，如谷蛋白；醇溶性蛋白质，如醇溶谷蛋白；碱溶性蛋白质，如精蛋白；以及一些在各种溶液中都不溶解的蛋白质，如角蛋白、丝胶蛋白、胶原蛋白等。②另一类蛋白质除了蛋白部分外，还有非蛋白成分，这种成分称为辅基或配基，这类蛋白质称为结合蛋白质。结合蛋白质按其辅基成分分为核蛋白、脂蛋白、糖蛋白、磷蛋白、血红素蛋白、黄素蛋白、金属蛋白等。

蛋白质还可按其分子外形分为球状蛋白质和纤维状蛋白质。以球状或椭圆状存在的蛋白质是球蛋白，这些形状是由多肽链自身折叠而形成的。球状蛋白质的溶解度好，能结晶，大多数蛋白质属于这一类。而纤维状蛋白质是棒状分子，对称性差，它又可分为可溶性纤维状蛋白质，如血液中的纤维蛋白原、肌肉中的肌球蛋白等，以及不溶性纤维状蛋白质，包括胶原弹性蛋白、角蛋白以及丝心蛋白等。

按照生物功能，还可以将蛋白质分为酶、运输蛋白质、营养和储存蛋白质、收缩蛋白质、结构蛋白质和防御蛋白质等。

三、蛋白质的基本性质

（一）蛋白质的理化性质

1. 两性电解

由于肽链的侧链上含有丰富的活性基团，蛋白质与氨基酸相似，在酸性介质中以复杂的阴离子态存在，在碱性介质中以复杂的阳离子态存在，在等电点时则以两性离子存在。蛋白质的许多性质与等电点有关。在等电点 pI 值时，蛋白质的渗透压、溶胀能力、黏度和溶解度一般都降到最低。由于蛋白质分子含有大量的酸性和碱性基团，因此蛋白质溶液对酸和碱都具有较好的缓冲能力。

2. 蛋白质的疏水性

暴露在表面的氨基酸残基是蛋白质疏水性的主要贡献者，可以根据氨基酸组成计算平均疏水性，预测多肽链是否有苦味。

3. 渗透压与蛋白质的透析

由于渗透压具有依数性，而蛋白质的分子量很大，因此蛋白质溶液的渗透压很低。细菌不能在高浓度的盐、糖溶液中生存，正是因为在这样的高渗透压环境下，可引起细胞大量失水而死亡。依据这个原理，可以将混有小分子化合物的蛋白质溶液用半透膜与水溶液隔开，使蛋白质被截留而小分子不断渗出，达到纯化蛋白质的目的，这个过程称为透析。

（二）蛋白质的变性

蛋白质变性是指不涉及一级结构的蛋白质的分子空间结构发生改变的过程。由于变性意味着失去某些性质，因此往往被看作是一个具有负面含义的词。例如，许多具有生物活性的蛋白质在变性时失去它们的活性。对于食品蛋白质，变性通常会导致蛋白质不再溶解和失去某些功能性质。然而，在某些情况下，蛋白质的变性对食品加工是有利的。例如，大豆中胰蛋白酶抑制剂的热变性能显著地提高豆类蛋白质的消化率和生物有效性。部分变性的蛋白质比天然状态的蛋白质更易消化，具有更好的起泡和乳化性质。热变性也是食品蛋白质热诱导胶凝的先决条件。

变性反映的是蛋白质从确定的折叠结构转变成某种展开的状态。由于结构不是一个易于定量的参数，因此直接测定溶液中天然的和变性的蛋白质所占的分数是难以实现的。然而，蛋白质构象的变化必定会影响到蛋白质的某些物理和化学性质，例如紫外吸收、荧光、黏度、沉降系数、旋光性、圆二色性、巯基反应活性和酶活性。因此，从测定这些物理和化学性质的变化可以研究蛋白质的变性。

影响蛋白质变性的常见因素主要有两大类。①物理因素，包括加热、冷冻、压力和机械剪切等。这些加工过程中蛋白质变性与否往往还受到其所处环境的影响。②化学因素，比如环境 pH、离子强度、有机溶质或溶剂、表面活性剂等。变性后的蛋白质的生物学活性和理化性质会发生不同程度的改变，如溶解度降低、蛋白质凝结、形成不可逆凝胶、对酶水解的敏感性提高、失去生理活性等。在某些情况下，变性是可逆的，当变性因素去除以后，蛋白质可恢复原状。有些蛋白质在加热后发生变性，但是冷却后又可以复原或者部分复原。一般来说，温和的条件下比较容易发生可逆的变性。但是在比较强烈的条件下，如强酸、强碱、高温等，蛋白质就会发生不可逆的变性。

（三）蛋白质的功能性质

蛋白质对食品的感官品质一般具有重要的影响，例如，焙烤食品的感官性质与小麦面筋蛋白质的黏弹性和面团形成性质有关；肉类产品柔嫩多汁的性质主要取决于肌肉蛋白质（肌动蛋白、肌球蛋白、肌动球蛋白和一些水溶性的肉类蛋白质）；一些蛋糕的结构和一些甜食的搅打起泡性质取决于蛋清蛋白的性质。食品蛋白质的功能性质指的是在食品加工、保藏、制备和消费期间影响蛋白质在食品体系中的性能的那些蛋白质的物理和化学性质。

蛋白质的功能性质由多种因素共同决定，它们包括大小、形状、氨基酸组成和序列、净电荷和电荷分布、疏水性和亲水性之比、蛋白质高级结构、分子柔性和刚性、蛋白质分子间相互作用及其与其他组分作用的能力。一般可以将蛋白质的各种功能性质看作是蛋白质两类分子性质的表现形式：①流体动力学性质。黏度（增稠）、胶凝作用和组织化这样的功能性质取决于蛋白质分子的大小、形状和柔性。②与蛋白质表面有关的性质。湿润性、分散性、溶解性、起泡、乳化以及与脂肪、风味物的结合这样的功能性质取决于蛋白质的表面性质。

目前，在提取和改性动物、植物和微生物蛋白质以及它们在加工食品中的应用方面，已经开展了很多研究。除了考虑它们的营养价值外，功能性质也是常常需要考虑的一方面，特别是分散性、溶解性、吸水性、黏度、乳化效果、起泡能力、泡沫稳定性和成纤性等。

第三节　脂　　类

一、脂类的营养价值

消费者常提到的油和脂实质上是同一种物质，即中性甘油三酯。一般来说，常温下呈固态的称为"脂"，呈液态的称为"油"。脂类具有更宽的含义，它一般包括脂肪酸、甘油酯类、蜡、磷脂和甾类。脂类作为食物三大主要成分之一，对人类的健康起着重要的作用。

（一）脂类营养价值的评价

评价脂类营养价值主要从以下四点出发。

1. 消化率

在正常情况下，一般脂类都是容易消化和吸收的。婴儿膳食中的乳脂吸收最为迅速；食草动物的体脂含硬脂酸多，较难消化；植物油的消化率相当高。中碳链脂肪酸容易水解、吸收和运输，所以，临床上常用于某些肠道吸收不良的病人。

2. 必需脂肪酸的含量

必需脂肪酸是动物体不能充分合成而必须由饮食给予补充的。亚麻酸和花生四烯酸以前曾被列入必需脂肪酸，然而，由于体内亚油酸能转变成花生四烯酸，而亚麻酸仅能部分地取代亚油酸，因此目前仅认为亚油酸是必需脂肪酸。亚油酸能明显降低血胆固醇，而饱和脂肪酸却显著增高血胆固醇。

3. 脂溶性维生素的含量

脂溶性维生素有维生素 A、维生素 D、维生素 E、维生素 K。维生素 A 和维生素 D 存在于多数食物的脂肪中，以鲨鱼肝油的含量为最多，奶油次之，猪油内不含维生素 A 和维生素 D，所以营养价值较低。维生素 E 广泛分布于动植物组织内，其中以植物油中含量最高。

4. 脂类的稳定性

稳定性主要与不饱和脂肪酸、维生素 E 的含量有关。不饱和脂肪酸是不稳定的，容易氧化酸败。维生素 E 有抗氧化作用，可防止脂类酸败。植物油中维生素 E 含量很丰富，因此其营养价值较高且稳定性好，不易酸败。

（二）脂类的功能

脂类最显著的价值在于供给人体热量。脂类是一种高能能源，每克脂类所能提供的能量是蛋白质和碳水化合物所能提供的 2 倍，约为 9kcal/g。美国的一项调查表明，对于 19～50 岁的男人和女人，脂肪提供的热量平均占总热量的 36％～37％，其中饱和脂肪酸占总热量的 13％，单不饱和脂肪酸占 14％，多不饱和脂肪酸占 7％。近年来，我国动植物脂类人均消费量都有所增加，其中色拉油和烹饪油的消费量增长较快。

除了提供产生能量所需的热量外，脂肪还为人类提供不饱和脂肪酸，特别是必需脂肪酸。大鼠和婴儿缺乏亚油酸会妨碍正常生长和导致皮肤疾病。谷物和种子的油、坚果中的脂肪和家禽的脂肪是亚油酸的主要来源。当饮食中脂肪含有高比例的亚油酸和其他不饱和脂肪酸时，在一定条件下它能降低血胆固醇水平。

由于维生素 A、维生素 D、维生素 E 和维生素 K 是脂溶性维生素，在天然食品中，它们往往与脂肪结合在一起。因此，摄入膳食的脂类部分有助于脂溶性维生素 A、维生素 D、维生素 E 和维生素 K 等的吸收利用。

磷脂是脂类中非常重要的部分，它们含有磷酸和一个含氮碱基，可以部分地溶解于脂肪。卵磷脂、脑磷脂和其他磷脂除了存在于蛋黄外，还存在于脑、神经、肝、肾、心脏、血和其他组织。由于磷脂对水具有强亲和性，因此，它们能促使脂肪进出细胞，并且在脂肪的肠内吸收和脂肪在肝脏中的运输发挥重要作用。

脂类往往对食品感官性质贡献最大。通常，脂肪能产生一种油腻的感觉，增加食品的可口性；脂肪还扮演着风味前体物的角色，在发生分解或氧化等反应后，生成风味物质。

脂肪在物理上能将身体和快速变化着的周围温度隔离开来，并能保护器官免受突然损害。正如过量碳水化合物和蛋白质代谢所形成的脂肪的去路一样，过量摄入的脂肪可以储存在脂肪组织中。这些储存的脂肪将被作为一种能量储备资源而被利用。但是，过量的脂肪会造成肥胖症。人们往往难以抗拒高脂食品的诱人风味而导致过多的脂肪摄入，所幸已经有很多人认识到这一点。

（三）脂类加工对营养价值的影响

考虑到食物加工对脂肪的作用，研究者在加工对脂类营养价值的影响方面进行了深入的研究，主要包括热处理和氧化、氢化和辐射处理。

脂肪在加热和氧化条件下可产生各种变化。摄食经加热和氧化的脂肪也可能产生有害效应。目前已经形成一致的看法是，脂肪经过高温加热和/或氧化能产生有毒物质，但是使用高质量的油和遵循推荐的加工方法、适度地食用油炸食品不会对健康造成明显的危险。

油脂氢化时，一些双键会产生移动，并生成位置异构体和几何异构体。在一些人造奶油和起酥油中，反式脂肪酸占总酸的 $20\%\sim40\%$。反式脂肪酸在生物学上与它们的顺式异构物是不相等的，但是有关它们的生理性质、代谢以及对健康的长期影响还缺乏深入的了解。目前认为，反式脂肪酸摄入较多时可使血浆中低密度脂蛋白胆固醇上升、高密度脂蛋白胆固醇下降，增加罹患冠心病的危险。过量的反式脂肪酸还会增加人体血液的黏稠度，导致血栓形成。

食品的辐射往往会引起脂溶性维生素的破坏，其中维生素 E（生育酚）特别敏感。数十年的研究表明，食品在合适的条件下辐射杀菌是安全和卫生的。然而，这种新的加工方法仍未能被广泛接受，主要可能是受下列因素影响：恐惧、误解、政治、错误地与核反应堆和核武器联系在一起以及缺少教育。1980 年 11 月，由 FAO/WHO/IAEA 联合专家委员会对有关辐射食品的安全卫生作出决定："食品商品辐射的总平均剂量为 10kGy 时不会产生中毒危险，因此按此剂量处理的食品不需要毒理试验"。此后，美国 FDA 先后批准新鲜食品、调味料、生家禽等的辐射处理。世界上目前有大约 40 多个国家和地区批准应用辐射杀菌。

（四）脂类摄入与人类健康

脂类的摄入与人类的健康密切相关。膳食脂类的类型和数量对冠心病发生率影响显著。在某些个体中，脂类的摄入对血清胆固醇的浓度和低密度脂蛋白与高密度脂蛋白的比例产生一定程度的不利影响，而这两种因素都是冠心病的诱因。脂类的脂肪酸组成如何影响冠心病的发生已受到了极大的关注，特别是脂肪酸的链长、不饱和程度与双键位置（n-3，n-6，n-9）、几何异构（顺式、反式）以及在甘油上的位置。亚油酸（$18:2$，n-6）和 α-亚麻酸（$18:3$，n-3）分别被认为是 n-6 和 n-3 系列的起源脂肪酸，它们经过连续的去饱和与衍生作用，产生具有重要生物活性的各种功能代谢产物。这两类脂肪酸在人体中代谢产物不同，研究者正全力开展两者最佳量和最佳比例的研究，以期带来最佳的效果。有关癌症的流行病学调查和动物实验结果支持了总脂肪摄入与癌症发生之间的关系。研究表明，摄入过多饱和脂肪酸可能导致结肠癌、前列腺癌及乳腺癌发生率增加。

为纠正饮食过量、热量摄入过量或营养不均衡，需要对个体的饮食做相应调整。平衡地摄入单不饱和、n-3 及 n-6 不饱和脂肪酸是完全必要的。为了机体的健康，平衡膳食还应该包括丰富的必需营养成分、新鲜水果、蔬菜等。

二、脂类的基本结构与组成

与碳水化合物和蛋白质不同，脂肪不是重复分子单位的聚合物，它们不形成长分子链，不为植物和动物组织提供结构强度。脂类这个大家庭中，除了脂肪酸种类繁多外，与脂肪酸反应的基团也有很多，还包括一些衍生结构，因此最终生成的脂类也可以分为很多种（表 2-3）。酰基甘油是食品脂类中最丰富的一类，它是动物脂肪和油的主要组成成分。极性脂类几乎完全存在于细胞膜中（磷脂是双层膜的主要组分），在储存脂肪中仅含有非常少的极性脂类。在一些植物中，细胞膜中大部分极性脂类是糖脂。

表 2-3　脂类的分类

主　类	亚　类	组　成
简单脂类	酰基甘油	甘油＋脂肪酸
	蜡	长链脂肪醇＋长链脂肪酸
复合脂类	磷酸酰基甘油（或甘油磷脂）	甘油＋脂肪酸＋磷酸盐＋其他含氮基团
	神经鞘磷脂	鞘氨醇＋脂肪酸＋磷酸盐＋胆碱
	脑苷脂	鞘氨醇＋脂肪酸＋糖
	神经节苷脂	鞘氨醇＋脂肪酸＋复合碳水化合物（包括唾液酸）
衍生脂类	符合脂类定义的物质但不是简单或复合脂类	如类胡萝卜素、类固醇、脂溶性维生素

1. 酰基甘油

典型的脂肪分子由甘油与三个脂肪酸分子相结合而成。甘油含有三个活性羟基，而脂肪酸含有一个活性羧基，因此，三个脂肪酸分子能与一个甘油分子结合，同时消去三个水分子，形成的脂肪被称为甘油三（酸）酯（图 2-8）。当甘油中的羟基未完全和脂肪酸反应时，生成的物质为甘油一酯或甘油二酯。

$$\begin{array}{ccc}
CH_2OH & HOOCR_1 & CH_2OOCR_1 \\
| & & | \\
CHOH & +\ HOOCR_2 \longrightarrow & CHOOCR_2 \quad +3H_2O \\
| & & | \\
CH_2OH & HOOCR_3 & CH_2OOCR_3
\end{array}$$

图 2-8　甘油与脂肪酸反应生成甘油三（酸）酯

在天然脂肪中与甘油相结合的常见脂肪酸约有 20 种，这些脂肪酸在链长和氢原子数目上存在着差别，甲酸（$HCOOH$）、乙酸（CH_3COOH）和丙酸（CH_3CH_2COOH）是最短的脂肪酸，但食品中最常见的脂肪酸以中长链居多（表 2-4）。

表 2-4　食品中常见的脂肪酸

缩　写	系统名称	常用名	符　号
4：0	丁酸	酪酸	B
6：0	己酸	己酸	H
8：0	辛酸	辛酸	Oc
10：0	癸酸	癸酸	D
12：0	十二酸	月桂酸	La
14：0	十四酸	肉豆蔻酸	M
16：0	十六酸	棕榈酸	P
16：1(n-7)	9-十六烯酸	棕榈油酸	Po
18：0	十八酸	硬脂酸	St[a]
18：1(n-9)	9-十八烯酸	油酸	O
18：2(n-6)	9,12-十八二烯酸	亚油酸	L
18：3(n-3)	9,12,15-十八三烯酸	亚麻酸	Ln
20：0	二十酸	花生酸	Ad
20：4(n-6)	5,8,11,14-二十碳四烯酸	花生四烯酸	An
20：5(n-3)	5,8,11,14,17-二十碳五烯酸		
22：1(n-9)	13-二十二烯酸	芥酸	E
22：5(n-3)	7,10,13,16,19-二十二碳五烯酸		
22：6(n-6)	4,7,10,13,16,19-二十二碳六烯酸		

2. 磷脂

磷脂泛指任何含磷酸的脂类。甘油磷脂指任何含有接到甘油残基上的 O-酰基、O-烷基或 O-烯基的甘油磷酸的衍生物。因此，磷酸甘油含有极性头（因此称为极性脂类）和 2 条烷烃尾巴。这些化合物的大小、形状以及极性头含有醇的极性程度是彼此不同的。2 个脂肪酸取代基也是不同的，一般一个是饱和的，另一个是不饱和的。

常见的甘油磷脂有磷脂酰胆碱（卵磷脂）、磷脂酰乙醇胺、磷脂酰丝氨酸以及磷脂酰肌醇等，其结构简式如图 2-9。

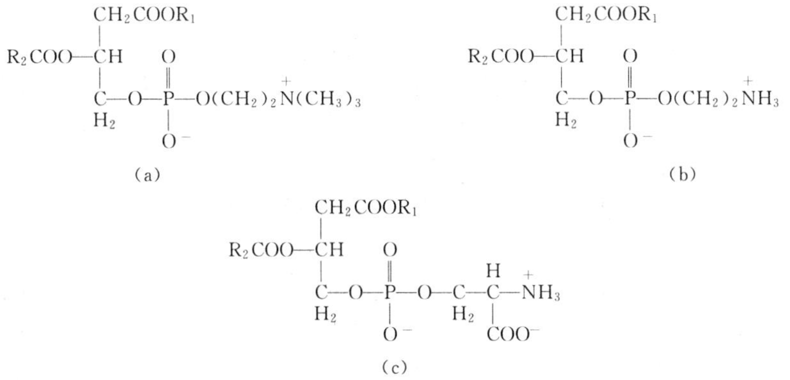

图 2-9　常见的甘油磷脂
(a) 磷脂酰胆碱；(b) 磷脂酰乙醇胺；(c) 磷脂酰丝氨酸

三、脂类的基本性质

对于典型的甘油三酯分子，它们可能在下述几个方面存在差别：所含的脂肪酸的长度、不饱和的程度、特定脂肪酸相对于甘油三个碳原子的位置、不饱和脂肪酸链的定向及在这些链中产生的立体变化等。这些结构上的差异对其性质存在显著的影响。

（一）物理性质

1. 结晶

结晶过程主要分为生成晶核和结晶生长两个步骤。目前所了解的大部分有关脂肪的晶体结构与性质都是通过 X 射线衍射研究得到的。但是，其他技术的应用，例如核磁共振、红外光谱、量热法、膨胀测定法、显微镜以及差热分析法，使我们对脂肪的了解更为深入。核磁共振成像（MRI）的最新进展更使得研究者能更深入地了解结晶过程的真实动力学。

在结晶状态，原子或分子占据固定位置，形成一个重复的、高度有序的三维模式。具长链的有机化合物并排地堆积成晶体，以获得最大的范德华相互作用。受纯度、温度、冷却速率、晶核的存在以及溶剂的类型等因素影响，油脂在结晶时可能形成不同的晶型，可用一些特殊性质如 X 射线间距、比容以及熔点来表示它的特征。

2. 熔化

脂肪固体熔化时吸收热量，在熔点时吸收热量（熔化热），但温度保持不变，直到固体全部转变成液体为止。另一方面，脂肪结晶从不稳定的同质多晶型物转变到稳定的同质多晶型物时会伴随有热的放出。脂肪在熔化时体积膨胀，在同质多晶型物转变时体积收缩，因此，将其比容的改变（膨胀度）对温度作图可以得到与量热曲线非常相似的膨胀曲线，膨胀度相当于比热容，由于膨胀测量的仪器很简单，它比量热法更为实用，膨胀计法已广泛用于测定脂肪的熔化性质。

3. 稠度

脂肪稠度是对其流变性质的描述，其主要因素影响包括：

（1）脂肪中固体比例　一般固体含量越高，稠度越高。

（2）结晶的数量、大小及种类　固体含量一定，大量的小结晶比少量的大结晶产生的脂肪硬度高。慢速冷却产生较大的和软的结晶，高熔点的酰基甘油组成的结晶比低熔点酰基甘油组成的结晶硬度高。

（3）黏度　在一定温度下，油的黏度不同将影响熔化物的黏度及固-液脂混合物的稠度。

（4）热处理　如果某种脂肪具有极度过冷的倾向，这可以通过在尽可能低的温度下熔化脂肪，并在略高于它的熔点的温度下保持一段时间，然后进行冷却，就可以克服极度过冷的倾向。这样有利于形成大量的晶核、无数的小结晶以及硬的稠度。

（5）机械处理　结晶脂肪一般是触变性的，它们通过激烈搅拌，可逆性地变软以及逐步地重新得到它们原有的硬度。如果在固化时通过机械搅拌熔化的脂肪比在静止条件下固化所得到的固脂软得多。

4. 介晶相（液晶）

液态的脂类分子间作用力较弱，分子具有运动自由度，并呈无序状态。结晶脂类分子在空间有规则地排列成高度有序的结构。性质介于液态和晶体状态之间的脂类分子的状态称为介晶相。典型的双亲化合物容易产生介晶相。介晶结构与双亲化合物的浓度与化学结构、水分含量、温度以及混合物中存在的其他组分有关。

（二）化学性质

1. 脂解

在酶、热或水分等的作用下，脂类中酯键水解，产生游离脂肪酸的过程称为脂解。在有生命的动物组织的脂肪中，实际上不存在游离脂肪酸，但动物宰杀后很快就有游离脂肪酸生成。因此立即提炼，将水解酯键的酶失活，可降低游离脂肪酸的生成。与动物脂肪相反，成熟的油料种子在收获时已有相当数量的游离脂肪酸，因此提取后需要用碱中和。

在油炸过程中，由于从食品中引入大量的水，而且油脂处于高温作用下，因此很容易发生脂解，产生大量游离脂肪酸，导致油的发烟点和表面张力下降。此外，游离脂肪酸比甘油酯更易氧化。在冷冻储存期间，很多鱼类中的磷脂会在磷脂酶A

和脂肪酶作用下大量水解，引起变质。但研究表明，三酰基甘油水解促进脂类氧化，而磷脂水解抑制氧化。

脂肪发生脂解反应后，生成的游离脂肪酸可能带来不利影响，如牛奶水解产生的短链脂肪酸能导致鲜乳产生不希望的蛤味；也可能产生有利影响，比如通过添加特定微生物和乳脂酶可产生某种典型的干酪风味。控制和选择性的脂解可以改善食品如酸奶和面包的风味。

2. 氧化

脂类氧化是食品变质的主要原因之一。一方面，氧化导致食用油和含脂食品产生不良风味和气味，使食品不能被消费者接受；另一方面，氧化反应降低了食品的营养质量，有些氧化产物是潜在的毒物。但也有例外的情况，比如在陈化的干酪或一些油炸食品中，脂类轻度氧化是期望的。

食品脂类的氧化反应极其复杂，自动氧化同光敏氧化都是脂类氧化的重要途径，某些氧化途径还可能有酶的参与。影响脂类氧化的因素非常多，比如脂肪酸组成、游离脂肪酸与相应的酰基甘油、氧浓度、温度、表面积、水分、分子定向、物理状态、乳化、分子迁移率和玻璃化转变、助氧化剂、辐射能与抗氧化剂等。

测定脂类氧化的方法也非常多，但是没有一个简单的测试方法可以同时测定所有的氧化产物，没有一个简单的试验能适用于氧化过程的各个阶段，也没有一个简单的试验能应用于各种脂肪、各种食品及各种加工条件。为了达到许多目的，需要将各种试验结合起来。常用的检测方法和指标包括过氧化值、硫代巴比妥酸（TBA）试验、总羰基化合物与挥发性羰基化合物、甲氧基苯胺值、Kreis 试验、紫外光谱、环氧乙烷试验、碘值、荧光、色谱法、感官评定、Schaal 耐热试验、活性氧法、蛤败测定法与氧吸收法等。

为了防止加工和储存期间脂肪的氧化，研究者开发了很多抗氧化剂并成功应用到食品中。抗氧化剂是一种能推迟具有自动氧化能力的物质发生氧化并能减慢氧化速率的物质。目前在食品中使用的主要脂溶性抗氧化剂是具有不同的环状取代物的一羟基酚或多羟基酚。常常将主抗氧化剂与其他的酚类抗氧化剂或各种不同的金属螯合剂联合使用以达到最高的效力。

3. 热分解

食品加热时产生各种化学变化，其中有一些对风味、外观、营养价值以及毒性是重要的。由于热分解反应与氧化反应同时存在，而且各类营养成分相互间也能通过非常复杂的途径生成大量新的化合物，所以高温下脂类氧化是极其复杂的。

（三）加工对脂类性质的影响

1. 油炸

油炸食品对膳食中的热量贡献很大。与其他的标准食品加工或处理方法相比，油炸引起脂肪的化学变化是最大的，而且，油炸后的食品吸收了大量的脂肪（5～40g/100g）。在油炸过程中，从油中产生各类挥发性物质，如饱和与不饱和醛类、酮类、内酯类、醇类、酸类以及酯类等；产生中等挥发性的非聚合的极性化合物，如羟基酸和环氧酸等；还产生二聚物和多聚酸以及二聚甘油酯和多聚甘油酯。同时还有一些脂肪发生水解，生成游离脂肪酸。因此，脂类的各种物理和化学性质发生明显变化，如黏度和游离脂肪酸含量增加、颜色变暗、碘值降低、表面张力减小、折光指数改变以及形成泡沫的倾向增加。

由于油炸过程中产生的变化极其复杂，检测油脂油炸使用程度时，一种方法往往适合于一类条件，对其他条件就不合适。目前，已经提出的方法包括检测石油醚不溶物、极性化合物或二聚酯含量，也有采用食用油传感器快速测定油的介电常数的变化的，但是也存在不少干扰因素。

目前，能做到的是尽可能在加工过程中降低过度的氧化分解以避免油炸时产生令人厌恶的味道和生成大量的环状物或聚合物。考虑的因素包括：①选择高质量高稳定性的油炸用油；②使用设计合理的设备；③选择较低的油炸温度；④经常过滤油脂以除去食品颗粒；⑤经常停机和清洗设备；⑥需要时更换油以保持高质量；⑦考虑使用合适的抗氧化剂；⑧人员培训。此外，在整个油炸过程中，经常测试油脂变化情况。

2. 电离辐射对脂肪的影响

食品辐射是消灭微生物、延长货架寿命的有效方法。但是同热处理一样，食品辐射也会导致化学变化。天然脂肪或脂肪酸模拟体系经辐射可产生多类化合物，包括挥发性的烃类、醛类、甲酯、乙酯以及游离脂肪酸。

辐射产物的定量模式严格地取决于原有脂肪的脂肪酸组成。因为辐射诱导的化学键裂解主要在羰基邻近的部位。有氧条件下的辐射将通过下列一种或几种反应加速脂肪的自动氧化：①生成自由基，并与氧结合形成氢过氧化物；②过氧化物分解生成各种分解产物，特别是羰基化合物；③破坏抗氧化剂。一些研究者认为由于辐射破坏了抗氧化因子，因而降低了食品的稳定性，建议在没有空气的条件下进行辐射，并在辐射后加入抗氧化剂。但另一些研究者发现在某些情况下，辐射能产生新的保护因子，能提高食品的稳定性。

对于含脂肪的复杂食品，食品脂类的辐解产物与分离出来的脂肪经辐射得到的产物一致，但由于其他物质的稀释效应，辐解程度大大降低。与加热导致的分解相比，脂肪通过辐射产生的许多化合物与由加热生成的化合物相似。但加热或热氧化脂肪时的分解产物远比辐射脂肪所得的分解产物多。

食品加工中还涉及一些重要的脂肪的性质，包括：①商品脂类多是混合物，加热时脂肪逐渐软化，没有一个明显的熔点。②脂肪可以被加热至远超过水沸点的温度，但进一步加热时会首先冒烟，然后闪烁和燃烧，出现此现象的温度分别被称为发烟点、闪点和燃点，它们在工业油炸操作中是很重要的。③与氧反应或在酶的作用下时，脂肪产生酸败。④脂肪可与水和空气形成乳状液，既可以是水包油型，如乳，也可以是油包水型，如奶油。⑤润滑食品，比如奶油使面包更易吞咽。⑥起酥性，脂肪能在蛋白质和淀粉结构间形成交织，使它们易于撕开和不能伸展。⑦饱腹感，摄入少量脂肪就能使人产生饱腹感。

第四节　其他食品组分

一、水

水是地球上唯一以三种物理状态广泛存在的物质，它对于生命是不可或缺的。水扮演着体温调节剂、溶剂、营养成分和废物的载体、反应剂和反应介质、润滑剂、增塑剂、生物大分子构象的稳定剂等多种角色。有机体的生命十分依赖于这个无机小分子，这确实是非常奇怪的。

按质量计，水约占人体的60%。当人体失水达体重的5%～10%而又不能及时补充时，一个正常的人将会出现失水的症状，如口渴、虚脱和意识模糊等。如果进一步脱水，皮肤和嘴唇将失去弹性，脸色变得苍白，眼球下陷，尿量减少，最终呼吸停止。

水也是许多食品的主要成分，每一种食品具有特定的水分含量（表2-5）。水以适当的数量、定位和定向存在于食品中，对食品的结构、外观和外表以及对腐败的敏感性有着很大的影响。迄今为止，在食品脱水和复水方面尚未达到随心所欲的程度。

表2-5　各种食品的含水量

食品	含水量/%	食品	含水量/%
肉类		果蔬	
猪肉：生的分割瘦肉	53～60	香蕉、豌豆	74～80
牛肉：生的零售分割肉	50～70	樱桃、梨	80～85
鸡肉：各种级别的去皮生肉	74	苹果、桃子、橘子、葡萄柚	85～90
鱼：肌肉蛋白质	65～81	甜菜、胡萝卜、马铃薯	80～90
		草莓、番茄、芦笋、菜豆、卷心菜、花菜、莴苣	90～95

人体对水量的需求直接受水从人体损失的总数，包括体内废物的分泌和排泄、出汗和呼吸的影响。任何能提高这些过程速度的因素，如运动、激动、温度上升或低相对湿度也会增加对补充水的要求。一个成年人一年约消费400L水，同时从食物获得约一个相等数量的水。当摄入充足的水或水过量时，人体会周密地调节体内的水量。

目前，水分在食品中的作用，特别是水分对食品理化性质、非水成分的反应活性以及微生物稳定性等方面开展了很多研究，人们对水的认识也不断深入和清晰起来。然而，要完全弄清楚食品中水分的状态和它发挥作用的机制还需要进一步的研究。

二、天然乳化剂

乳化剂是能将脂肪球分散在水中或水滴分散在脂肪中的物质，它能改善分散体系中各种构成相之间的表面张力。食品中最常见的乳化剂包括：①磷脂，如最为人们熟知的卵磷脂；②分布广泛的各种食品蛋白质，如乳蛋白、大豆蛋白和鸡蛋蛋白等；③多种植物胶或微生物胶，如阿拉伯胶、黄原胶等。

　　除了乳化作用之外，乳化剂往往还发挥以下作用：①结合淀粉，防止其老化，改善产品质构；②与蛋白质相互作用，增进面团的网络结构，强化面筋网络，增加其韧性、抗力和体积；③涂层在糖晶体外防粘、防潮、防止糖果熔化粘连；④增加淀粉与蛋白质的润滑作用，增加挤压淀粉产品流动性；⑤促进液体在液体中的分散，改善产品稳定性；⑥降低液体和固体表面张力；⑦改良脂肪晶体，改善以固体脂肪为基质的产品组织结构；⑧稳定气泡和充气作用；⑨反乳化-消泡作用，加入相反作用的乳化剂可以破坏乳状液的平衡，比如含有不饱和脂肪酸的乳化剂具有抑制泡沫的作用；⑩抗腐败作用，乳化剂有一定抑菌作用，常以表面涂层的方法用于水果保鲜。因此，乳化剂对稳定食品的物理状态、改进食品质构、简化和控制食品加工过程、改善风味口感、提高食品质量、延长货架寿命等发挥有益的作用。

　　乳化剂的作用主要依赖于其结构上的双亲性。例如卵磷脂，它含有一个带电或极性端和一个不带电或非极性端在顶部。带电或极性端是亲水的，因此易溶于水；不带电或非极性端是疏水的，因此易溶于脂肪或油。在形成的水-油混合物中乳化剂的一部分溶于水而另一部分溶于油。如果油在过量水中振荡，油将形成滴，然后卵磷脂分子的非极性端定向至油滴，极性端则伸出油滴表面进入水相，产生的效果是在油滴表面围上一个带电表面。这些液滴相互推斥的倾向大于兼并或分离油层的倾向，于是乳状液被稳定。

　　可见，乳化剂保持乳状液稳定性的机制主要在于：

　　（1）静电作用　卵磷脂、蛋白质等能解离出带电亲水基。

　　（2）立体作用　非离子乳化剂的亲水基表面形成水膜，而呈聚合物的亲水基的构型也限制了它们的集结。

　　（3）微粒吸附作用。

　　与卵磷脂类似的，甘油一酯和甘油二酯与某些蛋白质一样是高效乳化剂。它们的共性是两亲性，但并非所有的具有两亲基团的化合物都可以成为乳化剂，决定一个分子能否发挥乳化作用的因素包括如下几点：

　　（1）乳化剂的亲水性（HLB值表示）　良好的乳化剂在它的亲水基和疏水基之间必须有相当的平衡。一般采用亲水性与疏水性的比值（HLB值）来表征，亲油性高的乳化剂HLB值小，亲水性高的乳化剂HLB值大。

　　（2）亲油基种类　亲油基种类不同，其亲油性强弱不同：脂肪基＞带脂烃链的芳香基＞芳香基＞带弱亲水基的亲油基；与所亲和的基团结构越相似，亲和性越好。

　　（3）亲水基　亲水基位置在亲油基链一端的乳化剂＞亲水基靠近亲油基链中间的乳化剂。

　　（4）分子结构与相对分子质量　相对分子质量大的乳化剂乳化分散能力更好；直链结构的乳化剂8个以上碳原子数才表现出显著乳化性，10～14个碳原子数的较好。

　　目前，可供食品工业应用的乳化剂及乳化剂混合物种类繁多，如何选择合适的乳化剂是首要问题。首要的出发点是被乳化的食品体系的类型，即体系是水包油乳状液（如蛋黄酱）还是油包水乳状液（如人造奶油）。有时候还要考虑乳化剂和其他添加剂复配使用以提高乳化稳定性，延长货架期。选择乳化剂时，水包油乳状液通常由具有高溶解度的乳化剂稳定，而油包水乳状液通常由具有高油溶性和较低水溶性的乳化剂稳定。

三、类似物和新配料

当前食品加工的目标是安全、营养、健康、美味、方便，因此降低食品的热量、改进食品风味是目前的研究热点。研究者在开发脂肪、糖和其他食品组分的类似物方面作了很大的努力，其共同目的是模拟配料组分的风味、口感、质构和外形等功能性质，同时降低食品的热量。这些类似物常被用来取代高热量的甜味剂或者脂肪。

（一）甜味剂

无营养甜味剂和低热量甜味剂包括一大类能产生甜味的或能强化甜味感的物质。目前已发现许多新的具有甜味的分子，具有潜在的商业价值的低热甜味剂的数目日益增多（表 2-6）。

表 2-6　一些甜味剂的相对甜度

商品名	甜味物质	相对甜味值[①]
安赛蜜	Acesulfame K，双氧噁噻嗪钾	200
阿力甜	Alitame，天门冬酰丙氨酸酯	2000
阿斯巴甜	Aspartame，L-天冬氨酰-L-苯丙氨酸甲酯	180～200
甜蜜素	Cyclamate，环己氨基磺酸盐	30
甘草甜素	Glycyrrhizin	50～100
莫奈林	Monellin	3000
高级糖精	Neohesperidin dihydrochalcone，新橙皮苷二氢查耳酮	1600～2000
糖精	Saccharin，苯甲酰亚胺	300～400
甜菊糖	Stevioside	300
蔗糖素	Sucralose，三氯半乳蔗糖	600～800
索马甜	Thaumatin	1600～2000

① 列出的是相对甜味值，计蔗糖＝1，按质量计；浓度和食品（或饮料）载体会显著影响甜味剂的实际相对甜味。

1. 甜蜜素

环己氨基磺酸盐的钠盐（图 2-10）、钙盐和酸曾被广泛地用作为甜味剂，比蔗糖甜约 30 倍，它们的味道很像蔗糖而且不会显著地干扰味感，并具有热稳定性。甜蜜素的甜味具有缓释的特征，它们产生的甜味所持续的时间比蔗糖长。

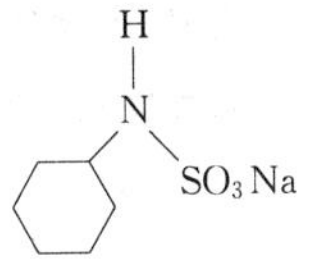

图 2-10　甜蜜素分子结构

从早期啮齿类动物试验得到的结果曾推测甜蜜素和它的水解产物环己胺会导致

膀胱癌。然而随后的研究结果并不支持前期的报告。因此，争取甜蜜素能重新作为一种被批准使用的甜味剂的申请已在美国备案。目前，包括加拿大在内的 40 个国家允许在低热量食品中使用甜蜜素，但美国 FDA 尚未再次批准在食品中使用甜蜜素。

2. 糖精

糖精（苯甲酰亚胺，图 2-11）的钙盐、钠盐和游离酸都可以作为非营养性甜味剂使用。受浓度和食品载体影响，糖精的甜度为蔗糖的 $300 \sim 700$ 倍。糖精具有一些苦味和金属味，尤其是对个别人，当浓度增加时，此反应更为显著。

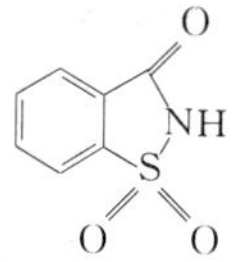

图 2-11 糖精分子结构

对于糖精安全性的调查已超过 50 年，曾经发现它对实验动物患癌有低程度的影响。然而，许多科学家认为动物数据与人无关。在人体中，糖精被快速地吸收，然后被快速地从尿中排出。目前，世界上有多于 90 个国家批准使用糖精。

3. 阿斯巴甜

阿斯巴甜（图 2-12）是一种二肽，能被摄入者完全消化，因此它是一种有热量的甜味剂。然而鉴于它具有很强的甜味（约为蔗糖甜味的 200 倍），在很低的用量就能达到所需的功能，因此它所提供的热量是微不足道的。阿斯巴甜具有与蔗糖类似的清凉的甜味。美国在 1981 年首次批准了阿斯巴甜的使用，目前超过 75 个国家已批准阿斯巴甜的使用，它被用于 1700 种以上的产品。

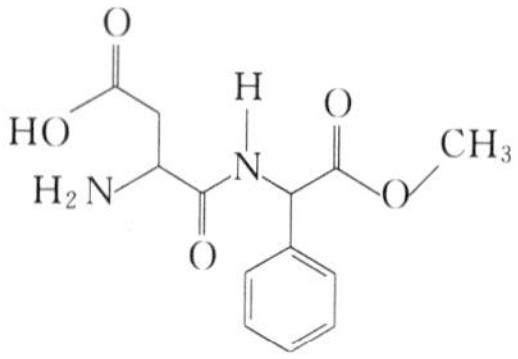

图 2-12 阿斯巴甜分子结构

阿斯巴甜的不足之处是在酸性条件下不稳定和在高温下会快速降解。在酸性条件下，比如在碳酸软饮料中，甜味的损失率是渐进的，并受温度和 pH 的影响。L-天冬氨酰-L-苯丙氨酸甲酯的二肽本性决定了它易于水解，易于发生其他化学反应，也易于被微生物降解，因而将它用于水相体系时，食品的货架寿命要受到限制。造成阿斯巴甜甜味损失的反应包括苯丙氨酸甲酯的水解或两个氨基酸间肽键的断裂，也可能是阿斯巴甜的分子内缩合反应。

4. 安赛蜜

1988 年安赛蜜（图 2-13）在美国首先被批准作为一种非营养甜味剂使用。安赛蜜的甜度约为蔗糖的 200 倍，其甜味质量介于甜蜜素和糖精之间。由于安赛蜜在高浓度时具有一些金属和苦味，因此它特别适宜于和其他低热甜味剂如阿斯巴甜混合使用。安赛蜜在焙烤时的高温下仍然是非常稳定的，而且它在酸性产品中如碳酸软饮料中也是稳定的。安赛蜜在体内不能被代谢，不产生热量，能通过肾脏无变化地被排出。大量的试验证实安赛蜜对动物没有毒性，在食品应用中特别稳定。

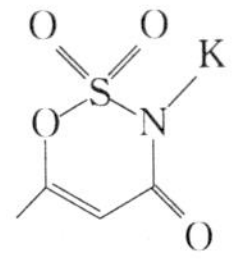

图 2-13　无营养甜味剂安赛蜜

5. 蔗糖素

蔗糖素（图 2-14）是一种无热量甜味剂，它是蔗糖分子经选择性氯化而产生的，比蔗糖约甜 600 倍。美国尚未批准它在食品中的应用，但是加拿大则允许它在一些食品中使用。

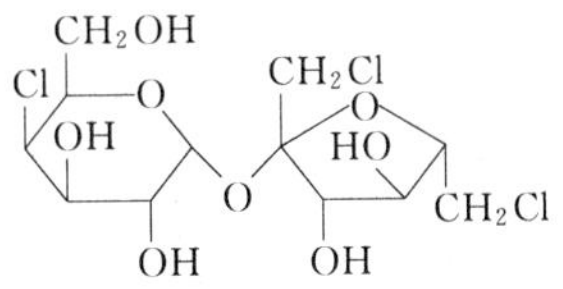

图 2-14　蔗糖素（三氯半乳蔗糖）分子结构

蔗糖素具有高度结晶性、高水溶性，在高温下有很好的稳定性，因此它可以应用在焙烤食品中。此外，蔗糖素在碳酸软饮料中也十分稳定，在这些产品的储存过程中，蔗糖素仅有限地水解成单糖单位。蔗糖素的甜味所显示的时间-强度关系类似于蔗糖，它没有苦味和其他不良后味。对蔗糖素的安全性所做的广泛研究证实它在预期的用量水平上是安全的。

6. 阿力甜

阿力甜（图 2-15）是一种氨基酸基甜味剂，它的甜味相当于蔗糖的 2000 倍，它具有类似于蔗糖的清凉糖味。它易溶于水，并具有很好的热稳定性和货架期，但是在酸性条件下长期储存会产生不良风味。阿力甜一般可用于需要加入甜味剂的大多数食品，包括焙烤食品。

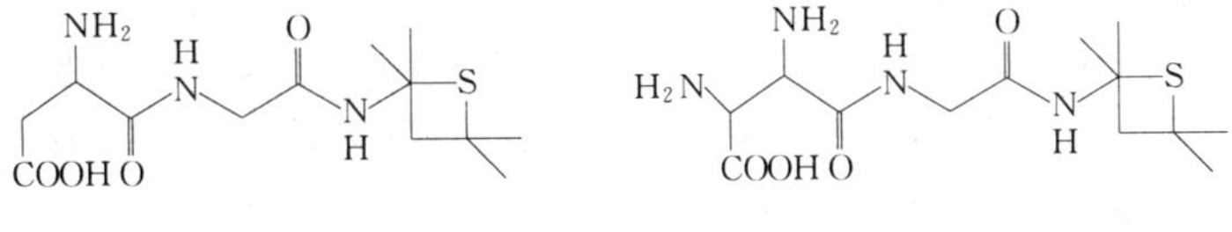

（a）　　　　　　　　　　　（b）

图 2-15　阿力甜及其异构体分子结构

(a) 阿力甜；(b) β-阿力甜

阿力甜是以氨基酸 L-天门冬氨酸和 D-丙氨酸及一种新的胺制备的。虽然天门冬酰丙氨酸酯的天门冬氨酸组分能被代谢，但同阿斯巴甜类似，它对热量的贡献是微不足道的。阿力甜的丙氨酰胺部分在通过体内时产生最小的代谢变化。大量研究表明阿力甜对人体是安全的，并已经在澳大利亚、新西兰、中国和墨西哥获准使用。

7. 多羟基醇类甜味剂

多羟基醇是只含羟基官能团的碳水化合物衍生物，它们通常都溶于水，有吸湿性，它们的高浓度水溶液有中等的黏性。它们包括甘油、合成的丙二醇、氢化制备的木糖醇、山梨醇和甘露醇等。多羟基醇通常是甜的，但不如蔗糖那么甜（表2-7）。短链多羟基醇（如甘油）在高浓度时略有苦味。由于固体糖醇在溶解时吸热，因此可以产生令人愉快的清凉感。

表 2-7　多羟基醇和糖的相对甜味和能值

物　　质	相对甜味[1] （蔗糖＝1，按质量计）	能值[2]/(kJ/g)
多羟基醇		
甘露醇	0.6	6.69
乳糖醇	0.3	8.36
异麦芽糖	0.4~0.6	8.36
木糖醇	1.0	10.03
山梨醇	0.5	10.87
麦芽醇	0.8	12.54
氢化玉米糖浆[3]	0.3~0.75	12.54
糖		
木糖	0.7	16.72
葡萄糖	0.5~0.8	16.72
果糖	1.2~1.5	16.72
半乳糖	0.6	16.72
甘露糖	0.4	16.72
乳糖	0.2	16.72
麦芽糖	0.5	16.72
蔗糖	1.0	16.72

① 表中列出的是经常被引用的相对甜味；然而，浓度和食品或饮料载体会显著影响甜味剂的实际甜味。

② 美国 FDA 认可的能值：1kcal＝4.1814kJ。

③ 酶转化蔗糖接着氢化而形成的 α-D-吡喃葡萄糖基-1→6-甘露糖醇和 α-D-吡喃葡萄糖基-1→6-山梨糖醇的等物质的量混合物。

8. 其他无营养甜味剂

越来越多的甜味剂被研究者发现，其中许多化合物的可开发性和安全性也被纳入研究以确定它们是否适合于商业化生产。比如存在于甘草根中的甘草甜素，它比蔗糖甜 50~100 倍，但它具有的类甘草风味影响了它在一些食品中的应用。

存在于南非植物甜叶菊叶子中的糖苷混合物是甜菊糖的来源。纯的甜菊糖的甜味约为蔗糖的 300 倍，在高浓度时甜菊糖有些苦味和不理想的后味。甜叶菊的提取物已被作为商品甜味剂使用，在日本应用广泛。大量的安全和毒理试验表明甜叶菊提取物对人是安全的，但是在美国它们还未获得批准。

新橙皮苷二氢查耳酮是一种无营养甜味剂，它的甜味是蔗糖的 1500~2000 倍，具有甜味缓发和后味逗留的特征，但是它减少了对相伴苦味的感觉。大量的安全性试验证实它对人体是安全的。在比利时和阿根廷已获批准，在美国尚未批准。

从热带非洲竹芋中分离鉴定的几种甜味蛋白质，即索马甜Ⅰ和Ⅱ都是碱性蛋白质，相对分子质量约为20000，它们的甜度约为蔗糖的1600～2000倍。在英国、日本和美国已经应用于部分食品。但是该提取物略带甘草味，一定程度上限制了它的应用。另一种甜味蛋白质莫奈林是从锡兰莓中分离出来的，它的相对分子质量约为11500，甜味约为蔗糖的3000倍。该化合物成本较高、对热不稳定、在低于pH 2的室温条件下会失去甜味，因此它的使用前景受到了限制。

（二）脂肪替代品

虽然脂肪是一个必需的食物组分，但是太多的脂肪会增加人们患心血管病和某些类型癌症的危险性。消费者期望食品中的热量能大幅度降下来，同时也期望这些食品具有传统高脂食品的感官性质。因此，脂肪替代品的开发受到高度的关注。

迄今为止，脂肪替代品研发已经取得很大进展，推荐的可用于各种低脂食品的配料类型多样，包括从碳水化合物、蛋白质、脂类制得的和纯合成的化合物。

1. 碳水化合物类脂肪替代品

淀粉、胶、半纤维素经适当加工后被应用在低脂食品中可以产生部分的脂肪功能性质。一般由胶和纤维素制备的脂肪代用品基本上不提供热量，而改性淀粉等则产生4kcal/g的热量，但远低于脂肪的9kcal/g。这些物质模仿食品中脂肪的润滑和奶油感主要是通过水分的保留和固形物的填充而实现的，后两个作用有助于产生似脂肪感觉，如在焙烤食品中的润湿感和冰淇淋的质构感。

2. 蛋白质类脂肪替代品

由一些蛋白质改造成的脂肪替代品在高温如油炸温度下并不能表现出类似脂肪的性质，因此，它们的功能是有限的。然而，这些蛋白质配料对于取代食品尤其是水包油乳状液中的脂肪是有价值的。对于这些应用，可以将这些脂肪替代品制成各种微粒，显示出类似于脂肪的性质。溶液中的蛋白质也提供了增稠、润滑和黏稠的效应。

制造蛋白质脂肪替代品涉及几种策略，可通过下面的处理从可溶性蛋白质获得颗粒状蛋白质：①疏水相互作用；②等电点沉淀；③热变性和/或凝结；④蛋白质-蛋白质络合物形成；⑤蛋白质-多糖络合物形成。这些处理往往伴随物理剪切作用，它保证了微粒的形成。

3. 低热量合成甘油三酯类脂肪取代物

由于独特的结构性质，当人和其他单胃动物食用某些甘油三酯时并不产生完全的热量。采用氢化和直接酯化或酯交换可以合成这种类型的各种甘油三酯。一种策略是合成中碳链甘油三酯代替普通脂肪，可以适度减少热量；另一种策略是将短链饱和脂肪酸（$C_2 \sim C_5$）和长链饱和脂肪酸（$C_{14} \sim C_{24}$）一起并入甘油三酯分子，这样可以显著减少热量。热量减少的部分原因是短链脂肪酸按单位质量计产生的热量比长链的少，另外可能因为长链脂肪酸在甘油分子中的位置显著地影响长链脂肪酸的吸收。短链和长链饱和脂肪酸结合位置的某些组合可降低长链脂肪酸的吸收率

50％以上。研究者已能制备 4.7～5.1kcal/g 的各种甘油酯产品，并能控制脂肪酸组成，以获得期望的物理性质。

4.合成脂肪代用品

研究发现大量的合成化合物具有脂肪替代品的性质。它们中的许多含有似甘油三酯的结构和官能团，与常规的脂肪相比它们实际上含有逆向酯基（即前者是甘油被酯化至脂肪酸，而后者是三羧酸被酯化至饱和醇）。由于这些化合物是人工合成的，因此能抵抗酶的水解，不能被消化。但这些化合物在食品中的真正作用仍然存在疑问。

聚葡萄糖是一类性能像脂肪的物质，它通过随机聚合葡萄糖（90％以上）、山梨醇（2％以下）和柠檬酸制得，含有少量葡萄糖单体和 1,6-脱水葡萄糖，可作为低热量的填充剂使用。另一类合成脂肪替代品是蔗糖聚酯。它们是一类碳水化合物脂肪聚酯，它们是亲油、不能被消化、不能被吸收的似脂肪分子，具有普通脂肪的物理和化学性质。作为脂肪取代物的蔗糖聚酯是高度酯化的，而作为乳化剂的蔗糖聚酯具有较低的酯化度。自 1983 年以来，在美国蔗糖聚酯乳化剂一直被获准使用。近 20 年来曾对蔗糖聚酯的安全和健康方面作了广泛的研究，1996 年已被美国批准可有限制地用于食品。

四、有机酸

有机酸和无机酸都广泛地存在于天然食品系统中，它们可以扮演很多角色。酸在果胶胶凝中起重要作用，在干酪和发酵乳制品（如酸性稀奶油）中它们可以使乳蛋白凝结。在天然培养过程中，由链球菌和乳杆菌产生的乳酸使体系的 pH 降至接近酪蛋白的等电点，从而引起凝聚。在干酪生产中，人们向冷牛乳（4～8℃）添加凝乳酶和酸化剂，如柠檬酸和盐酸，随后，加热牛乳至 35℃ 以产生均匀的凝胶结构。如把酸加入热牛乳中，则使蛋白质沉淀而不是形成凝胶。葡萄糖酸内酯在含水体系中缓慢水解成葡萄糖酸，因而可以用于酸乳制品和化学膨松剂。

把柠檬酸加到某些中等酸性的水果和蔬菜中，可使 pH 值降至低于 4.5。这样可使罐装食品在比未加酸产品较缓和的加热条件下杀菌。此外，还能预防肉毒梭状芽孢杆菌的生长。在干酪制作中，在牛乳中加入微生物发酵剂使产生乳酸，这有助于产生凝结块和在随后的储存中抵抗不期望的细菌的腐败作用。

酸类对食品的一个最重要作用是产生酸味，比如卷心菜经发酵后产生乳酸并成为酸泡菜，苹果汁经发酵先产生乙醇然后转变成乙酸以制备醋。这两种情况下食品的风味都得到了改善。酸也能改变和加强其他风味物质所产生的味感。此外，游离的短链脂肪酸（$C_2 \sim C_{12}$）还对食品芳香有显著影响，比如高浓度的丁酸产生强烈的食品酸败风味，但低浓度的丁酸则产生干酪和黄油的典型风味。

除此之外，酸可以作为代谢的中间产物，可以参与形成缓冲体系，部分酸还可以作为螯合剂使用。

五、氧化剂和抗氧化剂

氧化-还原反应在生物体系中是常见的，食品在加工和储存过程中也会发生氧化-还原反应。虽然有些氧化反应对食品是有益的，但另一些却产生有害的影响，如维生素、色素和脂类的降解，造成营养价值的下降以及异味的产生。虽然可以采用充氮或真空包装的方法尽可能地减少氧，但实际上难以完全去除。也可以采取添加适当的化学试剂来控制不良的氧化反应。

除了氧化性的物质外，一些过渡态金属离子，像铜离子和铁离子，可以通过催化作用促进脂类的氧化。这也是在食品加工设备中用不锈钢取代大部分铜和铁的一个理由。许多天然食品含有微量的铜和铁，然而也会同时含有抗氧化剂。添加螯合剂（如柠檬酸或 EDTA）常可使这些助氧化剂失活。在这种情况下可以把螯合剂称为增效剂，因为它们大大地强化了酚类抗氧化剂的作用。然而单独使用时，它们往往起不到抗氧化剂的作用。

所谓抗氧化剂，顾名思义，泛指可抑制氧化反应的所有物质。食品中常见的抗氧化剂包括卵磷脂、维生素 C、维生素 E 和几种含硫氨基酸。然而，最有效、应用最多的抗氧化剂是被美国 FDA 批准用于食品的几种合成化合物：叔丁基-4-羟基茴香醚（BHA）、2,6-二叔丁基对甲酚（BHT）、棓酸丙酯（PG）和叔丁基醌（TBHQ）。

维生素 C（抗坏血酸）是分布最广的抗氧化剂之一，人们用它来防止在切开的果蔬表面发生的酶促褐变。抗坏血酸在其中起了还原剂的作用，它把氢原子转移回醌酮类化合物，而醌酮类化合物是由酚类化合物在酶作用下氧化产生的。在密闭系统中，抗坏血酸很容易与氧作用，因而可用作氧气清除剂。与之相近，食品体系中亚硫酸与亚硫酸盐很容易被氧化成磺酸盐和硫酸盐，因而在干果这样的食品中，它们的作用犹如抗氧化剂。

除维生素 C 之外，维生素 E（生育酚）是最引人注意的具有抗氧化能力的天然物质。此外，香辛料的抽提物（特别是迷迭香）、棉籽中的棉酚、松柏醇、愈创木脂酸和愈创树脂酸等均具有较好的抗氧化性。这些天然化合物在结构上与现在已批准使用的合成抗氧化剂类似。

各种抗氧化剂在防止食品氧化方面显示不同的效果，将不同的抗氧化剂重组起来使用往往比单独使用时具有更高的效力，但其增效作用的机制尚不清楚。例如，将脂肪酸与抗坏血酸酯化，形成抗坏血酸基棕榈酸酯，可达到抗坏血酸所难以较好实现的目的——在脂肪体系中发挥抗氧化作用。

六、酶

酶是一种生物催化剂，是由生物的活细胞产生的有催化功能的蛋白质。像其他催化剂一样，只需非常小的数量就能有效地发挥催化剂的作用。唾液中的淀粉酶促进口中淀粉的分解；胃液中的蛋白酶促进蛋白质分解；肝中的脂肪酶促进脂肪分解。有些酶是简单蛋白质，有些酶是结合蛋白质。结合蛋白质的蛋白质部分称为酶蛋白，非蛋白质的部分称为辅酶或辅基。通常把与酶蛋白结合松散的称为辅酶，而把与酶蛋白结合牢固的称为辅基。辅酶或辅基对酶的催化作用是必需的，酶蛋白与辅酶或辅基分离时两者均不能起催化作用。

与其他催化剂相同，酶是通过降低特定底物的活化能而起作用的。它们与底物分子暂时地结合形成酶-底物络合物，后者的稳定性低于底物分子，于是克服了反应的阻力，而被激活的底物在形成反应的新产物时降至较低的能量水平。在反应的过程中，酶被重新释出而没有变化。释放出的酶继续参与反应。与一般的非酶催化剂相比，酶的催化效率要高得多，并具有高度的专一性；酶在接近生物体体温和接近中性的温和条件下就能发挥其催化作用；酶在高温、强酸或强碱等条件下因酶蛋白变性而失去催化活力。温度、pH 值、水分活度、无机离子和底物浓度等条件对酶的催化活力都有很大的影响。

数以千计的各种酶存在于细菌、酵母、霉菌、植物和动物中，它们可以分布在细胞内或细胞外。按催化的反应类型可以将酶分为氧化还原酶类、转移酶类、水解酶类、裂合酶类、异构酶类和连接酶类等六大类。与食品工业特别有关的是氧化还原酶类和水解酶类。表 2-8 是食品工业中常涉及的胞外水解酶。

表 2-8　胞外水解酶的实例

酶	底　物	分解产物
酯酶		
脂肪酶	甘油酯（脂肪）	甘油＋脂肪酸
磷酸酯酶		
卵磷脂酶	卵磷脂	胆碱＋H_3PO_4＋脂肪
糖酶		
果糖苷酶	蔗糖	果糖＋葡萄糖
α-葡萄糖苷酶（麦芽糖酶）	麦芽糖	葡萄糖
β-葡萄糖苷酶	纤维二糖	葡萄糖
β-半乳糖苷酶（乳糖酶）	乳糖	半乳糖＋葡萄糖
淀粉酶	淀粉	麦芽糖
纤维素酶	纤维素	纤维二糖
细胞解糖酶	—	单糖
作用于含氮化合物的酶		
蛋白酶	蛋白质	多肽
多肽酶	蛋白质	氨基酸
脱酰胺酶		
脲酶	脲	CO_2＋NH_3
天冬酰胺酶	天冬酰胺	天冬氨酸＋NH_3
脱氨酶	氨基酸	NH_3＋有机酸

按照来源，食品中的酶可以分为内源酶或外源酶。内源酶是指作为食品加工原料的动植物体内所含有的各种酶类。内源酶是这些食品原料在屠宰或采收后的成熟或变质的重要原因，对食品的储藏和加工都有着重要的影响。外源酶并非存在于作为食品加工原料的动植物体内。外源酶有两个来源，一是来源于原料食品中存在的微生物，二是来源于人为添加的酶制剂。通常，外源酶的加入是出于控制食品质量的目的。

对食品科学家而言，主要考虑以下酶的性质：①不论是否采收，酶在新鲜水果和蔬菜中都控制着与成熟有关的反应，比如甜瓜变软和香蕉过熟，除非采用加热、化学试剂或其他手段将酶破坏；②酶决定着大多数食品原料或食品的风味、颜色、质构和营养方面的变化；③食品加工或储藏过程中，要充分考虑酶的灭活，以确保其储存稳定性；④在发酵过程中，最主要的作用是由微生物中的酶发挥的；⑤可以将酶从生物物质中提取出来并纯化至较高的纯度，可以将这些食品酶制剂加入食品以分解淀粉、嫩化肉、澄清葡萄酒、凝结乳蛋白和产生许多其他期望的变化。表2-9列出了食品加工中一些商业酶制剂及其应用。

表 2-9　食品加工中一些商业酶制剂及其应用

商业酶制剂	应　　用
糖酶	在糖果工业中生产转化糖；从淀粉生产玉米糖浆；在麦芽制造、酿造、酒和酒精生产、焙烤工业中将谷物淀粉转化成可发酵的糖；含水果淀粉的饮料和糖浆的澄清
蛋白酶	啤酒和相关产品的抗寒；肉的嫩化；水解动物和植物蛋白的生产
果胶酶	果汁的澄清；果汁，如苹果汁，在澄清前除去其中过量的果胶；提高葡萄汁和其他产品的产量；葡萄酒的澄清；水果和蔬菜干燥前的脱水
葡萄糖氧化酶-过氧化氢酶	蛋清在干燥前除去其中的葡萄糖；除去溶解或存在于包装或密封在密封容器中的产品表面的分子氧
葡萄糖苷酶	从存在于苦味杏仁中的前体释出精油；破坏天然存在的苦味素，如存在于橄榄和葫芦科（黄瓜和相关族）苦味糖苷中的苦味素
风味酶	加入酶使风味复原和增强，这些酶能将有机含硫化合物转变成产生大蒜和洋葱风味的特殊挥发性含硫化合物。例如大蒜中的蒜氨酸被蒜氨酸酶转变成蒜油，卷心菜和相关品种（水田芥菜、芥菜、萝卜）的含硫风味前体被从相关的富含酶的天然来源得到的酶制剂转变；将从芥菜籽得到的酶制剂加入复水的热烫脱水卷心菜，使风味复原；用天然存在于香蕉中的风味酶产生经灭菌的香蕉果泥和脱水香蕉的风味；采用从新鲜玉米得到的酶制剂提高罐装食品的风味
脂肪酶	提高脱水蛋清的搅打质量和产生干酪或巧克力的风味
纤维素酶	谷物的糖化和酿造，果汁的澄清和提取，蔬菜的嫩化

七、维生素

维生素由各类有机化合物组成，它们是营养上必需的微量营养素。与必需氨基酸和必需脂肪酸不同，它们只要在少量供应时就能维持动物的健康。维生素 D 是一个例外，这是已知人体能制造的唯一的主要维生素。然而，在某些条件下，人体不能合成足够数量的维生素 D，因此为了维持生命和健康，仍然需要通过饮食或作为饮食补充提供维生素 D。

维生素在体内的作用包括以下几个方面：①作为辅酶或它们的前体（烟酸、维生素 B_1、维生素 B_2、生物素、泛酸、维生素 B_6、维生素 B_{12} 以及叶酸）；②作为抗氧化保护体系的组分（维生素 C、某些类胡萝卜素及维生素 E）；③基因调控过程中的影响因素（维生素 A、维生素 D 以及潜在的其他几种）；④具有特定功能，如维生素 A 对视觉、维生素 C 对各类羟基化反应以及维生素 K 对特定羧基化反应的影响。

维生素常被分为两大类：脂溶性维生素和水溶性维生素。脂溶性维生素有维生素 A、维生素 D、维生素 E 和维生素 K，它们被人体的吸收取决于从饮食的正常脂肪吸收。水溶性维生素包括 8 种 B 族维生素和维生素 C。虽然 B 族各种维生素的化学结构与生理功能各不相同，但它们一般共同存在于相同的食物中，所以仍习惯称为"维生素 B 复合物"。

（一）维生素 A

维生素 A 是指一类具有营养活性的不饱和烷烃，包括视黄醇及相关化合物（图 2-16）和一些类胡萝卜素（图 2-17）。在动物组织如肝脏中，视黄醇及其酯是维生素 A 活性的主要形式，而视黄酸的含量则少得多。类视黄醇是指一类化合物，它包括视黄醇及其含 4 个类异戊二烯单位的衍生物。几类视黄醇是维生素 A 营养活性形式类似物，它们显示出有用的药理学性质。此外，合成的视黄醇乙酸酯和视黄醇棕榈酸酯已广泛用于强化食品。

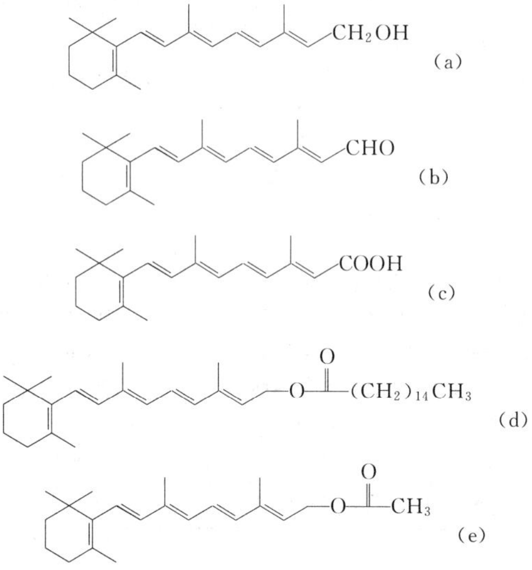

图 2-16　视黄醇及相关化合物
（a）视黄醇；（b）视黄醛；（c）视黄酸；（d）视黄醇棕榈酸酯；（e）视黄醇乙酸酯

植物中不含维生素 A，但含有它的前体类胡萝卜素。在大约 600 种已知的类胡萝卜素中，约有 50 种具有维生素 A 原活性（即在体内能部分转化为维生素 A）。其中，β-胡萝卜素是最常见的一种，转化成维生素 A 的效率也最高，它主要存在于柑橘、黄色蔬菜及绿色蔬菜中。

维生素 A（类视黄醇和具有维生素 A 活性的类胡萝卜素）的降解通常类似于不饱和脂肪酸的氧化降解。能促进不饱和脂肪酸氧化的因素通过直接氧化或间接的自由基效应也能加剧维生素 A 的降解。然而维生素 A 在下列食品，如强化早餐谷类食品、婴儿配方食品、液态乳、强化蔗糖以及调味品中长时间保存时，通常不会对其保留率产生非常有害的影响。

食品中维生素 A 和类胡萝卜素的氧化降解是由直接的过氧化作用或在脂肪氧化过程中产生的自由基的间接作用所引起的。β-胡萝卜素（及其他类胡萝卜素）在低氧浓度时可起到抗氧化剂作用，而在高氧浓度时，起助抗氧化剂作用。β-胡萝卜素抗氧化剂作用的途径可能有清除单重态氧、羟基和超氧化物自由基以及与过氧化自由基反应。

类视黄醇一般可被有效吸收，除非出现脂肪吸收障碍。视黄醇乙酸酯和棕榈酸

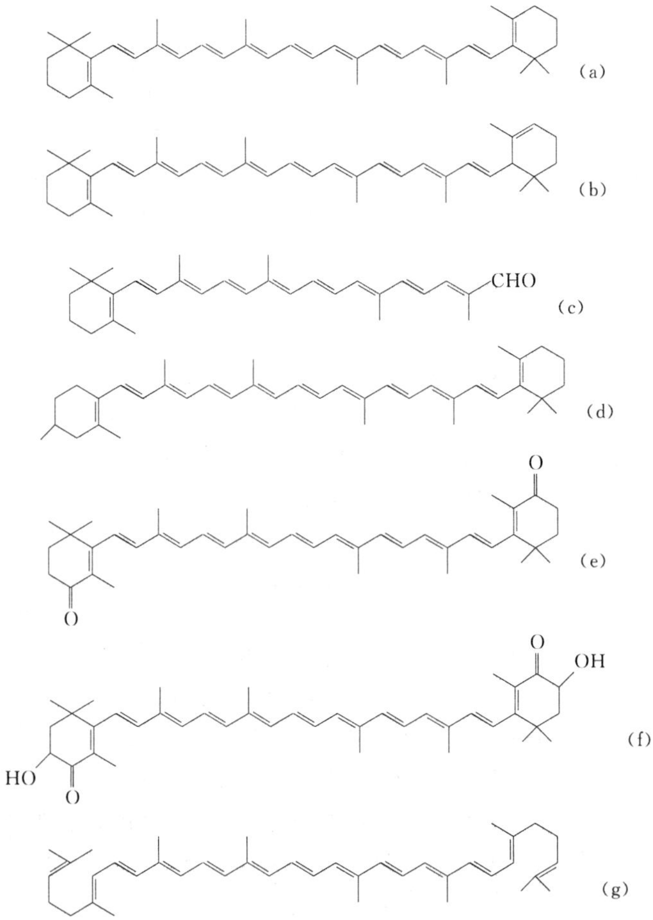

图 2-17　几种常见的类胡萝卜素

（a）β-胡萝卜素；（b）α-萝卜素；（c）玉米黄素；（d）β-阿朴-8′-胡萝卜素；
（e）角黄素；（f）番茄红素；（g）茄红素

酯与非酯化视黄醇的吸收效率相同。含有非吸收性的疏水物质如某些脂肪替代物的食品，可能会造成维生素 A 的吸收障碍。与类视黄醇不同，许多食品中的类胡萝卜素只有很少一部分在肠道中吸收。类胡萝卜素专一地结合为类胡萝卜素蛋白或包埋于难消化的植物基质中，造成吸收障碍。在人体试验中，与纯 β-胡萝卜素相比，从胡萝卜中摄入相同量的 β-类胡萝卜素后，血浆中只有 21% 的响应值。与之类似，绿花菜中的 β-胡萝卜素的生物利用率也较低。

　　缺乏维生素 A 会导致失明，年轻人的骨骼和牙齿不能正常生长，上皮细胞和鼻、咽喉和眼的疾病，降低人体对感染的抵抗力。在发达国家罕见这些疾病，而在世界的某些地区却常见这些疾病。富含维生素 A 的食品资源是动物肝、鱼油、含奶油的乳品和蛋。富含维生素 A 前体的主要食品资源是胡萝卜、南瓜、红薯、菠菜和甘蓝。此外，同其他维生素一样，维生素 A 及其前体也可以被合成。因此，在膳食中可以通过多种途径强化维生素 A。

维生素 A 的活力采用国际单位（IU）表示。由于视黄醇、类视黄醇与类胡萝卜素的生物活力存在着差异，因此采用相同质量的视黄醇表示总的维生素 A 活性可以避免混淆。一般，一个视黄醇当量等于 $1\mu g$ 视黄醇或 $6\mu g$ β-胡萝卜素，它也等于视黄醇的 3.33IU 维生素活性和 β-胡萝卜素的 10IU 维生素 A 活性。

类似于许多其他的营养成分，过量的维生素 A 是有害的。大量摄入类胡萝卜素不会造成类似的危害，这是因为体内会限制它转变成维生素 A，然而，它会造成皮肤的黄色。

（二）维生素 D

食品中维生素 D（图 2-18）的活性与几种脂溶性甾醇类似物有关，包括动物来源的胆钙化甾醇和人工合成的麦角固醇。这两种物质的合成形式均用于食品强化。

当受到太阳光照射时，可在人体皮肤中形成胆钙化甾醇。由于采用该种体内合成方式，人体对膳食维生素 D 的需求量取决于暴露于阳光下的程度。

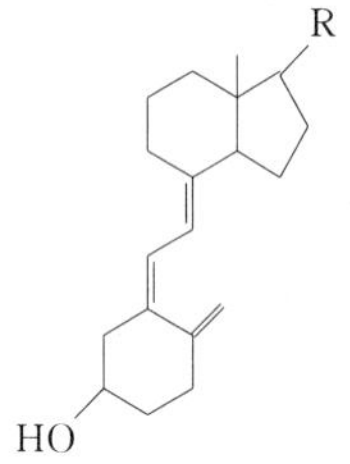

胆钙化甾醇的 1,25-二羟基衍生物是维生素 D 的一种主要的生理活性形式，它参与调控钙的吸收和代谢。除胆钙化甾醇外，肉与乳制品中的 25-羟基胆钙化甾醇也提供了显著量的天然维生素 D 活性。维生素 D 对于钙和磷在肠道中的吸收和有效利用是必需的。

图 2-18　维生素 D 结构

维生素 D 易见光分解，该现象可发生于瓶装奶的零售储藏过程中。例如，在 4℃下连续用荧光照射 12 天，可使约 50% 添加于脱脂奶中的胆钙化甾醇失去活性。与食品中其他不饱和脂溶性组分一样，维生素 D 类化合物易氧化降解。但是在无氧条件下，维生素 D 的稳定性并不是一个需引起注意的主要问题。

缺乏维生素 D 会导致骨骼缺陷，佝偻病是其中最主要的一种。当光照不足时会导致维生素 D 不足。虽然肝、鱼油、乳品和蛋是维生素 D 的良好来源，但是大多数食品中维生素 D 的含量是很低的。对于儿童，每天摄入 400IU 维生素 D 被认为是最佳的，这也是在每 0.946L 牛奶中加入维生素 D 400IU 进行强化的根据。400IU 维生素 D 相当于动物组织中 $10\mu g$ 天然存在形式的维生素 D。过量摄入维生素 D 不会带来益处，而有潜在的危害。

（三）维生素 E

维生素 E 是一类具有类似于 α-生育酚维生素活性的母育酚和生育三烯酚的统称。母育酚为 2-甲基-2（$4'$,$8'$,$12'$-三甲基三癸基）色满-6-酚，而生育三烯酚除了在侧链的 $3'$、$7'$ 和 $11'$ 处存在双键外（图 2-19），其他部分与母育酚的结构完全相同。α、β 和 γ 形式的生育酚与生育三烯酚的区别在于甲基的数量与位置，它们的维生素 E 活性也显著不同（表 2-10）。在大多数动物制品中，α-生育酚是维生素 E 的主要形式，其他的生育酚和生育三烯酚以不同比例存在于植物产品中。

维生素 E 是大鼠的一种生育因子，对于狗和其他动物的正常肌肉收缩是必要的，然而它对于人的重要性仍不确定。维生素 E 是一种强抗氧化剂，它能防止饮食中过量的不饱和脂肪酸导致的过氧化脂肪酸的生成。由于它具有抗氧化剂的性质，

	R₁	R₂	

R_1	R_2	
CH_3	CH_3	α-生育酚
CH_3	H	β-生育酚
H	CH_3	γ-生育酚
H	H	δ-生育酚

图 2-19　几种维生素 E 的结构

表 2-10　生育酚和生育三烯酚的维生素 E 相对活性

化合物	生物测定法			
	胚胎鼠的再吸收	鼠红细胞溶血	营养不良导致的肌肉萎缩（鸡）	营养不良导致的肌肉萎缩（大鼠）
α-生育酚	100	100	100	100
β-生育酚	25～40	15～27	12	
γ-生育酚	1～11	3～20	5	11
δ-生育酚	1	0.3～2		
α-生育三烯酚	27～29	17～25		28
β-生育三烯酚	5	1～5		

维生素 E 也能保护维生素 A 和胡萝卜素，使它们免遭氧化破坏。此外，维生素 E 有助于铁的吸收，在维持生物膜的稳定性方面起着作用。

在不存在氧及氧化脂肪的条件下，维生素 E 类物质的稳定性相当高。食品加工中的无氧处理，如高压灭菌，对维生素 E 活性产生的影响很小。反之，在有分子氧存在条件下，维生素 E 活性的降解速率增加；当有自由基存在时，降解速度尤其快速。能影响不饱和脂肪氧化降解的因素同样强烈地影响维生素 E。食品加工中的氧化处理，如面粉的增白，可导致大量维生素 E 损失。

植物油是维生素 E 的良好来源，不过在实际的人们营养状况下维生素 E 的缺乏是罕见的。已鼓励人们使用大剂量维生素 E 作为许多疾病的治疗药物和作为推迟衰老与提高性功能的药剂，然而对于此类观点还缺乏科学证据。

（四）维生素 K

维生素 K 由一类在 3 位上具有或不具有萜类化合物的萘醌组成（图 2-20）。某些还原剂可将维生素 K 类物质的醌式结构还原成氢醌形式，但维生素 K 的活性仍得以保留。该维生素可发生光化学降解，但它对热很稳定。

维生素 K 对于正常的血液凝结是必需的。维生素 K 缺乏症通常与吸收障碍综合征或使用抗凝血药物有关，在健康人群中比较罕见。维生素 K 缺乏一般会同时患脂肪吸收不正常的肝病。婴儿可能缺乏维生素 K，可以通过婴儿配方食品给予婴儿维生素 K 以防止这种情况的发生。

维生素 K 的良好来源是菠菜和卷心菜等绿色蔬菜。细菌也能在人的肠道中合

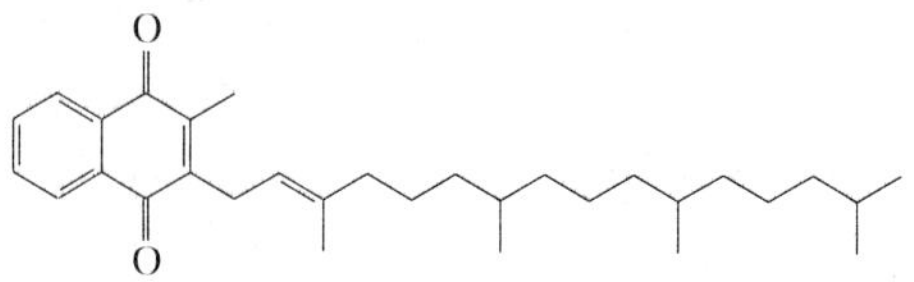

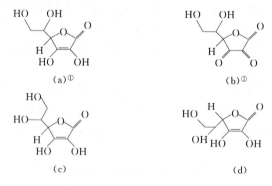

图 2-20　各种形式的维生素 K 结构

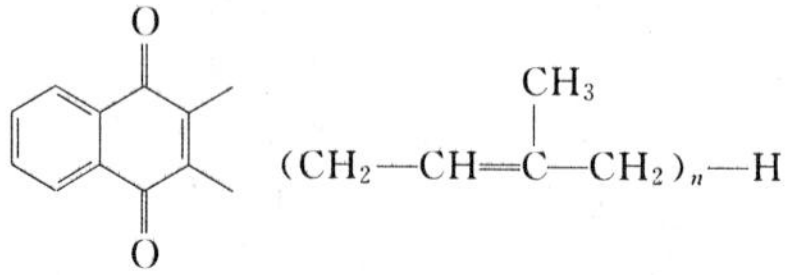

(a) 维生素 K_1；(b) 维生素 K_2

成维生素 K。因而，采用抗生素治疗时，肠道微生物遭到破坏，可能会导致维生素 K 和其他由微生物合成的维生素缺乏。

（五）维生素 C

L-抗坏血酸（图 2-21）类似于碳水化合物，具有高度极性，易溶于水溶液而不溶于低极性或非极性溶剂。由于它 C-3 上的羟基可电离，故显酸性。双电子氧化和脱氢可将 L-抗坏血酸转化为 L-脱氢抗坏血酸。它所显示的维生素活性几乎与 L-抗坏血酸相同，因为在体内它几乎可完全被还原为 L-抗坏血酸。L-异抗坏血酸与 D-抗坏血酸同 L-抗坏血酸具有相似的化学性质，但这些化合物在本质上并无维生素 C 活性。由于 L-异抗坏血酸具有还原性与抗氧化性，它们被广泛地用作食品配料（例如用于肉制品的腌制及抑制果蔬中的酶促褐变）。

图 2-21　L-抗坏血酸、L-脱氢抗坏血酸及其异构体的结构

(a) L-抗坏血酸；(b) L-脱氢抗坏血酸；(c) L-异抗坏血酸；(d) D-抗坏血酸

① 表明具有维生素 C 活性

维生素 C 缺乏会导致毛细血管发脆、齿龈易出血、牙齿松动和关节疾病。它对于明胶蛋白的正常形成是必要的，该蛋白是皮层和结缔组织蛋白质的一个重要成分。类似于维生素 E，维生素 C 也能帮助铁的吸收。

除了具有作为必需营养素的作用外，由于其还原和抗氧化性质，L-抗坏血酸还

被广泛用作食品添加剂。由于它可以还原邻二醌，因而能有效地抑制酶促褐变。其他作用还包括：①在面团调制剂中起还原作用；②通过其还原作用、自由基及氧的猝灭作用保护某些易氧化物质（如叶酸）；③在腌肉制品中抑制亚硝胺的形成；④还原金属离子。

L-抗坏血酸主要存在于果蔬中，柑橘类水果、番茄、卷心菜和青椒是它的良好来源。牛奶、谷物和肉类则很少提供 L-抗坏血酸。L-抗坏血酸的未电离酸形式或钠盐形式（抗坏血酸钠）均可添加于食品中。L-抗坏血酸与疏水化合物的结合使得抗坏血酸具有部分脂溶性，它们可在脂质环境中提供直接的抗氧化作用。

L-抗坏血酸对氧化高度敏感，在受金属离子如 Cu^{2+} 和 Fe^{3+} 催化时尤其如此。热和光同样能加速该反应过程，而 pH、氧浓度和水分活度等因素对反应速度的影响强烈。对大多数食品中的维生素损失而言，L-抗坏血酸的无氧降解较不显著。但在罐装产品如蔬菜、番茄和果汁中，在除去残留氧后，无氧降解途径变得非常显著，特别是在存在金属离子的情况下。

如同其他维生素和营养成分的推荐摄入量一样，对于维生素 C 也确实没有完全一致的国际标准。在美国，维生素 C 的推荐摄入量是 60mg，在英国和加拿大此值是 30mg。亚洲地区由于果蔬摄入量较高，维生素 C 的摄入量通常高于推荐值。

在维生素 C 的功能方面，存在两个争论。一个是认为它能从大鼠的血中除去高水平的胆固醇，但是从大鼠得到的研究结果对人有多大的意义还尚未确定。另一个争论是一些人鼓吹每日服用含 1g 或几克这样高水平维生素 C 可以防止感冒。然而，美国 FDA 并不认可这种治疗方式的效果。

（六）B 族维生素

B 族维生素的所有品种一般存在于相同的主要食品来源，如肝、酵母和谷物的麸皮，它们作为活性酶的一个部分对于必要的代谢和一些功能是不可缺少的。

1. 维生素 B_1（硫胺素）

硫胺素由一取代的嘧啶通过亚甲基桥与一取代的噻唑连接而成（图 2-22）。硫胺素广泛分布于动植物组织中。大多数天然的硫胺素主要以硫胺素焦磷酸盐的形式存在，也有少量的非磷酸化的硫胺素、硫胺素单磷酸盐和硫胺素三磷酸盐。硫胺素焦磷酸盐的作用是作为各种 α-酮酸脱氢酶、α-酮酸脱羧酶、磷酸酮酶和转酮醇酶的辅酶。商品化的硫胺素以盐酸盐和单硝酸盐的形式出现，它们被广泛用于食品强化和营养补充中。

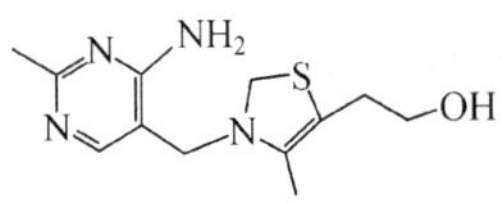

图 2-22 硫胺素

硫胺素分子具有不寻常的酸碱性。它在酸性介质中稳定性较高。虽然硫胺素对氧化和光较稳定，但在中性或碱性水溶液中，它属于最不稳定的一类维生素。以下条件会促进食品中硫胺素的损失：①有利于维生素流失至周围水溶液介质中的条件；②pH 接近中性或更高；③有亚硫酸盐试剂存在。在常温储藏过程中，完全水合的食品中的硫胺素也可能有损失，尽管预期速度比在热处理中观察到的低。由于亚硫酸盐或二氧化硫能破坏硫胺素的活性，因此不应该采用它们来保藏作为维生素 B_1 的主要来源的食品。

在将精白米作为主要饮食的地区缺乏硫胺素而患脚气病是常见的。用硫胺素强化大米和白面包能纠正这种疾病。硫胺素一个最重要的作用是在利用碳水化合物代谢过程中，它可以作为葡萄糖氧化中的辅酶或羧化辅酶。

硫胺素的成人每日推荐摄入量在 $1.0 \sim 1.5 mg$，取决于年龄和性别。硫胺素的最佳来源是小麦胚芽、含麸皮的全谷物、肝、猪肉、酵母和蛋黄。

2. 维生素 B_2（核黄素）

核黄素是一类具有核黄素生物活性物质的总称（图 2-23）。它在活细胞的氧化过程中起着作用，对于细胞生长和组织维持是必要的。核黄素和其他黄素的化学性质较复杂，每种物质都能以几种氧化态以及多种离子形式存在。核黄素不论是作为游离维生素还是参与辅酶作用，都在三种化学形式间进行氧化还原循环。它们包括天然态（完全氧化）显黄色的黄素醌、黄素单氢醌（依 pH 不同显红色或蓝色）以及无色的黄素氢醌。

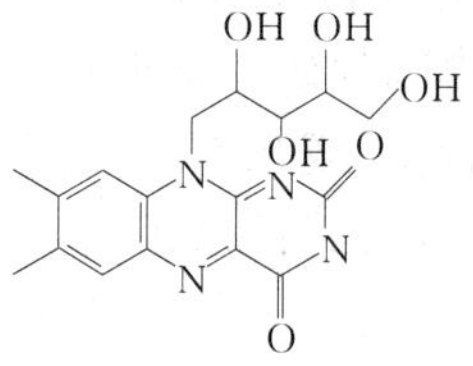

图 2-23　核黄素

核黄素十分耐热，但是对光非常敏感，这也就是过去曾使用棕色牛奶瓶的原因。目前更多地使用能使牛奶避免光的纸盒包装。核黄素在酸性介质中稳定性最高，在中性 pH 稍不稳定，而在碱性环境中则快速降解。在常规的热处理、加工和制备过程中，多数食品中核黄素的保留率为中等至很好。在各类脱水食品体系的储藏过程中，核黄素的损失可忽略不计。当高于环境温度、水分活度高于单分子层水时，降解速度加快。

人缺乏核黄素一般会导致皮肤疾病，如嘴角裂开。推荐的成人每日维生素 B_2 摄入量是 $1.2 \sim 1.7 mg$，取决于年龄和性别。肝、牛奶和蛋是核黄素的良好来源，肉类和绿叶蔬菜也是核黄素的较好来源。

3. 尼克酸（烟酸）

烟酸是一类具有类似维生素活性的 3-羧酸吡啶（尼克酸）及其衍生物的总称（图 2-24）。尼克酸及其胺（尼克酰胺，3-酰胺吡啶）或许是最稳定的维生素。烟酸的辅酶形式为尼克酰胺腺嘌呤二核苷酸（NAD）和尼克酰胺腺嘌呤二核苷酸磷酸（NADP），两者均能以氧化或还原态存在。NAD 和 NADP 以辅酶形式（在传递还原当量过程中）参与多个脱氢酶的反应。

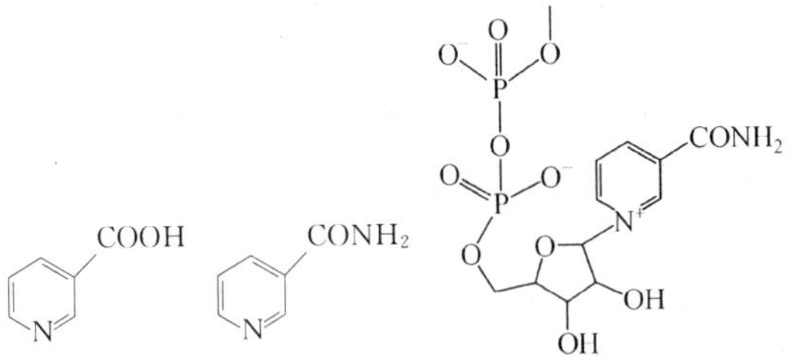

图 2-24 烟酸

(a) 尼克酸；(b) 尼克酰胺；(c) 尼克酰胺腺嘌呤二核苷酸（磷酸）

加热，尤其在酸碱条件下，可将尼克酰胺转变为尼克酸，而维生素活性则不受损失。烟酸不受光的影响，并且在相应的食品加工条件下无热损失。但清洗、热烫和加工过程中的沥滤以及组织的汁液渗出会造成损失。

在某些谷类产品中，烟酸与碳水化合物、肽和酚类结合，以几种化学形式存在，在没有经过水解时，它们不具烟酸活性。用碱处理可将烟酸从这些复合衍生物中释放出来，便于总烟酸的测定。尼克酸的几种酯类形式天然存在于谷物中，这些化合物对食品中烟酸的活性贡献很少。胡芦巴碱或 N-甲基-烟酸是一种天然存在的生物碱，它们在咖啡中的含量较高而在谷类和豆类中含量较低。在温和的酸处理条件下（主要在咖啡的烘烤过程中），胡芦巴碱经脱甲基而生成尼克酸，使得咖啡中烟酸的浓度与活性增加 30 倍。

烟酸缺乏会对组织修复和葡萄糖氧化产生负面影响，并导致人的癞皮病，该病的特征是皮肤和黏膜的功能降低和混乱。摄入烟酸或必需氨基酸色氨酸能治疗癞皮病。烟酸广泛分布于蔬菜和动物来源的食品中，其良好来源是酵母、肉、鱼、家禽、花生、豆类和全粒谷物。由于色氨酸可经代谢转化为尼克酰胺，高蛋白膳食可降低对膳食烟酸的需求。推荐的成人每日摄入烟酸的量在 $13\sim20\mathrm{mg}$，取决于性别和年龄。

4. 维生素 B_6

维生素 B_6 是一类具有吡哆醇维生素活性的 2-甲基-3 羟基-5-羟甲基吡啶物质的总称。如图 2-25 所示，随 4 位一碳取代基的性质不同，维生素 B_6 的形式各异。吡哆醇取代基为一醇；吡哆醛取代基为一醛；而吡哆胺取代基为一胺。维生素 B_6 以吡哆醇 $5'$-磷酸形式作为辅酶参与 100 多种酶反应，包括氨基酸、碳水化合物、神经传递质和脂质的代谢。

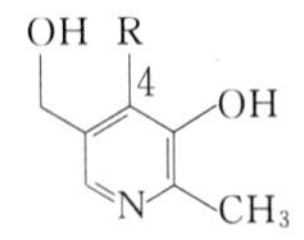

维生素 B_6 以糖基化形式存在于大多数水果、蔬菜和谷类中，其形式一般为吡哆醇-$5'$-β-D-葡萄糖苷。吡哆醇葡萄糖苷只有经肠道或其他器官中的葡萄糖苷酶水解后，才具营养活性。

R	物质
CHO	吡哆醛
CH_2NH_2	吡哆胺
CH_2OH	吡哆醇

图 2-25 维生素 B_6 结构

所有维生素 B_6 类物质均易见光降解。同样，在清洗、热烫和加工过程中的沥滤以及组织液渗出时也会造成损失。维生素 B_6 的缺乏并不导致严重的疾病。维生素 B_6 广泛地存在于食品材料中，肌肉类肉、肝、绿色蔬菜和带麸皮的谷物是它的良好来源。推荐的成人每日维生素 B_6 的摄入量是约 2mg，怀孕期和哺乳期是 2.2mg。服用避孕固醇药片的妇女需要摄入较多的维生素 B_6。

5. 泛酸

泛酸由 β-丙氨酸与 2,4-二羟基-3,3-二甲基-丁酸（泛解酸）以酰胺键连接而成（图 2-26）。在代谢过程中，泛酸以辅酶 A 形式作为脂肪酸合成中与酰基载体蛋白的辅基（无辅酶 A 的腺苷部分）而发挥作用。泛酸是所有活体的必需营养素，并广泛分布于肉类、谷类、蛋类、乳类和许多新鲜蔬菜中。因此，缺乏它而导致的明显症状是罕见的。然而，在限量提供饮食的实验动物或严重饥饿的个体中能出现泛酸缺乏。此时，总的健康状况变坏，症状有功能下降、对感染的抵抗力减弱和对压力的忍受力下降。

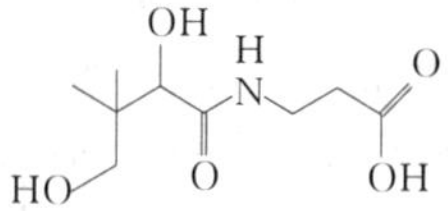

图 2-26　泛酸的结构

在溶液中，泛酸在 pH 5～7 时最为稳定。在食品储藏过程中，尤其在低水分活度时，泛酸具有相当好的稳定性。由于烹调和热处理造成的损失与处理强度和沥滤程度成正比，通常在 30%～80% 范围内。

6. 维生素 B_{12}

维生素 B_{12} 是一类具有类似氰钴胺素维生素活性物质的总称，被称为抗恶性贫血因子。这些物质为类咕啉，具有四吡咯结构，其中一个钴离子与四个吡咯上的氮原子螯合（图 2-27）。维生素 B_{12} 在核酸形成和脂肪及碳水化合物代谢中也是重要的。

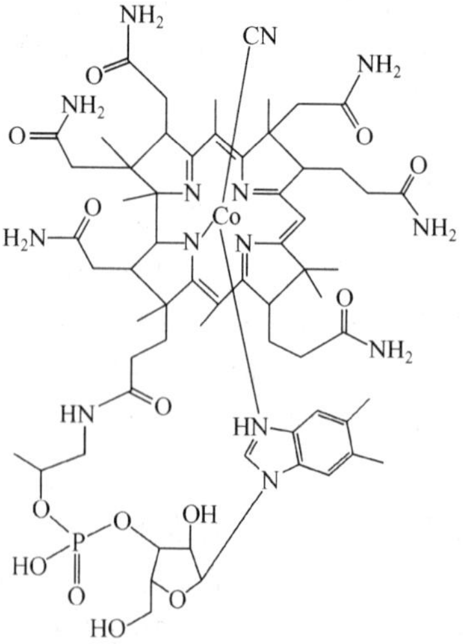

图 2-27　维生素 B_{12} 的结构

维生素 B_{12} 能由细菌合成，它是工业上生产抗生素的副产品，具有极好的稳定性。该维生素的良好来源是肝、肉和海产品。由于它实际上不存在于植物组织中，因此严格的素食者不能从他们的饮食中获得足够的维生素 B_{12}。推荐的成人每日维生素 B_{12} 的摄入量是 $2.0\mu g$。

7. 叶酸

叶酸是指具有一类与蝶酰基-L-谷氨酸（维生素叶酸）类似的化学结构和营养活性物质的总称（图 2-28）。类似于维生素 B_{12}，叶酸能防止某些种类的贫血症，可参与核酸的合成。大多数天然状态的叶酸存在于植物和动物组织以及植物与动物来源的食品中，它们都含有一个与以 γ 肽键连接的由 5～7 个谷氨酸组成的侧链。所有叶酸，不论其蝶啶环结构是否为氧化态、是 N^5 或 N^{10} 的单碳取代间或聚谷氨酰链长度，对哺乳动物包括人，都具维生素活性。

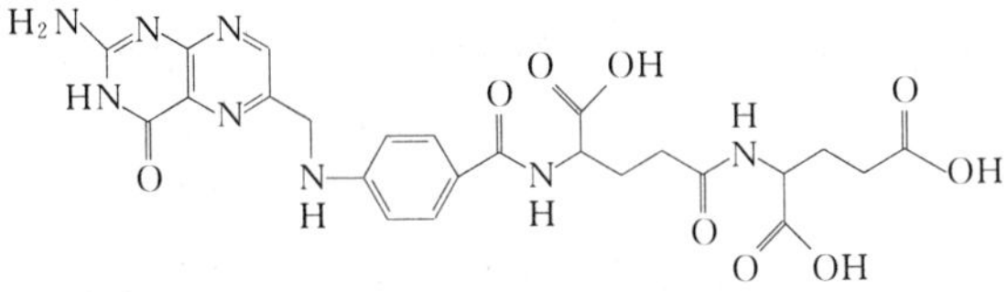

图 2-28　叶酸的结构

叶酸的离子态发生变化受 pH 的影响。所有叶酸都可氧化降解。还原剂如抗坏血酸和硫醇可起氧清除剂、还原剂和自由基猝灭剂的作用，因而对叶酸起到多重保护作用。溶解的 SO_2 能引起叶酸的还原裂解，而遇亚硝酸根离子时，也可造成叶酸的氧化裂解。次氯酸盐对叶酸的氧化降解会造成食品中叶酸的重大损失。

相对人体的营养需要，叶酸常属于限制性最高的一类维生素。这或许是因为：①没有适当地选择食物，尤其是对于富含叶酸的食品而言（如水果，特别是柑橘类、绿叶蔬菜和内脏）；②在食品加工和/或家庭制作过程中由于氧化和/或沥滤造成的叶酸损失，以及在许多人类膳食中叶酸的不完全生物利用率。推荐的成年男性每日摄入量约 $200\mu g$、成年女性 $180\mu g$ 和怀孕女性 $400\mu g$。此推荐是考虑到混合饮食中维生素叶酸的有限生物利用率。

8. 生物素和胆碱

还有两种水溶性物质一般被归入 B 族维生素，它们是生物素和胆碱。

生物素为含有双环的水溶性维生素，它在羧化和转羧化过程中起辅酶的作用。生物素的环结构存在 8 种可能的立体异构体，其中仅有一种（D-生物素）为天然的、具有生物活性的形式（图 2-29）。生物素对热、光和氧十分稳定，极端 pH 可使其降解。生物素广泛分布于植物和动物产品中，在正常人群中，生物素缺乏症十分罕见。

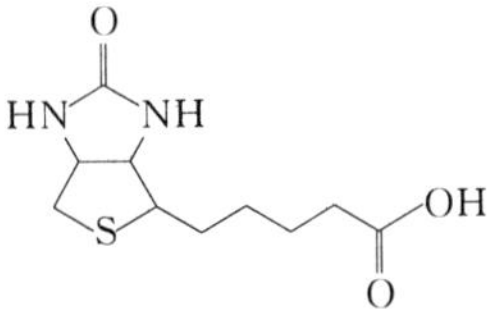

图 2-29　生物素的结构

胆碱（图 2-30）是细胞膜和脑组织的一个部分，在神经脉冲中起着重要作用。胆碱（图 8-44）以游离态并以一些细胞成分包括卵磷脂（胆碱最主要的膳食来源）、鞘磷脂和乙酰胆碱的组分存在于所有活体中。虽然人体和哺乳动物具有合成胆碱的功能，但大量证据表明人体也需要膳食胆碱。胆碱稳定性好，在食品储藏、处理、加工和制备过程中无显著损失。

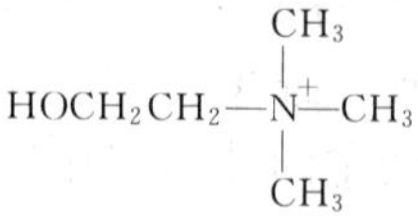

$$HOCH_2CH_2-\overset{CH_3}{\underset{CH_3}{N^+}}-CH_3$$

图 2-30　胆碱的结构

（七）每日摄入量（标准）和不足

维生素是一类有机化合物，它们在稳定性、反应性、对环境变量的敏感性以及对食品其他组分的影响方面，显示出广泛的性质差异。推荐的每日维生素摄入量因年龄（儿童和成年人）、生理状态、身体活动水平等不同而不同，而且在推荐的标准和最低可接受的摄入量之间必须有一个区分。有必要注意一些常见的生活习惯和方式会导致维生素不足。比如服用固醇类避孕药片的妇女需要摄入较多维生素 B_6。口服避孕药也降低了体内维生素 C、维生素 B_1、维生素 B_2、维生素 B_{12} 和叶酸的水平。过量饮酒也会造成维生素 B_1、维生素 B_6 和叶酸的不足。吸烟会降低血液中维生素 C 的水平。感情上的压力能降低维生素和其他营养成分的吸收和增加它们的排出。延长使用某些药物也会增加人体对维生素和其他营养成分的需要。

参 考 文 献

[1]　O. R. Fennema 编著. 食品化学. 王璋等译. 第 3 版. 北京：中国轻工业出版社，2003.
[2]　N. N. Potter, J. H. Hotchkiss 编著. 食品科学. 王璋等译. 第 5 版. 北京：中国轻工业出版社，2001.
[3]　孙明远，余群力主编. 食品营养学. 北京：中国农业大学出版社，2002.
[4]　钟立人主编. 食品科学与工艺原理. 北京：中国轻工业出版社，1999.

第三章
食品加工中的主要单元操作

加工是将农产品原料转化为食品的过程。每一种食品的生产过程都要应用多种多样的物理加工工程，但就其操作原理而言，可归纳为若干个应用广泛的基本的物理过程，如流体输送、搅拌、沉降、过滤、热交换、制冷、蒸发、结晶、吸收、蒸馏、粉碎、乳化、萃取、吸附、干燥等，这些基本的物理过程称为单元操作。

大部分单元操作可适用于多种食品的生产制造。如热交换，确切地说，加热处理，可运用于牛奶中的巴氏杀菌、罐藏食品的灭菌、花生米的烘炒以及面包的焙烤等各种液体和干燥食品的制备过程。

加工包括许多单元操作和过程，一般被认为是食品技术的核心，因为食品加工的关键因素之一便是恰当地选择各种单元操作，并将其正确地组合成一些更为复杂的完整加工体系。

第一节　预　处　理

一、物料输送

（一）食品物料输送的特点

食品加工厂内物料输送是将原料、半成品和成品从一个工序运送至另一个工序，使这些流体物料能参与生产过程的加热、冷却、沉降、过滤、离心、分离等加工过程，保证生产顺利进行，达到高产、优质、低消耗、高效率的目的。它是其他加工过程的基础。被输送的物料为固体（块状、粒状及粉状）及液体（牛顿流体及非牛顿流体）物料。

在整个物料输送过程中，必须特别强调以下几点：①维持环境卫生；②减少产品损耗（包括家畜体重损失）；③保持原料质量（如水果、蔬菜中维生素的含量和产品外观）；④进行适当冷藏，以使微生物的生长减少到最低限度；⑤控制物料输送转移节奏，以减少滞留时间，因为滞留既增加产品成本又不利于产品质量。

将农产品从农田运输到加工厂，以及原料在工厂内的输送可以采取多种方式。较新的运输方式为配备制冷设施的冷藏卡车、火车或轮船。液氮装在卡车上的筒内，按需要由控制阀计量，使易腐产品在运输中维持所需的温度。氮不仅使食品保持冷却，而且可以置换空气，从而使氧化变质减少到最低限度。

橘子在果汁车间内分级和洗涤用带有拖车的卡车输送。卡车的大小有限制，水果保存时间的长短也有限制。这是因为水果是有生命的，还有呼吸作用，运输和堆放时间过长，会导致整批原料的温度上升到可能出现完全劣变的程度。

送至糖果厂和其他食品企业的散装砂糖是通过气力提升系统从卡车输送到贮仓的。储藏时间不宜过长，温度和湿度条件均不应使砂糖结块。厂内的砂糖输送必须避免粉尘飞扬和静电积聚，以防止高度易燃的糖粒发生爆炸，在输送精制面粉时也是如此。食品厂中还可见到各种形式的螺旋输送器、斗式输送器、输送带以及振动输送器。

（二）液体物料的泵送

液体输送在食品加工中起着重要作用，被输送的物料有牛奶、果汁、糖浆原料和水等。由于食品料液种类繁多，性质差别较大，所以输送问题变得较为复杂。就物料的黏度而言，范围很宽，有简单的低黏度清液（如水、酒精等），也有复杂的高黏度液体（如巧克力浆等）。这是食品工业液体输送的特点之一。

保证食品卫生是个重要问题。输送的酱油、醋及果蔬汁等具有不同程度的腐蚀性，含脂食品易于氧化，营养丰富的食品又是微生物滋长的适宜场所。这就要求输送管路和输送机械的触液部件采用无毒、耐腐蚀材料，而且结构上要有完善的密封性，同时还应易于清洗。

液体输送机械就是将能量加给液体的机械，通常采用泵。泵是一种通用机械，除了食品工业外，在其他行业中的应用也很广泛。

泵的种类很多，食品工业中接触到的泵有三大类：叶片式泵、往复泵、旋转式泵。

1. 叶片式泵

包括所有依靠高速旋转叶轮对被送液体做功的机械。属于此种类型的泵有各种形式的离心泵、轴流泵和旋涡泵。离心泵（图 3-1）是典型的叶片式泵，也是使用范围最为广泛的输送液体机械之一。它不但可以输送简单的低、中黏度溶液，而且可以输送含悬浮物体或有腐蚀性的溶液。

2. 往复泵

是利用泵内往复运动的活塞或柱塞的推挤对液体做功的机械。属于这类型的有活塞泵、柱塞泵和隔膜泵。适用于小流量、高压头的场所（如干制粉状食品的压力喷雾干燥及液体食品的高压均质），也适合输送高黏度液体。往复泵是一种

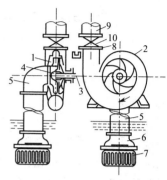

图 3-1 离心泵装置简图

1—叶轮；2—泵壳；3—泵轴；4—吸入口；5—吸入管；6—底阀；7—滤网；8—排出口；9—排出管；10—调节阀

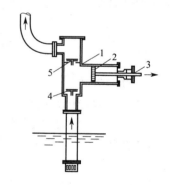

图 3-2 往复泵装置简图

1—叶轮；2—泵壳；3—泵轴；4—吸入口；5—吸入管

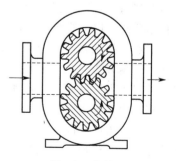

图 3-3 齿轮泵

容积式泵，如图 3-2 所示。

3. 旋转式泵

是利用泵内做旋转运动的部件的推挤对液体做功的机械。属于这类的有齿轮泵、螺杆泵、转子泵、滑片泵等。齿轮泵（图 3-3）与往复泵相仿，其送液能力只与齿轮的尺寸和转速有关，几乎不随扬程变化，但它的流量比往复泵均匀。齿轮泵也用支路阀调节流量，其流量小、扬程大，可用于输送黏度较大的液体，如油类、果汁、糖浆等，但不能用于输送含固体颗粒的悬浮液。

当需要在不发生破碎的情况下使一种大块食品保持块状时，可以使用单螺杆泵（图 3-4）。这种泵也称作空腔推进泵，用于需要在中心转子与泵体之间有较大空腔者。转子的螺旋状动作将食品轻轻地由一个大间隙推进至另一个大间隙。这时，块状食品（如玉米、葡萄以及小虾）可以在不发生物理损伤的情况下进行泵送。

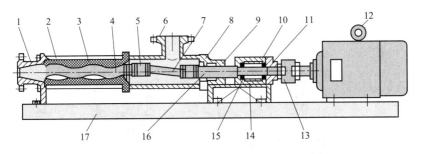

图 3-4 单螺杆泵结构

1—出料腔；2—拉杆；3—螺杆套；4—螺杆轴；5—万向节总成；6—吸入管；
7—连节轴；8，9—填料压盖子；10—轴承座；11—轴承盖；12—电动机；
13—联轴器；14—轴套；15—轴承；16—传动轴；17—底座

选用泵时，既要考虑被输送液体的性质、操作温度、压力、流量以及具体的管路所需的压头，又要了解泵制造厂所供应的泵的类型、规格、性能、材质和价格等，在满足工艺要求的前提下，力求做到经济合理。

（三）固体物料的气力输送

运用风机（或其他动力设备）使管道内形成一定速度的气流，使散粒物料沿一定的管路从一处输送到另一处，称为气力输送。食品工厂散粒物料种类很多，如谷物、麦芽、糖、可可、茶叶、碎茶饼、盐等颗粒体食品，以及面粉、奶粉、鱼粉、饲料、淀粉及其他粉体食品。应用气力输送技术对这些物料进行输送，已取得很好的效果。

气力输送以输送粉状、粒状、纤维状的物料及小块物料为对象，在食品行业得到广泛应用。气力输送散粒固体物料有以下优点：①物料的输送是在管道中进行的，从而减少了输送场所粉尘污染，使食品卫生和工作环境的卫生都得到改善，同时也降低了物料输送过程中的损耗。②输送装置结构简单，中途输送仅是些管道，无回程系统，管理方便，易于实现自动化操作。③输送路线容易选择，布置灵活。

合理地利用空间位置，可减少占地面积。④输送生产率高，降低物料的装卸成本。⑤在输送过程中可以同生产工艺结合起来，进行干燥、冷却、分选及混合等操作。但存在动力消耗较大、管道以及物料接触的构件易于磨损等缺点，且对输送物料有一定限制，不宜输送易于成块黏结和易破碎的物料。

在食品工业中，气力输送的形式主要有三种类型：吸引式（或真空式）气力输送、压送式（或称压力式）气力输送、吸引-压送混合式气力输送。

1. 吸引式（或真空式）气力输送

此方式是将物料和大气混合一起吸入系统进行输送，系统内保持一定的真空（负压），物料随气流送到指定地点后经分离器（卸料器）将物料分出。分出的物料从卸料器排出，而分出的含尘气体经除尘器净化后，由风机排出（图3-5）。该装置的最大优点是供料简单方便，能够从几堆或一堆物料中的数处同时吸取物料。但是输送物料的距离和生产率受到限制。另外，为了保证风机可靠工作及减少零件磨损，进入风机的空气必须预先进行认真除尘。

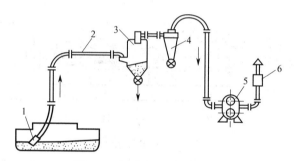

图 3-5　吸引式气力输送装置

1—吸嘴；2—输送管；3—分离器；4—除尘器；5—风机；6—排风口

2. 压送式（或称压力式）气力输送

此方式是依靠压气机械排出的高于大气压的气流，在输料管中将进入物料与气流混合一起而进行输送，系统内保持正压，物料送到指定地点后，经分离器将物料分出并可自动排出（图3-6）。分离出来的空气经净化后被排出。该装置的特点与吸引式气力输送装置相反，由于它便于装设支岔管道，故可同时把物料送到几处，

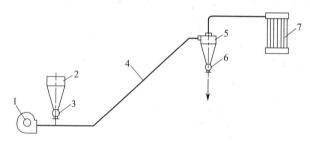

图 3-6　压送式气力输送装置

1—鼓风机；2—料斗；3—供料器；4—输送管；

5—物料分离器；6—闭风器；7—除尘器

而且输送距离可较长，生产率较高，还能方便地发现漏气的位置，对空气的除尘要求不很高，不过难以从几处同时进料。

3. 吸引-压送混合式气力输送

此方式由吸引式和压送式两部分组合而成，如图 3-7 所示。在风机之前，属于真空系统，风机之后属正压系统。真空部分可从几点吸料集中送到一个分离器内，分离出来的物料经加料器送入压力系统，乃至送到指定位置之后，经第二个分离器分出物料并排出。分离出来的空气经净化后排出。它综合了吸引式和压送式气力输送的优点，所以既可以从几处吸取物料，又可以把物料同时输送到几处，且输送的距离可较长。其主要缺点是带粉尘的空气要通过风机，使工作条件变差，同时整个装置的结构较复杂。

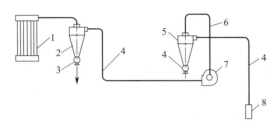

图 3-7　混合式气力输送装置

1—除尘器；2—卸料管；3—闭风器；4—输料器；

5—卸料器；6—风管；7—风机；8—接料器

二、清洗

（一）一般食品的清洗方法

食品加工原料在其成熟阶段以及运输、储藏过程中常常受尘埃、沙粒及微生物等污染。因此，在加工前必须认真清洗，并清除杂物及不合格部分，以便后道工序加工。清洗可以简单到用毛刷除去蛋壳上的污物，也可以复杂到利用微孔过滤的办法去除液体食品中的细菌。但食品加工原料种类繁多，不同原料性质差异甚大，这就决定了原料清洗设备的多样化和复杂性。根据产品和杂质性质的不同，清洗可以利用刷子、高速气流、蒸汽、水、真空、磁力除铁或机械分离装置等多种方法。

果蔬原料在加工前必须经过洗涤，以除去其表面附着的尘土、泥沙、部分微生物及可能残留的农药等。洗涤果蔬可采用漂洗法，一般在水槽或水池中用流动水漂洗或用喷洗。也可用滚筒式洗涤机（图 3-8）清洗，具体的方法视原料的种类、性质等而定。对于杨梅、草莓等浆果类原料应小批淘洗或在水槽中通入压缩空气翻洗，防止机械损伤及在水中浸泡过久而影响色泽和风味。采收前喷洒过农药的果蔬，应用 $0.5\%\sim1.0\%$ 的稀盐酸浸泡后再用流动水洗涤。

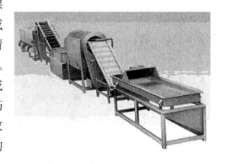

图 3-8　滚筒式洗涤机

一般鱼类、软体类原料处理前用机械或手工清洗或刷洗;贝类,包括虾、蟹应刷洗和淘洗;蛏等贝类洗涤后还需用1.5%~2%的盐水浸泡1~3h,使其充分吐净泥沙。

原料处理后主要是洗净腹腔内的血污、黑膜、黏液等污物,宜用小刷顺刺刷洗,同时刮净脊椎瘀血。螺及鲍鱼去壳后的肉还应用适量盐以搓洗机搓洗,再以水冲去黏液等污物。

对于需盐渍的原料盐渍后应用清水清洗一次,以洗除表面盐分。但要注意水洗时间的控制,更不可泡在水中,以便控制成品含盐量。

清洗用水应为清洁流动的冷水。对鱿鱼、墨鱼、虾等易变质的原料,洗涤时还需用冰降温,一般控制水温在10℃以下。

(二)乳制品加工器具的清洗与消毒

1. CIP清洗

20世纪80年代以来,随着加工技术的不断提高,特别是灭菌手段的改进(使用板式或管式换热器)及管道式输送技术的应用,就地自动清洗被乳品企业广泛应用,即设备(热交换器、罐体、管道、泵、阀门等)及整个生产线在无需人工拆开或打开的前提下,通过清洗液在闭合回路中的循环,以高速的液流冲洗设备的内部表面而达到清洗效果,此项技术被称为就地清洗(cleaning in place,CIP)。CIP具有如下优点:清洗成本低,水、清洗液、杀菌剂及蒸汽的消耗量少;安全可靠,设备无需拆卸,不必进入大型奶罐;清洗效果好,按设定程序进行,减少和避免了人为失误。

图3-9 CIP清洗装置

乳品加工厂的CIP系统是由储存、监测及将清洗液分配到回路中的各种设备组成,如图3-9所示。其设计的质量直接关系到清洗效果好坏、清洗时间长短及清洗费用高低等。CIP清洗系统一般可分为中心控制清洗系统和分散控制清洗系统两种。

中心控制清洗系统是在乳品厂建立一个CIP中心站,该站设有水、酸、碱以及被冲洗下来的乳液等的储存罐,设有供冷水、酸、碱加热的热交换器,还包括用来维持清洗液浓度的计量设备及中和废弃酸碱液的储存罐,清洗时清洗液通过一系列管道输送到需要清洗的设备,管路上的阀门可通过中心控制室按照程序自动开关。该方式优点是自动化程度高,清洗成本低,清洗效率高,所需人员少;缺点是一次投资费用高,管路多而长。

分散控制清洗系统即在被清洗设备旁边安装酸碱槽及泵,由手工操作对单机进行清洗。该方式的优点是一次性投资少,清洗液损失小,易于操作;缺点是清洗成本高,清洗液耗量大,清洗效率低。

究竟采用何种清洗方式,应根据生产工艺流程、设备类型、厂房布局、生产和投资规模等多方面因素而定。

清洗程序的选择取决于被清洗设备的类型及污垢的成分,要获得所要求的清洁程度,必须根据实际情况制定出严格的清洗程序。一般情况下,加工结束后应用温水立即对设备进行预冲洗;否则,残奶会干结在设备上,清洗就会比较困难,但水温不宜超过60℃。预冲洗要到排出的水干净时为止,有效的预冲洗可以除去90%的悬浮残留物。

乳品加工中的非受热设备包括收奶管路、原料乳贮奶罐、巴氏杀菌奶贮奶罐等,由于这些设备没有受到热处理,相对结垢较少,清洗程序如下:①用38~60℃温水预冲洗3~5min。②用75~85℃的热碱性清洗液循环10~15min。如选择氢氧化钠,其含量应控制在0.8%~1.2%。③水冲洗3~5min。④每周用65~75℃的热酸性清洗液循环10min。如选择硝酸,含量应控制为0.8%~1.0%。

受热设备主要包括配料罐、发酵罐、杀菌器及其受热管路等,应根据其受热程度的不同,选择有效的清洗方法,通常的清洗程序如下:①用38~60℃温水预冲洗5~8min。②用75~85℃的热碱性清洗液循环15~20min。如选择氢氧化钠,其含量控制在1.2%~1.5%。③水冲洗5~8min。④用65~75℃的热酸性清洗液循环15~20min。如选择含量为0.8%~1.0%硝酸溶液。⑤水冲洗5~8min。

2. 盛装品的清洗、消毒

乳品加工中的一些盛装品不能采用CIP方法清洗、消毒(如奶桶、玻璃瓶包装物等),或由于条件限制没有采用CIP方法清洗、消毒(如奶槽车、贮奶罐等),这些器具的清洗、消毒效果的好坏也直接关系到产品质量。

(1) 奶桶　现在许多小型牧场和个体奶农还是采用奶桶送奶,加工厂也采用奶桶对生产中的产品进行周转,还有部分桶装鲜奶直接供应学校、宾馆等公共场所。奶桶经常出现的问题主要是生成黏泥状黄垢。该现象通常是受藤黄八叠球菌等耐热菌的污染所致。一般清洗程序如下:①38~60℃清水预冲洗。②60~72℃热碱清洗。如用氢氧化钠含量为0.2%。③90~95℃热清水冲洗。④蒸汽消毒,奶桶经热水冲洗后立刻进行。⑤60℃以上热空气吹干,防止剩余水再次污染。

(2) 贮奶罐　不能进行CIP清洗、消毒的贮奶罐可采用以下三种方法。

① 蒸汽杀菌法。a. 清水充分冲洗。b. 用温度为40~45℃、含量为0.25%的碳酸钠溶液喷洒于缸内壁保持10min。c. 清水冲洗,除去洗液。d. 通入蒸汽20~30min,直到冷凝水出口温度达到85℃,放尽冷凝水,自然冷却至常温。

② 热水杀菌法。按上述程序经a、b、c三道工序后,注满85℃热水保持10min。此法热能消耗大,仅适宜小型贮奶罐。

③ 次氯酸钠杀菌法。贮奶罐经清洗后,用有效氯浓度为250~300mg/kg溶液喷洒罐壁,最好采用雾化装置,使溶液能均匀分布并保持15min。当喷射消毒结束后,可用消毒冷水或5~10mg/kg的氯水冲洗缸壁,这种方法可能对搅拌器、轴等死角处效果不好。

(3) 玻璃奶瓶　指灌装瓶装巴氏杀菌奶和酸奶所使用的玻璃瓶,其清洗程序如下:①用温度为30~35℃的水进行充分的预浸泡或冲洗。②用温度为60~63℃、含量为 0.5%～1.0% 的氢氧化钠溶液进行浸泡式或喷射式洗涤,浸泡时间不少于 3min。③清水冲洗残留在奶瓶上的碱液后,用 30～35℃ 的温水冲洗或用 250～ 300mg/kg 的氯水冲洗消毒,沥干后灌装。

第二节　分离与重组

一、分离

食品生产中,并不是把所有的原料全部加工成最终产品,在加工时必须去掉不适合加工的部分。分离这一单元操作可以是从固体中分离固体,如番茄去皮或坚果去壳;或从液体中分离固体,如各种过滤处理;或从固体中分离液体,如从水果中榨取果汁等。同时,也可能是从液体中分离液体,如水、油的离心分离;或从固体、液体中脱除气体,如罐头食品在真空装罐时的真空排气等。

在食品加工工业中应用的分离方法有许多种,在此仅讨论其中几种。

1. 果蔬的去皮

果蔬(大部分叶菜类除外)外皮一般口感粗糙、坚硬,虽有一定的营养成分,但口感不良,对加工制品均有一定的不良影响。去皮时要求去掉不可食用或影响制品品质的部分,不可过度,否则会增加原料的消耗,且产品质量低下。果蔬去皮的方法有手工和机械去皮、碱液去皮、热力去皮和真空去皮,此外还有研究中的酶法去皮、冷冻去皮。

手工和机械去皮是应用特别的刀、刨等工具人工削皮,应用较广,去皮干净、损失率少,此法常应用于柑橘、苹果、芦笋、竹笋、瓜类等果蔬。

碱液去皮是果蔬原料去皮中应用最广的方法,如桃、梨等水果。其原理是利用碱液的腐蚀性来使果蔬表面内的中胶层溶解,从而使果皮分离。有些种类的果蔬果皮与果肉的薄壁组织之间主要是由果胶等物质组成的中层细胞,在碱的作用下,此层易溶解,从而使果蔬表皮剥落。碱液处理的程度也由此层细胞的性质决定,只要求溶解此层细胞,这样去皮合适且果肉光滑,否则就会腐蚀果肉,使果肉部分溶解,表面毛糙,同时也增加原料的消耗定额。碱液去皮常用的碱是氢氧化钠,此物腐蚀性强且价廉。也可用氢氧化钾或其与氢氧化钠的混合液。为了帮助去皮可加入一些表面活性剂和硅酸盐。碱液的浓度、处理的时间和碱液的温度为三个重要参数,应视不同的果蔬原料种类、成熟度和大小而定。碱液去皮的处理方法有浸碱法和淋浸法两种。

热力去皮是对果蔬先进行短时间的高温处理,使之表皮迅速升温而松软,果皮膨胀破裂,与内部果实组织分离,然后迅速冷却去皮。此法适用于成熟度高的桃、杏、枇杷、番茄、甘薯等。

冷冻去皮是将果蔬置于冷冻装置内,先使表面达到轻度冻结,然后解冻,使皮松弛后去皮,此法适用于桃、杏、番茄等。

真空去皮是将成熟的果蔬先行加热,使其升温后果皮与果肉易分离,接着进入有一定真空度的真空室内,适当处理,使皮下的液体迅速"沸腾",皮与肉分离,接着破除真空，冲洗和搅动去皮。此法适用于成熟的果蔬如桃、番茄。

2. 压榨分离

压榨机是利用压力把固态物料中所含的液体压榨出来的固液分离机械。在食品工业中压榨机主要用来从水果、蔬菜中榨取果汁和蔬菜汁，从种子、果仁、皮壳中榨取油料（图 3-10），或从糟粕、滤饼等中将残留液体进一步分离出来。压榨过程主要包括加料、压榨、卸渣等工序。有时为了提高压榨效率需对物料进行必要的预处理，如破碎、热烫、打浆等。出汁率是压榨机的主要性能指标之一。

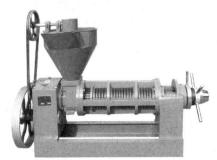

3. 过滤

食品工业中在生产酒类、饮料、果汁等类产品时，常要将液体中肉眼看不见的固态杂质微粒去掉，提高产品的澄清度，以防止制成品日后随保存时间延长发生沉淀，所以必须使用过滤设备。

食品工厂所用的过滤设备，形式多样，各不相同，但过滤的基本原理相同，都是以

图 3-10　榨油机

某种多孔物质作为过滤介质，在外力作用下，使悬浮液中的液体通过介质的孔道，而固体颗粒（微粒）被截留下来，实现固、液分离得到澄清的液体。过滤分离可用于含大量不溶性固体的悬浮液的过滤，如饴糖液中脱去糖渣；葡萄糖、食用油脱色后滤去活性炭、漂白土的操作等。这种过滤主要以过滤介质上游所形成固体颗粒床层的渗滤作用为主要机制，称滤饼过滤。还可用于除去少量不溶性固体的过滤，如啤酒、果汁、牛奶、色拉油的过滤等。或从汽水、果汁中除去少量的微生物。过滤设备多种多样，有传统的板框式压滤机（图 3-11）、水平板式过滤机、垂直叶片过滤机和回转真空过滤机等。

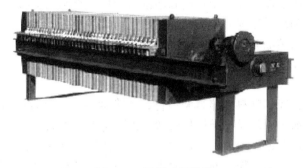

图 3-11　板框式压滤机

超滤是现代膜过滤技术之一，是一种低压的滤膜方法，对溶液中大小不同的溶质分子进行过滤，将溶液中大分子和悬浮固体滞留，而水、盐和分子量小的分子可通过半渗透滤膜而获得滤清液。超滤目前已在水处理，水果汁、蔬菜汁的过滤，酒类、各种天然色素和食品添加剂的分离等方面获得广泛应用。

4. 离心分离

离心机是利用转鼓高速转动所产生的离心力，来实现悬浮液、乳浊液分离或浓缩的分离机械（图3-12）。由于离心力场所产生的离心力可以比重力高几千至几十万倍，所以利用离心分离可分离悬浮液中极小的固体微粒和大分子物质。如制糖工业的砂糖糖蜜分离，制盐工业的精盐脱卤，淀粉工业的淀粉与蛋白质分离，油脂工业的食油精制以及啤酒、果汁、饮料的澄清、味精、酵母分离、淀粉脱水、脱水蔬菜制造的预脱水过程，回收植物蛋白，糖类结晶，食品的精制等都已使用离心机。

图3-12　三足式离心机

5. 脱气

在果汁类或其些饮料生产中常需要对液料进行脱气处理。特别是果汁生产中，由于果实本身所含气体和加工过程中混入的气体若不及时排除，将会影响产品品质。对果汁脱气处理有以下几点作用：①除去果汁中的空气（氧气），抑制褐变，抑制色素、维生素C、香气成分和其他物质的氧化，防止品质降低；②除去附着于浆质粒子的气体，抑制粒子的浮起，保持良好外观；③减少灌装及杀菌时起泡；④若用马口铁罐包装，可减少对罐内壁的腐蚀。

6. 结晶

结晶是分离提纯的重要方法。结晶的物质纯度较高，采用二次结晶，纯度基本已满足生物及分析的要求，如注射用的葡萄糖、味精、柠檬酸的提纯都是结晶法。但对于一些大分子的物质，结构比较复杂，结晶是比较困难的，在纯度和条件控制上就要严格些。

结晶的形成同溶液中溶质的浓度、该条件下溶质的溶解度有关，只有当溶质的浓度超过溶质的溶解度，即处于过饱和溶液时溶质才会结晶析出，结晶的质量与溶液的过饱和情况和结晶速度有关。要分离出纯的优质材料，就要严格控制好结晶的条件，保持一定的结晶时的过饱和浓度。保持过饱和浓度的方法可以是不断进行蒸发浓缩，不断结晶，也可以是高温溶液缓慢降温结晶。

二、粉碎

利用机械力将固体物料破碎为大小符合要求的小块、颗粒或粉末的单元操作，称为粉碎。食品加工中的粉碎操作目的通常为：①有些食品原辅料和食品只有粉碎到一定粒度才能符合进一步加工和食用要求，如面粉、调味品、肉松和咖啡等食品的制造；②粉碎可以增加物料的比表面积，以利于干燥和浸取等操作；③原料经粉碎后可均匀混合，以利于配制。

粉碎按产品粒度大小可分为破碎和磨碎两类。粉碎产品粒度大致在1mm以上，通常称为破碎。破碎包括粗碎（产品粒度＞5mm）和中碎（产品粒度约在1～5mm）。粉碎产品粒度大致在1mm以下，称为磨碎。磨碎包括细碎（产品粒度在1～0.06mm）和超细碎（产品粒度＜60μm）。

食品粉碎的方式很多，主要归纳为图 3-13 所示几种。

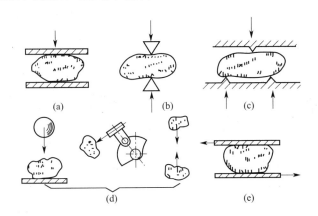

图 3-13　物料粉碎方法示意图

(a) 压碎；(b) 劈碎；(c) 剪碎；(d) 击碎；(e) 磨碎

　　粉碎机械通过工作部件（齿板、锤片和钢球等）对物料施以外力使其粉碎。物料粉碎时所受到的主要粉碎力一般有三种：挤压力、冲击力和剪力（摩擦力）。此外，还有附带的弯曲和扭转的力偶作用。挤压力常用于坚硬物料的粉碎；冲击力可作为一般用途的粉碎力而用于食品物料的破碎和磨碎；剪力或摩擦力则广泛用于较软和磨蚀性物料的磨碎。各种粉碎设备对物料的作用可能不是单纯的一种粉碎力，而是几种力的组合。对于特定的设备，可以是以一种作用力为主要粉碎力辅以其他粉碎力。

　　粉碎操作根据被处理物料的湿度和粉碎时原料是否被润湿可分干法和湿法两种。通常采用干法操作。当被处理的原料为湿料或润湿而无害的干料，则可考虑用湿法。此时原料是悬浮于载体液流（常用水）中进行磨碎，然后可采用淘析、沉降和离心分离等方法来分离所需制品。在食品工业上，磨碎经常作为浸取操作的预备操作，使组分易于溶出，故颇适于湿法粉碎，例如玉米淀粉的制造。湿法操作与干法操作相比，能量消耗较大，设备磨损也较为严重。但湿法比干法易获得更细的制品，且可克服粉尘问题，故此法在超细磨碎方面应用甚为广泛。

三、混合

　　混合是两种或两种以上不同物质互相混杂以达到一定的均匀度的混合物的单元操作。常见的混合单元操作是固体与固体、液体与液体、固体与液体或气体与液体的混合。在食品工业中，混合操作主要为制备均匀混合物，也有的为通过混合促进传质和传热。

　　（一）固体物料的混合

　　在食品加工中，固体混合操作常见的有面包、饼干和糕点等焙烤食品的面粉与辅料的混合，干制食品中添加剂和汤粉的制造及速溶饮品的制造等。

　　固体混合一般多为间歇式操作。其方法可分为两类：一类为容器固定型，利用容器及旋转混合元件的组合，像高黏度浆体的混合那样。另一类为容器旋转型，利用容器本身的旋转，引起垂直方向的运动，而侧向运动靠器壁等处物料的折流。粒状和粉状固体物料的混合设备，常见的有转鼓式（图 3-14）、螺带式（图 3-15）和螺旋式混合器等。

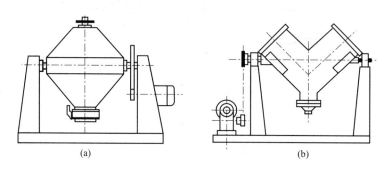

(a)　　　　　　　　　　(b)

图 3-14　转鼓式混合器

（a）双锥混合器；（b）双联混合器

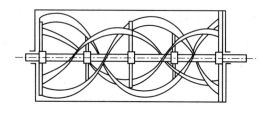

图 3-15　螺带式混合器

（二）液体的搅拌混合

液体的混合是对液体或液相悬浮体系外加机械能，使之发生循环流动和湍流脉动，从而使液体或液相悬浮体系各部分趋于均匀的过程。依靠搅拌器对液体进行搅拌是食品及其他化工生产中将气体、液体或固体颗粒分散于液体中的一种常用的方法。依据物料的不同性质和不同的混合要求，可采用不同形式的搅拌器。

工业上常见的液体搅拌容器多为圆筒形，其顶部可为开放式或密闭式，底部大多数呈碟形或半球形，以消除流动不易到达的死区。在容器的中央装有搅拌轴，由容器上方支撑，常由电动机带动齿轮、蜗轮或摩擦等传动的减速机驱动。轴的下部安装一对或几对不同形状的桨叶。通常，典型设备还有进、出口管线、蛇管、夹套、温度计插套以及挡板等（图 3-16）。搅拌器的选择，要根据物料性质和混合目的，选用合适的搅拌器形式，要求以经济的设备费用和较小的功率消耗达到搅拌目的。

（三）固体与液体混合

将固体与液体混合并使固体溶解的最佳选择是配有螺旋桨搅拌装置的不锈钢容器。有多种多样的螺旋桨、叶轮

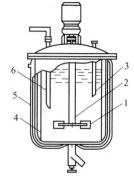

图 3-16　典型搅拌容器

1—桨叶；2—搅拌轴；

3—温度计套管；4—挡板；

5—夹套；6—进料管

或搅拌桨叶适合于这种混合操作。

所有类型的混合器都会对混合物料做功，从而导致物料温度有所上升，人们总是希望将这种温升降至最低水平。有时候，在高黏度物料混合时也选择具有揉和面团的臂或压炼奶油的桨、臂的搅拌器来做特殊的功。这类压炼混合器的设计经过精密的几何计算，可以在混合-压炼操作中尽可能地提高效率、降低能耗。

固体粒子群中加极少量的液体时，搅拌混合后仍呈散粒状。再加入少量液体，在机械力的作用下，物料将形成塑性固体，这个过程称为捏合。再继续加入液体，随着固体粒表面液膜外自由液体的增多，物料将变为浆状体。由于浆体和塑性固体的流动性极差，其混合和捏合所用设备与前述的混合设备甚不相同。

1. 浆体的混合

当固体与液体按一定比例混合，可形成黏度较高的浆体。浆体的黏度一般在1～1000Pa·s之间。在食品加工中，广泛应用于高黏度物料混合的混合器是混合锅。如制造面包时调制面团，生产糕点和糖果时的原料混合。混合锅有两种类型，固定式和转动式，如图3-17所示。

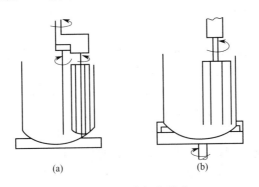

图 3-17　混合锅的形式
（a）固定式；（b）转动式

固定式混合锅工作时锅体不动，搅拌器除本身转动外，兼作行星运动。由于搅拌器与锅壁间的间隙很小，它所作的行星运动扩大了搅拌所及的范围，使其遍及于全部物料。

转动式混合锅的锅体安装在转动盘上，并随转动盘一起转动，搅拌器偏心地安装于靠近锅壁处作定轴转动。随着锅体做圆周运动，物料被依次带到搅拌器的作用范围内。其混合的作用效果同固定式混合锅一样。

2. 塑性固体的捏合

在粉料中加入少量液体制备成均匀的塑性或膏状物料，或在高黏度液体内加入少量粉料或液体添加剂制备成均匀混合物，这类混合操作都属于捏合。和面团就是典型的捏合操作。例如制造面包时，须先将面粉、酵母、奶粉、少量脂肪和水在一定温度下混合，调成胶状物质，而后利用机械动作，使其成为可拉伸而柔韧的面团。在此面团中，各种成分必须均匀分散，特别是酵母液，如果混合不够，面团就不均匀；混合过度，将影响面团的含气性。此外，还应采取保温措施以防在混合中面团因搅拌而升温。同样在制造糕饼时，也是先将面粉、脂肪、牛奶、鸡蛋和水等原料混合。混合时，要求利用混合器将空气带入混合物中，直至使混合物具有柔软的塑性，且为充分乳化并含有气体的物质。捏合操作在食品加工中的应用除上述外，还广泛应用于巧克力制品、鱼肉香肠、人造奶油和混合干酪等的制造中。

捏合操作所处理的物料的黏度更大，都大于 1000Pa·s，最高可达几十万帕·秒。捏合操作过程中，包括非分散混合和分散混合。前者只使参与混合的物料发生空间位置的改变，无粒径的改变，而后者则使物料发生粒径的变化。实际混合过程中，这两种作用同时存在。在捏合操作中，物料在捏合设备中要反复多次受到这两种作用，最后得到均匀产品。

（四）乳化与均质

乳化是一种特殊的混合操作，包含着粉碎和混合的双重意义。它是将两种通常不互溶的液体进行密切混合，使一种液体粉碎成为小球滴分散在另一种液体之中。乳化操作的产物为乳状液。

在食品工业，大多数乳化液为水与油的混合物，其中可能分别溶有各种溶质。油、水混合时，有可能得到两种不同的乳状液。一种乳状液，其中油为分散相，称为油/水（水包油型，O/W）乳化液；另一种是水为分散相的乳状液，称为水/油（油包水型，W/O）乳状液。例如牛奶为 O/W 乳状液，而奶油通常被认为是 W/O 乳状液。乳化操作在食品工业中的应用甚为广泛。如人造奶油是由脂肪、油、乳化剂及其他添加剂与牛奶或水混合而制成的 W/O 乳状液。又如牛奶，本质上为 O/W 乳状液，含 $3\%\sim5\%$ 以球滴出现的脂肪，其滴径范围为 $1\sim18\mu m$。牛奶如不经均质处理，静置时，由于乳状液的动力不稳定性，即发生奶油与脱脂奶的分层现象。如经均质、乳化处理，不仅提高乳状液的稳定性，而且可提高食品的感官质量。其他如冰淇淋、巧克力和果肉饮料等在加工中也要通过此操作以增强稳定性和改善品质。

工业上常用的乳化设备有搅拌型乳化器、胶体磨、均质机和超声波乳化器等。对于搅拌型乳化器，是以乳化剂的乳化作用为主的设备。这类设备主要是指前面讨论过的搅拌混合器。原则上，所有前述的搅拌混合器均可作为乳化器。

均质机主要由高压泵和均质阀所组成。高压泵目前多采用柱塞式往复泵。均质阀是均质机的核心部分，安装在高压泵的排出管上，均质化作用在此发生。均质机的结构形式如图 3-18(a) 所示，它由一锥形间盘置于阀室内的阀座上构成。阀盘上有垂直转轴，轴上带有弹簧，可借调节手柄来调节其张力，以此改变流体通过均质阀的压力降。

工作时，来自高压泵的高压液体将置于阀座上的阀盘托起，在阀盘与阀座之间形成极小的间隙，通常为几十微米。液体从此间隙流过时，情况与胶体磨相似，形成了急剧的速度梯度。与胶体磨不同的是，速度以间隙中心为最大，而附着于阀盘、阀座上的液体流速为零。由于急剧的速度梯度产生的强烈的剪切力，使液滴发生变形和破裂。当液体离开环状间隙出来后，立即与挡板环相撞，起着进一步破碎液滴的作用，达到乳化的目的。为进一步改善乳化效果，通常采用两级均质。见

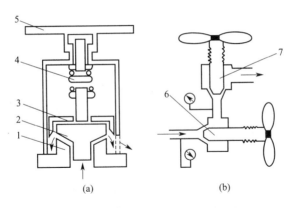

图 3-18　均质阀

（a）工作原理；（b）双级系统

1—阀座；2—阀盘；3—挡板环；4—弹簧；5—调节手柄；6—第一级阀；7—第二级阀

图 3-18(b)。液体经压力较高的第一级阀均质成细液滴，再经压力较低的第二级阀均质，使乳状液的质量和稳定性进一步提高，均质效果见图 3-19。

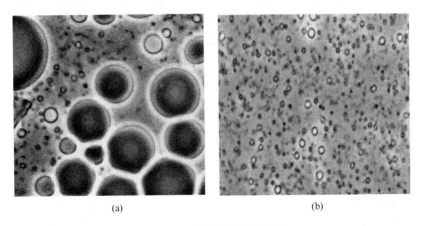

图 3-19　均质前后效果对比

（a）均质前；（b）均质后

第三节　热　交　换

传热是指不同温度的两个物体之间或同一物体的两个不同温度部位之间所进行的热量的转移。传热在食品工业中的应用相当广泛。例如果蔬热烫、牛奶消毒、罐头杀菌、啤酒生产中麦汁的煮沸、味精生产中发酵液的冷却降温等。

在食品生产中，传热问题通常分为以下两类：一类是要求设备的传热性能良好，以达到挖掘传热设备的潜力或缩小传热设备的尺寸，并完成所要求的传热任务的目的；另一类是减少或抑制热量的传递，以达到节约能量、维持操作稳定、改善操作人员的劳动条件等目的。

一、加热

（一）食品加热的目的

在食品加工过程，常常需要对原料、半成品或成品进行加热处理。有些食品加热是为了杀灭微生物以利于保藏，如牛奶的巴氏杀菌和蔬菜的罐藏；有些食品加热则是为了脱水，以形成某种风味，如咖啡豆的烘烤以及谷物的焙炒；还有些在正常烹调过程中的加热是为了将食品变得松软可口；也有些食品添加剂，如大豆粉，加热是为了使天然毒性物质失活。

（二）食品的加热方式

就热处理过程而言，包括预热、预煮、蒸发、干燥、排气、杀菌和油炸。在热处理过程中，物料直接或间接与热的介质（热水、热油、热空气、蒸汽等）进行热交换。食品的加热方式有传导、对流、辐射或者几种方式的组合。

1. 热传导

传导型传热时，热量是通过邻近的分子间进行的。受热温度不同，分子所产生的振动能量不同，在分子之间的相互碰撞下，热量从高能量分子向低能量分子依次传递，因而，传热速度很慢。糊状玉米、南瓜、浓汤、午餐肉和西式火腿等食品，在加热时就是以传导型为主的。食品加热时温度升降最慢的一点叫冷点，一般位于包装食品的几何中心，在测温时，热电偶应固定在冷点位置（图 3-20）。

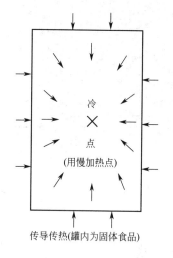

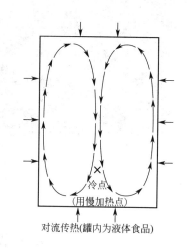

图 3-20　传导型加热产品的热传递　　　　图 3-21　对流型加热产品的热传递

2. 热对流

借助于液体和气体波动传递热量的方式称为对流传热。食品包装容器内壁附近的液态食品受热迅速膨胀，密度下降，因而比相邻的内层液体食品轻，于是各部位的流体的质点产生相对位移，轻者上升，重者下降，形成了液态食品的循环流动，从而传递热量，其传热速度甚快。果汁、蔬菜汁、清肉汤、稀的调味汁以及片状蘑菇、清水青豆等罐头就是以对流为主传热的食品，测温时冷点位置将下移。

需要说明的是，在实际测定时，冷点位置随容器大小及放置在杀菌锅中的位置而变。如果测温时测温头垂直罐盖安装，则测点通常应在容器的中心线上，高于罐头容器底部 19mm（小型罐）至 38mm（大型罐）处（图 3-21）。

3. 热辐射

热辐射既不依靠流体质点的移动，又不依靠分子之间的碰撞，而是借助各种不同波长的电磁波来传递能量的。热辐射的特点是不仅产生能量的转移，而且还伴随着能量形式的转换。当两个物体以热辐射的方式进行热能传递时，放热物体的热能先转化为辐射能，并以电磁波的形式向周围空间发射，当遇到另一物体时，电磁波的辐射能将部分或全部地被该物体吸收，又转变为热能。热辐射不需要任何物质作为媒介。任何物体只要在绝对零度以上，都能发出辐射能，但是只有在物体之间温差很大时，辐射才成为主要的传热方式。

实际上，上述三种基本方式，很少单独存在，而往往是互相伴随着同时出现。只不过在某种场合下以某种方式为主而已。

4. 混合型

对流与传导型相结合的传热称为混合型传热。当食品受热时，有的是对流与传导同时发生的混合型传热，有的是对流和传导先后出现的混合型传热。如糖水果蔬等罐头，其罐内液体是对流传热而固体则为传导传热，属于同时发生的混合型传热；乳糜状玉米罐头、某些浓汤罐头则是先对流后传导的混合型传热，这是由于淀粉受热糊化所致；苹果沙司罐头开始杀菌时因糖的浓度高、稠度大属传导型传热，随着温度升高，糖液的稠度下降、流动性增加，逐步转为对流型传热，这是先传导后对流的混合型传热。混合型传热的速度介于传导和对流型之间，其冷点的位置亦在上述两者之间。

（三）典型的热处理方法

1. 巴氏杀菌和热烫

巴氏杀菌和热烫是应用相对温和的热处理以获得期望结果的两种方法。这两种方法都是将热处理应用到食品上以改善产品在储藏期间的稳定性。尽管热处理的程度相似，这两种过程却应用于明显不同的食品类型。巴氏杀菌经常用于液体食品，其杀菌过程示意图见图 3-22。目的在于延长产品冷藏期间的货架期，并确保人体不受致病菌营养细胞的危害。最著名的巴氏杀菌过程是液体乳的杀菌，处理过程的最低限度是必须消除危害人类健康的普鲁士病菌和结核病菌。巴氏杀菌也用于杀灭全蛋液中的沙门菌和李氏杆菌等微生物，以消除人们潜在的卫生忧虑。而热烫常常用于固体食品物料中酶的钝化。这两种过程的热处理程度都不足以确立室温下的储藏稳定性（图 3-23）。

2. 商业杀菌

商业杀菌是指一种更严格的食品热处理过程。传统上，这种处理过程是为了获得罐头食品的长期货架稳定性。大多数货架稳定的食品都是在装入最终容器之后进行热处理。也有少量货架稳定的食品在无菌包装前进行热处理。

常用于商业杀菌过程的加热介质有两种。用得最多的是高压饱和蒸汽，温度从

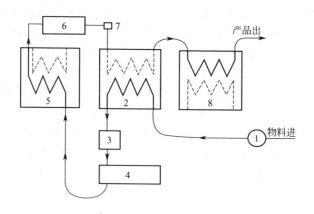

图 3-22　三段式巴氏杀菌系统

1—平衡罐；2—热回收部分；3—调速泵；4—均质泵；5—加热部分；

6—保温罐；7—分流阀；8—冷却部分

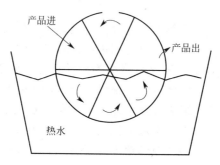

图 3-23　回转式热水热烫系统示意图

刚超过 100℃ 到 135～140℃。其次是热水，多用于在不超过 100℃ 的温度对酸性食品进行热处理。

商业杀菌系统有很多不同的类型。间歇式或静止式杀菌锅是用于食品商业杀菌的最基本的杀菌系统，有卧式（图 3-24）和立式（图 3-25）之分。间歇式杀菌锅是一个结构设计合理和整体密封的容器，它能保持杀菌锅内在完成杀菌过程中所需要的蒸汽压力。尽管整体结构和密封组件是静止式杀菌锅的重要因素，但在杀菌操

图 3-24　卧式杀菌锅

图 3-25　立式杀菌锅

作时，还需要有足够的控制装置。这些控制包括具有调整杀菌锅内蒸汽压力在预定水平的能力，以及在整个杀菌过程中监控蒸汽压力和温度的能力。杀菌系统应能在冷却阶段开始时可控制蒸汽压力的释放。

二、冷却

食品生产中常用的低温环境都可通过人工制冷的方法获得。根据冷冻范围的不同，通常把制冷技术分为两种，冷冻范围在－100℃以上者为一般制冷，冷冻范围在－100℃以下者为深度制冷或低温制冷。食品工业、发酵工业多采用一般制冷，温度范围一般在－18℃以上。

（一）食品冷却的目的

新鲜食品原料含有丰富的营养，非常适合于微生物的生长繁殖，同时还可能存在食品中酶的分解作用，新鲜食品原料中滋生的微生物作用及食品中酶的分解作用是造成新鲜食品原料腐败变质的主要原因。

食品冷却的目的就是快速排出食品内部的热量，使食品温度降低到冰点以上附近（一般为0~8℃），从而抑制食品中微生物的活动和繁殖，抑制食品中酶的分解作用，使食品的良好品质及新鲜度得以很好地保持，延长食品的保藏保质期。对于肉类原料，冷却过程中同时伴随着成熟过程，肉类原料成熟过程的进行使其组织柔软，增加风味物质的生成，提高肉类原料的香气、滋味，提高肌肉组织的持水性、弹性，并使其更易于被人体消化吸收。

（二）食品冷却的方法

1. 空气冷却法

利用低温冷空气流过食品表面使食品温度下降是一种最常用的冷却方法。这种方法常被用来冷却水果、蔬菜、鲜蛋，及肉类、家禽等冻藏食品冻结前的预冷处理。

水果、蔬菜的冷却往往在冷却间（也称为预冷间）或冷藏间内进行。大宗水果、蔬菜都在冷却间内冷却，有时数量较少的水果、蔬菜也有直接入冷藏间进行冷却的。肉在冻结前往往需要预冷（冷却）处理，将刚屠宰过的肉内部热量带走，以使肉进入速冻间后实现快速冻结。个体较小的食品也常放在金属传送带上吹风冷却，进行连续化操作。空气冷却可广泛地用于不能用水冷却的食品。对于未包装食品，采用空气冷却时会产生较大的干耗损失。

2. 冷水冷却法

冷水和冷空气相比有较高的传热系数，用冷水冷却食品可以大大缩短冷却时间，而且不会产生干耗。冷水冷却多用于鱼类、家禽的冷却，有时也用于水果、蔬菜和包装过的食品。冷水冷却一般采用喷淋式或浸渍式。

（1）喷淋式　被冷却的食品放在金属传送带上，冷却水从食品上方淋水盘均匀淋下，或由喷嘴喷下和食品接触，带走食品热量，达到冷却的目的。

（2）浸渍式　被冷却的食品直接浸没在装有冷却水的冷却槽中，采用搅拌器不停地搅拌使冷却水流动，提高传热速度和均匀性。

（3）碎冰冷却法　冰块融化成水要吸收334.9 kJ/kg的相变潜热。当冰块和食品接触时，冰的融化可以直接从食品中吸取热量使食品迅速冷却。碎冰冷却法特别适宜于鱼类的冷却。冰块冷却鱼时，能使冷却后的鱼表面湿润，有光泽，面且不会发生干耗。

（4）真空冷却法　真空冷却法主要适用于叶类蔬菜的快速冷却降温。真空冷却方法的优点是冷却速度快、冷却均匀，特别对菠菜、生菜等叶类蔬菜效果好，能降低包装的成本费。真空冷却的设备投资和操作费用都是较高的，在国外一般都用在离冷库较远的蔬菜产地。

（三）食品冻结的方法

食品冻结的方法很多，商业化的冻结方法主要可分为空气冻结、制冷剂间接接触冻结和制冷剂直接浸没冻结这三种基本类型。

1. 空气冻结

空气冻结主要分为静态空气冻结和鼓风冻结两种。

静态空气冻结是最古老、最廉价的一种冻结方式。采用这种方式冻结时，只需将食品放入一个 $-38\sim-23℃$ 绝缘冷室中。虽然借助于自然对流，冷室内有一定的空气流动，但与鼓风冻结方式有着明显区别。根据食品状况，冻结所需的时间可从几小时到几天。静态空气冻结目前仍然是一种很重要的冻结方式，也是家用冰柜中常见的冻结条件。在空间允许的情况下，商业化静态空气冻结一般采用冻藏库的形式。

鼓风冻结一般采用 $-45\sim-20℃$、$10\sim15m/s$ 风速的条件。鼓风冻结的形式多种多样，有分批次的冻结室，也有车或带式连续输送冻结隧道。有些鼓风速冻设备是采用托盘垂直运动方式，将类似于豌豆、豆子等的单个食品置于托盘中，托盘在流动的冷空气中做自下而上地垂直运动，若盘内的食品层较薄，食品冻结所需的时间大约为 $15min$。

除将食品直接大包装后再冻结外，对蔬菜或虾等单个食品，还可采用先单个速冻，然后再放入包装袋中以便于运输和储藏。由于食品个体在冻结过程中趋向于黏合在一起，所以食品从托盘上除下后还需用破碎装置将结成的大块打碎，然后再在冷空气环境中输送至包装处。

在各式空气冻结设备中，冷空气都是穿过支持和输送食品的网状传送带自下而上流动的，因此会造成传送带上食品的轻微震动，而这种震动对于提高冻结速度是有利的。当气体流速增大到略高于食品个体的自由落体速度时，就会诱发食品的流动，即所谓的流化床冻结。这种形式的运动不仅有助于食品个体之间的分离，使各食品个体与冷空气能亲密接触，而且可以防止冻结时食品结团和结块。

2. 制冷剂间接接触冻结

较常见的制冷剂间接接触冻结设备是由数个金属架或金属板组成的多板式冻结设备。制冷剂在板内循环流动，食品被置于多层金属板之间，食品装满后，对金属板施压，使之与食品外包装的上、下表面紧密接触，从而提高冻结速度。整个冻结设备处于绝热外壳之中。冻结所需的时间取决于制冷剂的温度、食品包装的大小、食品与冻结板接触的紧密程度以及食品的种类。包装时食品应尽可能地装满或略微过满一些，以便在压力的作用下与冻结板接触得更紧密些，从而有利于提高冻结速度。鱼肉或肉片等固态、结构紧凑的食品的冻结时间比虾、蔬菜等食品的冻结时间短的主要原因就是后者个体间有空气存在，影响了热的传递。

液态及浆状食品冻结的间接接触冻结设备一般与单管刮片式表面热交换器相近。冻结时，液态食品被泵送至装有旋转轴或其他类似部件的内管，并在内管流动。旋转轴或其他类似部件占据了管内大部分的空间，迫使食品在剩余的环隙内呈薄层流动并与冷管壁紧密接触。刮片连接在旋转轴上并随之运动，连续旋转的刮片可及时地将冻结在冷管壁上的食品除去。

3. 制冷剂直接浸没冻结

制冷剂直接浸没冻结通常是指使用冷空气之外的其他制冷剂的情况。直接浸没冻结的主要优点有：①食品或其外包装与制冷剂紧密接触，因而热传递的阻力最小；②直接浸没冻结减少了冻结过程中食品与空气的接触，对于易氧化食品来说非常有利；③部分食品采用低温液体浸没快速冻结所得产品的质量非常好。直接浸没冻结的主要限制在于制冷剂。对于未包装食品，所采用的制冷剂必须无毒、纯净、干净、无异味、无色、无臭、无漂白剂等。对于包装食品，制冷剂必须是对包装材料无毒、无腐蚀的。制冷剂主要分为两大类：①低冻结点液体，如蔗糖溶液、氯化钠溶液和甘油；②低温液体，比如压缩液氮。

使用低冻结点液体时，必须确保溶液有足够高的浓度以在-18℃或更低的温度下保持液态。以 NaCl 溶液为例，当 NaCl 的含量达到 23% 时，体系温度可低至-21℃而保持液态，但低于-21℃时会形成低共熔结晶。盐水浸没冻结多用于海鱼的冻结。蔗糖溶液中的糖含量需要达到约 67% 才可使其在-18℃保持液态，但是此浓度和温度下，溶液的黏度非常大，造成了实际操作的困难。甘油和水的混合溶液也可用于水果的冻结，含 67% 甘油的水溶液可在-47℃保持液态。另一种低冻结点液体丙二醇与甘油类似，含 60% 丙二醇的水溶液的冻结点为-51℃。丙二醇无毒但有辛辣味，只限于冻结包装食品。

4. 其他冻结方法

新的食品冻结方法正在不断推出，其中最具应用前景的是极低温液体浸没冻结。极低温液体是由沸点极低的气体液化而成的，如液氮和液态 CO_2，其沸点分别为-196℃和-79℃。采用液氮冻结的主要优点如下：①液氮在-196℃时缓慢沸腾，能提供很大的热传递驱动力；②液氮与形状不规则的食品各部分紧密接触，减少了热传递的阻力；③液氮蒸发温度极低，不需要采用其他初级制冷剂冷却；④液氮无毒且对食品组分呈惰性，在冻结过程中和包装储藏时抑制了氧化反应；⑤液氮的快速冻结作用使得冻结食品能获得在采用其他非极低温液体冻结方式时所不可能达到的高质量。

液氮冻结的主要缺陷在于其高昂的费用。目前，液氮浸没冻结方式已逐渐被更为有效的液氮喷淋所取代，后者设计的主要目的是确保液氮以液滴的形式喷淋到食品的表面，并通过绝热的方式来最大限度地减少显热的损失。在一些大型的设备中，还备有回收和重新压缩液氮蒸气的装置，使液氮得以再利用。与其他冻结方式相比，液氮冻结产品在冻结过程中一般失水较少，解冻时脱水也少，总失水量约占食物总量的 5% 左右。

采用极低温 CO_2 的冻结方法有两种。一种是采用升华温度为 $-79℃$ 的干冰，将干冰与欲冻结的食品用机械方法混合；另一种是采用高压液态 CO_2，将其喷淋到食品的表面，随着喷淋过程中压力的下降，液态 CO_2 在 $-79℃$ 时形成雪花状干冰。有时，采用 CO_2 作制冷剂可以获得与液氮同样的效果；而在这种情况下，由于相同质量的干冰蒸发时吸收的热量超过液氮的两倍，所以用 CO_2 作制冷剂就比使用液氮要经济得多。

第四节　浓缩与干燥

一、浓缩

（一）食品浓缩的目的

在食品加工中，一些液态原料或半成品，如果蔬汁液及牛奶等，一般都含有大量的水分（75%～90%），而有营养价值的物质如果糖、有机酸、维生素、盐类、果胶等只占 5%～10%，这些物质对热敏感性都很强。在生产中为了便于储藏运输或作为其他工序的预处理，往往要进行浓缩处理。浓缩过程中既要提高其浓度，又要使食品溶液的色、香、味尽可能地保存下来。所以，浓缩是一个比较复杂的过程，是除去食品原料或半成品中部分溶剂（通常是水）的单元操作。

食品浓缩的目的：①作为干燥的预处理，以降低产品的加工热耗。如制作乳粉时需使鲜乳由含水率 88% 降至 3%，若用真空浓缩，每蒸发 1kg 水分，需要消耗 1.1kg 的加热蒸汽；而用喷雾干燥，每蒸发 1kg 水分需要消耗 3～4kg 蒸汽，故先浓缩后干燥，可以大大节约热能。②提高产品质量。如鲜乳经浓缩再喷雾干燥，所得乳粉颗粒大，密度大，复原性、冲调性和分散性均有改善。③提高制品浓度，增加制品的储藏性。用浓缩方法提高制品的糖分或盐分可降低制品的水分活度，使制品达到微生物学上安全的程度，延长制品的有效储藏期，如将含盐的肉类萃取液浓缩到不致产生细菌性的腐败。④减少产品的体积和质量，便于运输。如在果品产地，就地制成浓缩果汁，然后运往销售地，稀释加工后出售。⑤浓缩用作某些结晶操作的预处理。⑥提取果汁中的芳香物质。

（二）食品浓缩的方法

在食品工业中有好几种液体浓缩技术，最普通的是蒸发和膜浓缩；冷冻浓缩是另一种浓缩技术，尽管大规模地应用受到限制，但在最近几十年中已经得到了很好的发展。表 3-1 列举了液体浓缩的各种技术。

1. 蒸发浓缩

蒸发浓缩是食品工厂中使用最广泛的浓缩方法。通过物料沸腾将水分除去，在沸腾时所产生的蒸汽被分离后，则剩下浓缩物。蒸发浓缩在各种食品的加工操作中得到应用，如果汁、蔬菜汁和乳制品的浓缩。蒸发浓缩也用于盐或糖精制前的浓缩，用于从高浓度糖浆来生产硬糖。在果酱和果冻的生产中，加糖果汁或果泥物料

表 3-1 食品加工中应用的一些普通浓缩技术

技 术	分 离 动 力	分 离 原 理	产 物
蒸发	热	挥发度的不同(蒸汽压力)	液体和蒸汽
闪蒸	压力减少	挥发度的不同(蒸汽压力)	液体和蒸汽
蒸馏	热	挥发度的不同	液体和蒸汽
反渗透	压力梯度/选择性渗透膜	物质在膜中溶解度差和扩散速率差	两种液态产品
超滤	压力梯度/选择性渗透膜	对膜不同的透过性	两种液态产品
透析(渗析)	选择性渗透膜	透过膜的扩散速率不同	两种液态产品
电渗析	溶剂/离子膜/电场	离子膜对特殊离子的选择性	两种液态产品
冷冻浓缩	制冷剂	纯水的选择性结晶	液态浓缩物和纯水

经浓缩可抑制微生物的生长，提高货架期的稳定性和产生理想的质地。许多产品在脱水前先进行浓缩，生产乳粉就是这样。一般说来，当从产品中除去大部分水时，用蒸发去除水分比直接用干燥方法更便宜些。

蒸发过程的两个必要组成部分是加热料液使溶剂水沸腾汽化和不断除去汽化产生的水蒸气。一般前一部分在蒸发器中进行，后一部分在冷凝器中完成。如果蒸发生成的二次蒸汽不再被用作加热介质，而是直接送到冷凝器中冷凝，称为单效蒸发（single-effect evaporation）。如果第一个蒸发器产生的二次蒸汽引入第二个蒸发器作为加热蒸汽，两个蒸发器串联工作，第二个蒸发器产生的二次蒸汽送到冷凝器排出，则称为双效蒸发，双效蒸发是多效蒸发（multiple-effect evaporation）中最简单的一种。多效蒸发是将多个蒸发器串联起来的系统，后效的操作压力和沸点均较前效低，仅在压力最高的首效使用新鲜蒸汽作加热蒸汽，产生的二次蒸汽作为后效的加热蒸汽，亦即后效的加热室成为前效二次蒸汽的冷凝器，只有末效二次蒸汽才用冷却介质冷凝。可见多效蒸发明显减少加热蒸汽耗量，也明显减少冷却水耗量。

蒸发浓缩可在常压或减压条件下进行。常压浓缩采用开放式设备，在食品工业中应用最多的是薄膜蒸发浓缩。真空条件下的浓缩必须采用密封设备，主要是真空蒸发浓缩。

（1）薄膜蒸发浓缩 薄膜蒸发浓缩根据料液作用力和加热特点，有升、降膜式薄膜蒸发浓缩、离心式薄膜蒸发浓缩、板式薄膜蒸发浓缩。

升、降膜式薄膜蒸发器是一种外加热式蒸发器（图 3-26、图 3-27）。液态物料通过加热室一次就达到所需要的浓度，浓缩后的物料沿加热管壁呈膜状流动而进行传热和蒸发。其主要优点是传热效率高，蒸发速度快，蒸发时间较短（10～20s），所造成的热损失少，适合于热敏性料液的浓缩，如食品工业中果汁及乳制品的生产。

离心式薄膜蒸发浓缩如图 3-28 所示。料液从上部分配管上的喷嘴喷入各离心盘之间的间隙内，在离心力作用下，均匀分布成薄膜状，而且迅速向盘的周边运动，在运动过程中进行加热蒸发。它是一种传热效率很高、蒸发强度大的较新型浓缩设备。料液受热时间很短，约 1～2s，形成 0.1mm 的液膜，特别适合果汁和其他热敏性液体食品的浓缩。由于离心盘间的距离小，故对黏度大、易结晶、易结垢的物料不大适用。设备结构比较复杂，造价较高，传动系统的密封处易泄漏，影响真空度。

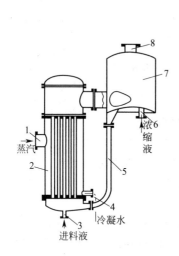

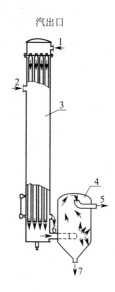

图 3-26　升膜式浓缩装置示意图

1—蒸汽进口；2—加热器；3—料液进口；

4—冷凝水出口；5—循环管；6—浓缩液

出口；7—分离器；8—二次蒸汽出口

图 3-27　降膜式单程浓缩装置

1—料液进口；2—蒸汽进口；3—加热器；

4—分离器；5—二次蒸汽出口；

6—冷凝水出口；7—浓缩液出口

（2）真空蒸发浓缩　减压下的蒸发常称为真空蒸发。目前，为了提高浓缩产品的质量，食品工业广泛采用真空蒸发进行浓缩操作。即一般在 18～8kPa 低压状态下，以蒸汽间接加热方式，对料液加热，使其在低温下沸腾蒸发。这样物料温度低，且加热所用蒸汽与沸腾料液的温差增大，在相同传热条件下，比常压蒸发的蒸发速率高，可减少料液营养的损失，并可利用低压蒸汽作为蒸发热源。因真空蒸发时冷凝器和蒸发器料液侧的操作压力低于大气压，必须依靠真空泵不断从系统中抽走不凝气来维持负压的工作环境。采用真空蒸发的基本目的是降低料液的沸点。与常压蒸发比较，它有以下优点：①溶液沸点降低，可增大蒸发器的传热温差，所需的换热面积减小；②溶液沸点低，可以应用温度较低的低压蒸汽和废热蒸汽作热源，有利于降低生产费用和投资；③蒸发温度低，对浓缩热敏性食品物料有利；④蒸发器操作温度低，系统的热损失小。

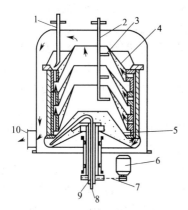

图 3-28　离心式薄膜浓缩设备

1—真空出料管；2—料液分配管；

3—喷嘴；4—夹套离心盘；5—间

隔盘；6—电动机；7—传动装置；

8—冷凝水出口；9—蒸汽进管；

10—二次蒸汽出口

当然，真空蒸发也有缺点：因蒸发温度低，料液黏度大，传热系数较小。因系统内负压，完成液排出需用泵，冷凝水也需用泵或高位产生压力排出。真空泵和输液泵都使能耗增加。

2. 膜浓缩

利用选择性渗透膜进行浓缩是一项正在快速发展的技术，它已经在许多食品加工中得到应用。膜分离的基础是分子的大小不同，对半孔膜的渗透性不同，小分子比大分子更容易通过膜。由于水分子是食品中最小的分子之一，用恰当的相对分子质量截留值的膜很容易实现浓缩。膜分离技术在乳品工业，用于从乳蛋白中分离水和其他相对分子质量小的分子，其他方面的应用包括果汁、调味剂和糖浆等的浓缩。

根据组成膜的物质把膜分成液膜和固膜两种。膜浓缩（分离）即是一种使用膜的浓缩（分离）方法。该方法的优点是过程比较简单，没有相变，可在常温下操作，既节省能耗，又适合对热敏性物质的浓缩（分离）。食品工业中应用较成功的膜浓缩主要有：以压力差为推动力的反渗透浓缩和超滤浓缩；以电力为推动力的电渗析浓缩。

反渗透和超滤的操作大致如图 3-29 和图 3-30。原料液在一定压力下进入过滤器，溶剂通过具有支撑多孔板的半透膜，溶质留于滤膜前，操作方式有间歇式和连续式两种，目前工业上大都以连续式为主。

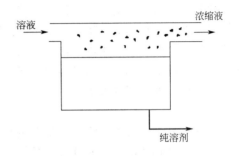

图 3-29 反渗透示意图

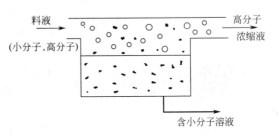

图 3-30 超滤示意图

3. 冷冻浓缩

冷冻浓缩是利用冰与水溶液之间的固-液相平衡的一种浓缩方法。食品中的部分水被冻结，在浓缩产物中产生一种含冰晶的浆状物，然后用某种洗涤技术使冰晶分离。

若某一种液态食品在充分搅拌下冷冻，冰晶成核、生长，可得到一种比较纯的冰晶浓浆，通过离心分离或其他分离技术将这些纯冰晶分离出来，留下的就是浓缩产品。为了尽可能减少黏附在冰晶表面的浓缩物，必须减少产品损失，需对冰晶进行清洗。在现代冷冻浓缩系统中，采用洗涤柱来分离冰晶浓缩物，以确保冰晶中含有的产品少。

冷冻浓缩优于蒸发浓缩和膜浓缩，由于低温操作不存在气-液界面，因而产品质量高，像牛奶、果汁等热敏性物料，在低温下冷冻浓缩后可保持其原来的品质。另外，用洗涤柱分离冰晶时，不存在气-液界面，因此冷冻浓缩产品也保持了物料的原风味。但是，冷冻浓缩的成本大大高于蒸发浓缩或膜浓缩，使该技术缺乏竞争力。当产品的质量要求高时，可用这种方法来浓缩；冷冻浓缩的另一个不足是，低温下从高黏度、高浓度的物料液中分离和清洗冰晶异常困难，这导致产品损失大和效率降低，使浓缩受到限制。

尽管商业上尚未完全应用该技术，但已应用在某些液态食品上，包括果汁、乳制品、醋、咖啡、茶叶提取物、啤酒和白酒及其他风味食品。冷冻浓缩用于酒精饮料的浓缩要优于其他浓缩技术，冷冻浓缩为从较易挥发的酒精中分离水提供了有效的方法。冷冻浓缩技术的进一步发展必将使其得到更广泛的应用。

二、干燥

食品的干燥单元操作是将物料中的水分含量降至所要求的程度，做成干制品。其目的是防止成品霉烂变质，能较长时间储存，减少体积和质量，便于运输，扩大供应范围。另外，在干制过程中，进行其他处理，还可制成风味和形状各异的产品。食品干燥应用广泛，如淀粉、膨化食品、烘烤食品、干果品、脱水蔬菜、乳粉、鱼干、蜂王粉及其深加工产品。

食品干燥方法分为天然干燥法和人工干燥法两大类。天然干燥法是利用太阳的辐射能使食品中的水分蒸发而除去，或利用寒冷的天气使食品中的水分冻结，再通过冻融循环而除去水分的干燥方法。天然干燥法仍然是目前食品特别是水产品和某些传统制品干燥中常用的方法。人工干燥法则是利用特殊的装置来调节干燥工艺条件，使食品的水分脱除的干燥方法。人工干燥方法依热交换方式和水分除去方式的不同，又可分成常压空气对流干燥法、真空干燥、辐射干燥法和冷冻干燥法等四类。下面介绍几种常用的人工干燥法。

（一）常压空气对流干燥

这种方法也叫空气干燥法，它是以热空气作为干燥介质，通过对流方式与食品进行热量与水分的交换，来使食品干燥的。

常压空气对流干燥法是最常用的食品干燥方法，根据干燥介质与食品流动接触方式，可分为固定接触式对流干燥和悬浮式接触干燥两大类。固定接触式对流干燥的共同特点是，食品堆积在容器或其他支持器件上进行干燥。固定接触式对流干燥的具体实施方式很多，如箱式干燥、隧道式干燥（图3-31）、带式干燥、带槽式干燥、贮仓式干燥、泡沫干燥、滚筒干燥等。悬浮式接触干燥的共同特点是，将固体颗粒状或液体状食品悬浮在干燥空气流中进行干燥，常见的悬浮式接触干燥有气流干燥、流化床干燥及喷雾干燥等。

图3-31 隧道式干燥器

喷雾干燥是用雾化器将料液分散成雾滴，与热空气等干燥介质直接接触，使水分迅速蒸发的干燥方法。料液可以是溶液、乳状液、悬浮液或糊状物等，干燥成品可以是粉状、粒状、空心球或微胶囊等。

图3-32为最常见的喷雾干燥流程图。料液由料液槽，经过滤器2由料泵3送到雾化器8，被分散成无数细小雾滴。作为干燥介质的空气经空气过滤器4由风机

5 经加热器 6 加热，送到干燥塔 10 内。热空气经过空气分布器 7，均匀地与雾化器喷出的雾滴相遇，经过热、质交换，雾滴迅速被干燥成产品进入塔底。已被降温增湿的空气经旋风分离器 9 等回收夹带的细微产品粒子后，由排风机排入大气中。

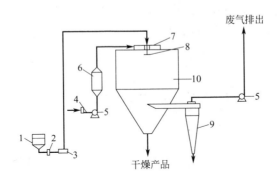

图 3-32　喷雾干燥流程

1—料液槽；2—原料液过滤器；3—料泵；4—空气过滤器；5—风机；
6—空气加热器；7—空气分布器；8—雾化器；9—旋风分离器；10—干燥塔

　　由于喷雾干燥过程中物料的分散度极大，传热、传质非常迅速，干燥过程瞬间完成。虽然热空气温度很高，但液滴蒸发速度快，物料温度通常仅为 60～70℃，对产品质量影响很小，是液态原料较理想的干燥方法。在所有的干燥设备中其干燥能力最高，绝大部分液态物料的工业化干燥都采用这种方法。但此法仅限于可雾化食品，如液态、低黏度糊状或浓汁食品，干燥产品可根据生产要求制成粉状、颗粒状、空心球或悬浮粒。喷雾干燥方法常用于各种乳粉、大豆蛋白粉、蛋粉等粉体食品的生产，是粉体食品生产最重要的方法。

　　（二）接触式干燥

　　接触式干燥法是将食品放在热壁上加热干燥的方法。它可以在常压和真空两种条件下进行。该干燥法的主要设备有滚筒干燥器、真空干燥箱、带式真空干燥器等。滚筒干燥是将黏稠状的待干食品涂抹或喷洒在加热滚筒表面进行干燥。滚筒干燥设备的结构较简单，干燥速度快，热量利用率较高。但常压滚筒干燥可能会引起制品色泽及风味的劣化，而真空滚筒干燥的成本太高。另外，滚筒干燥法的适用范围比较窄，主要用于某些黏稠食品的干燥。带式真空干燥是在一个封闭的真空容器中进行的连续干燥。带式真空干燥法具有干燥速度快、制品质量好等优点，但设备结构复杂，成本较高，适用于各种果汁、牛奶、速溶咖啡、速溶茶、水解鱼蛋白等食品的干燥。

　　（三）辐射干燥

　　辐射干燥是利用电磁波作为热源使食品脱水的方法，根据使用的电磁波的频率，可分为红外线干燥和微波干燥两种方法。

　　红外线干燥是利用红外线作为热源，直接照射到食品上，使其温度升高，引起水分蒸发而获得干燥的方法。红外线因波长不同而有近红外线与远红外线之分，但它们加热干燥的本质完全相同，都是因为它们被食品吸收后，引起食品分子、原子的振动和转动，使电能转变成热能，水分便吸热而蒸发。图 3-33 是远红外干燥器的示意图。待干燥的食品依次通过预热装置和第一、二干燥室，不断地吸收红外线而获得干燥。红外线干燥器的主要特点是干燥速度快，干燥时间仅为热风干燥的 10%～20%，因此生产效率较高。由于食品表层和内部同时吸收红外线，因而干燥较均匀，干制品质量较好。设备结构较简单，体积较小，成本也较低。

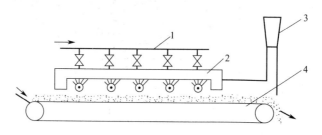

图 3-33 远红外线干燥装置

1—预热装置；2—第一干燥室；3—第二干燥室；4—红外加热元件

微波干燥时用微波使食品内部加热，内层水分逐渐迁移到外层，使外层水分越来越高，随着干燥过程的进行，其外层的传热系数不但没有降低，反而会提高。由于微波加热是内部加热，在干燥过程中水分由内层向外层迁移的速度很快，因此该方法干燥速度快，尤其在干燥的后期，其速度远远快于其他的干燥方法。

微波干燥器的类型很多，按其工作特性和适用的食品可将其分成谐振腔型、波导型、辐射型及漫波型等四种类型（如图 3-34 所示）。

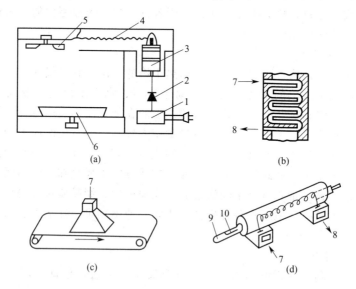

图 3-34 微波加热干燥器示意图

(a) 谐振腔型加热器；(b) 蛇形波导型加热器；(c) 喇叭式辐射型加热器；(d) 螺旋线漫波型加热器

1—变压器；2—整流器；3—磁控管；4—波导；5—搅拌器；6—旋转载物台；

7—微波输入；8—输出至水负载；9—传送带；10—食品

微波加热器的型式主要依据待干食品的形状、数量及工艺要求等因素来选择。当待干食品的体积较大或形状较复杂时，应选用隧道式谐振腔型加热器；对于如鱼片、薯片之类的薄片状食品的干燥，可采用波导型加热器或漫波型加热器；对于液体或浆质状食品的干燥，可用管状波导加热器；而对于小批量生产或实验性的干燥，则可用微波炉。

（四）冷冻干燥

冷冻干燥又称升华干燥。它是将湿物料先冻结至冰点以下，使水分变成固态冰，然后在较高的真空度下，将冰直接转化为蒸汽而除去，物料即被干燥。

食品物料冷冻干燥过程可分为两个阶段：第一阶段，在低于熔点的温度下，将水分从冻结的物料内升华，大约有98%～99%的水分均在此时除去；第二阶段中，将物料温度逐渐升到或略高于室温（此时物料中的水分已很低，不再融化），经此阶段水分可以减少到低于5.5%。

冷冻干燥是在低温真空条件下进行的，食品中的热敏成分不被破坏，干燥时微生物的代谢、酶的活性及以水为介质的生化反应等都受到抑制，因氧气极少，易氧化成分不易被氧化破坏，因此在冻干中，食品的营养成分和色香味能得到较好保护。同时冻干产品疏松多孔，当复水时，会迅速吸水完全，几乎可立即恢复食品原来的结构状态，取得鲜品的质地和口感。在食品工业中，冷冻干燥常用于肉类、水产、果蔬、禽蛋、酶、维生素、方便食品、咖啡、茶和调味品等的干燥。图3-35为小型的冷冻干燥机。

冷冻干燥因需有冷冻和真空等设备的投入和运行，故冻干制品生产成本较高，动力消耗多，干燥时间一般也较长。但因有流通等成本较低作

图 3-35　冷冻干燥机

补偿，综合起来的社会成本并不比冷冻食品高。加之冻干食品具有优异的品质，因此具有较强的市场竞争潜力。

（五）干制品的复水

一般来说，在食品加工过程中除去的水不能以完全相同的方式复原以产生与原材料一致的产品。也就是说，在复水产品中有一些降低质量的分解变化，干燥技术的目标是减少这些产品的变化，同时使加工效率最佳和生产成本最低。在干燥过程中，有几种类型的变化会影响复水产品的质量。干制品的风味减少或改变和物理品质的变化是两个主要问题。

干制品的一个问题是复水产品的风味与原来产品不一样，没有人认为干制乳粉会生产出与鲜乳质量相同的复制乳。在干燥过程中，风味化合物因比水容易挥发而在干燥加工中被除去。在干燥过程中使水分子从食品中除去的物理力也能使挥发性化合物（乙醇、乙醛、酮类等）被除去。因此，干制产品中这些挥发性风味化合物比起始原料中要少。另外，在干燥过程中经历高温时增加了化学反应速率，许多这

样的反应产生不理想的风味化合物。例如，在高温时褐变反应（还原糖和蛋白质之间）加快，产生轻微焦煳味。因而，通常由干制乳粉所得的再制乳有一点焦味，而原乳风味很少。

在干燥过程中也会发生影响产品物理特性的其他化学反应。干燥过程会使许多食品发生褐变，引起颜色变化。在干燥过程中也发生蛋白质变性，例如引起黏度增加，维生素和蛋白质的热降解也会影响干制品的营养状况。然而，在干燥过程中这些变化的大小很大程度上取决于干燥过程的性质，有些类型的干燥机生产的产品有优越的复水性。一个经典的例子是喷雾干燥和冷冻速溶咖啡之间的差别。由于冷冻干燥不涉及气-液界面（干燥由冰升华而引起），因而易挥发风味和芳香化合物在干燥过程中不会损失，冷冻干燥产品有更高的质量。

第五节　成型与包装

一、成型

（一）浇模成型

成型是食品加工中重要的单元操作，许多食品需做成一定的形状。浇模成型是最简单、最常用的成型方法，它是把物料浇注入定量的模具中，降低温度使物料形成致密的质构状态，从模具中顺利脱出，如糖果、巧克力、果冻的成型。配置液态物料，严格控制温度和黏度，注入定量的模型盘内，在模子中冷却和硬化，最后从模型内顺利地脱落出来。模子内可喷洒食用脱模剂，有助于脱模分离。巧克力连续浇模成型生产线是把原来间歇的断续的操作程序放在完整的循环的装置系统上进行，包括定量浇模、模盘振动、预冷、冷却硬化、脱模、模具再热等工序，组成整体连续机械装置，生产速度和劳动生产率大大提高，产品质量稳定，食品卫生条件改观。

（二）冲印成型

冲印成型是将面团辊轧成连续的面带后，用印模将面带冲切成饼坯的方法。此方法成型时要求面带黏性不大、厚薄均匀连续，饼坯花纹清晰、表面光洁，落饼无卷曲现象，与余料分离顺利。这种成型方法适应性广，可用于多种品种的生产，技术也比较容易掌握。

冲印成型的典型设备为冲印饼干成型机，主要用来加工韧性饼干、梳打饼干及一些低油脂酥性饼干。图 3-36 所示为常见冲印饼干机的外形图，包括压片机构、冲印成型机构、拣分机构和输送带机构。

冲印成型是依靠成型机上印模的上下运动来完成的。印模基本分两大类，一类是带有针柱的凹花印模（图 3-37），可以用于酥性、韧性和梳打饼干。另一类是不带针柱的凸花印模（图 3-38），只适用于酥性饼干而不适于韧性和梳打饼干。

（三）辊式成型

辊式成型包括辊压成型、辊印成型和辊切成型三种。

1. 辊压成型

辊压成型是指由旋转的成对压辊对物料施以挤压、摩擦，从而使得通过辊间的

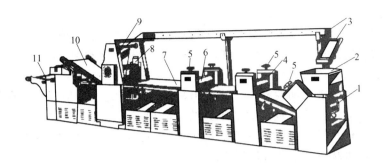

图 3-36 饼干冲印成型机

1—头道辊；2—面斗；3—回头机；4—二道辊；5—压辊间隙调整手轮；

6—三道辊；7—面坯输送带；8—冲印成型机构；

9—机架；10—拣分歇输送带；11—饼干生坯输送带

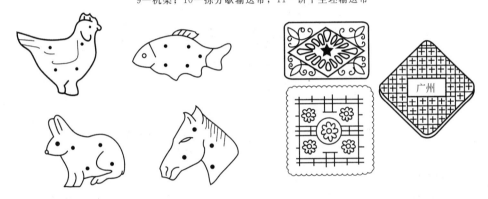

图 3-37 凹花印模 　　　　　　　　　 图 3-38 凸花印模

物料在此作用下变形成为具有一定形状规格的产品的操作（图 3-39）。在食品加工过程中，许多物料都需要经过辊压操作，如饼干生产中的压片，糖果生产中的拉条，面条、方便面生产中的压片和成型。但不同产品对辊压操作的工艺要求不同。在生产饼干时，辊压的目的是使面团形成厚薄均匀、表面光滑、质地细腻、内聚性与塑性适中的面带。在糖果加工过程中，辊压的目的是使糖膏成为具有一定形状规格的糖条，又能排除糖条中的气泡，以利操作，且成型后的糖块定量准确。

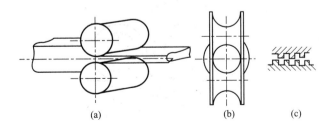

图 3-39 辊压操作示意图

（a）饼干面带辊压；（b）拉条；（c）面条成型

2. 辊印成型

辊印成型使印花、成型、脱坯等操作通过辊筒转动一次完成，即把调制好的面团置于成型机的加热斗中，在喂料槽辊和花纹辊的相对运动中，面团首先在槽辊表面形成一层结实的薄层，然后将面团压入花纹辊的凹模中，花纹辊中的饼坯受到包着帆布的橡胶辊的吸力而脱模。饼坯便由帆布输送带送入烤炉网带或钢带上。图3-40为辊印示意图。辊印成型法适于高油脂品种，还适用于面团中加有芝麻、花生、桃仁、杏仁及粗砂糖等的小型块状品种。其特点是不产生边角余料，省略了许多机械动作，也减少了生产管理环节。

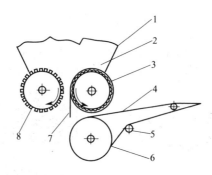

图 3-40　辊印成型示意图

1—加料斗；2—面团；3—花纹辊；4—帆布带；5—张紧辊；

6—橡皮脱模辊；7—刮刀；8—喂料槽辊

3. 辊切成型

辊切成型的特点是集冲印成型和辊印成型于一体。辊切成型是将面团辊轧成连续的面带后，面带先由花纹辊压出饼坯的花纹，然后前进，再用后方的刀口辊将印好花纹的面带切成饼坯，与此同时产生了余料。再由斜帆布分去余料，重新调面或压延（图3-41）。由于这种成型机是先将面团压延成团带，然后再辊切成型，因此，具有广泛的适应性。它既可生产韧性饼干、苏打饼干，又可生产酥性和甜酥性饼干，这种成型法在国际上得到了广泛的应用。

（四）挤出成型

软料糕点成型常采用挤出成型法。软料糕点的面团稠度差别很大，其中最硬的

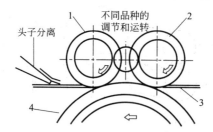

图 3-41　辊切成型运转示意图

1—切刀口辊；2—花芯辊；3—帆布；4—橡胶辊

软料面团稠度与桃酥面团稠度相似。这种面团具有良好的塑性，但没有流动性，而且黏滞性较强，很容易粘模。因为品种需要，面团内常常含有颗粒较大的花生、核桃及果脯等配料，因此既不能模仿人工挤花（又称拉花）的方式成型，又不能采用辊印、辊切或冲印等方式成型。对于这种面团通常采用钢丝切割式成型（图 3-42），其产品类似桃酥，外形简单，表面无花纹。

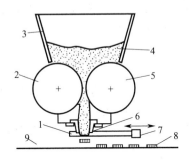

图 3-42　钢丝切割式成型原理示意图

1—钢丝；2—喂料辊；3—料斗；4—面团；5—喂料辊；

6—成型嘴；7—钢丝架；8—生坯；9—输送带

（五）挤压蒸煮

有一种特殊的成型方式被称为挤压蒸煮，即将加热蒸煮与挤压成型两种作用联系起来，在同一操作过程中完成。物料经过粉碎、调湿、预热、混合等预处理后，强行通过挤压机时，高温高压和高剪切力产生的热量导致淀粉糊化、蛋白质变性和其他一些蒸煮效果。通过调节压力和湿度可使食品升温至水的沸点以上。当成型的食品从挤压蒸煮器出来时，随着喷嘴处压力的释放，热水即迅速沸腾，这往往导致食品膨化成型。成型、膨化后的食品随后可在烘箱里进一步干燥。

二、包装

（一）食品包装的目的

食品包装是指采用适当的包装材料、容器和包装技术，把食品包裹起来，以使食品在运输和储藏过程中保持其价值和原有的状态。

对食品进行包装有很多目的，如方便储运、分发和将产品统一为合适的尺寸，保证产品的质量，提高产品的食用价值，吸引更多的消费者，树立品牌形象，促进销售等。然而，最基本的目的还是为了防止产品的微生物污染、物理性污染、害虫侵入、吸光、吸湿、吸收异味、失水、风味损失以及机械损伤等。

不同食品，不同的流通环境，对包装保护功能的要求不同。如饼干易碎、易吸潮，其包装应耐压防潮；油炸豌豆极易氧化变质，要求其包装能阻氧避光照；而生鲜食品为维持其生鲜状态，要求包装具有一定的 O_2、CO_2 和水蒸气的透过率。因此，包装工作者应首先根据包装产品的定位，分析产品的特性及其在流通过程中可能发生的质变及其影响因素，选择适当的包装材料、容器及技术方法对产品进行适当的包装，保护产品在一定保质期内的质量。

（二）食品包装技术方法及其设备

现代食品生产过程中，选用适宜的包装材料和容器对保护食品、方便储运、促进销售具有重要作用。同时，采用合理的包装技术方法，设置正确的包装工艺路线，选择合适的机械设备，确定一系列必要的包装技术措施，也同样是现代规模化食品生产过程中保证包装食品品质、提高商品价值和市场竞争力的关键。

食品包装技术是为实现食品包装目的和要求，以及适应食品各方面条件而采用的包装方法、机械设备等各种操作手段及其包装操作遵循的工艺措施、监测控制手段和保证包装质量的技术措施等的总称。

1. 食品包装工艺过程

食品包装一般工艺过程见图 3-43。其中，食品的充填、灌装、封口或密封为食品包装主要过程。包装容器或材料的清洗、烘干、消毒（或包括容器制造）等为食品包装的前期过程。贴标、盖印、装箱、捆扎等为食品包装的后期过程。

图 3-43　食品包装一般工艺过程

2. 食品包装技术和方法

食品的种类繁多，可采用的包装材料、容器各异，包装的形成方法也多种多样，但要形成一个食品独立包装件的基本工艺过程和步骤是一致的。把形成一个食品独立包装件的基本技术和方法称为食品包装基本技术。主要包括：食品充填、灌装技术和方法，裹包与袋装技术和方法，装盒与装箱技术，热成型和热收缩包装技术，封口、贴标和捆扎技术与方法等。

为进一步提高包装食品质量和延长包装食品的储存期，在食品包装的基本技术基础上又逐渐形成了食品包装的专用技术，如真空包装、充气包装、防潮包装、无菌包装等。

（1）真空包装　食品真空包装是把被包装食品装入气密性包装容器，在密闭之前抽真空，使密封后的容器内达到预定真空度的一种包装方法。常用的包装容器有金属罐、玻璃瓶、塑料及其复合薄膜等软包装容器。真空包装的目的是为了减少包装内氧气的含量，防止包装食品的霉腐变质，保持食品原有的色、香、味，并延长保质期。附着在食品表面的微生物一般在有氧条件下才能繁殖，真空包装则使微生物的生长繁殖失去条件。图 3-44 为新鲜牛肉用薄膜进行真空包装和普通包装在不同储藏温度下的细菌繁殖情况，可见两者的差异很大，储藏温度对细菌繁殖影响

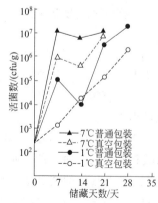

图 3-44　不同包装低温储藏新鲜牛肉中微生物的繁殖情况

也很大。

（2）充气包装　充气包装是在包装内充填一定比例理想气体的一种包装方法，目的与真空包装相似。通过破坏微生物赖以生存繁殖的条件，减少包装内部的含氧量及充入一定量理想气体来减缓包装食品的生物生化变质。区别在于真空包装仅是抽去包装内的空气来降低包装内的含氧量，而充气包装是在抽真空后立即充入一定量的理想气体如 N_2、CO_2 等，或者采用气体置换方法，用理想气体置换出包装内的空气。

经真空包装的产品，因内外压力不平衡而使被包装的物品受到一定的压力，容易黏结在一起或缩成一团；酥脆易碎的食品如油炸马铃薯片、油炸膨化风味食品等易被挤碎；形状不规则的生鲜食品，易使包装体表面产生皱褶而影响产品质量和商品形象；有尖角的食品则易刺破包装材料而使食品变质。充气包装既有效地保全包装食品的质量，又能解决真空包装的不足，使内外压力趋于平衡而保护内装食品，并使其保持包装形体美观。表 3-2 为部分生鲜食品和加工食品的充气包装情况。

表 3-2　生鲜食品和加工食品的充气包装

类　别	食品名称	气体种类	充　气　目　的
生肉	零售用肉	O_2+CO_2	肉色素发色、抑制微生物繁殖
鲜鱼	鱼肉	N_2+CO_2	保持肉色素、抑制微生物繁殖
肉制品	火腿片	N_2+CO_2	防止脂肪和肉色素氧化、抑制微生物繁殖
乳制品	奶粉	N_2	防止氧化
茶、咖啡	红茶、咖啡	N_2	防止香气散逸
糕点	蛋糕	N_2+CO_2	防止霉菌繁殖
干果	花生、杏仁	N_2+CO_2	防止脂肪氧化
粉末饮料	粉末橘子汁	N_2	防止维生素损失、防止香气散逸
果蔬	水果、蔬菜	$N_2+O_2+CO_2$	防止枯萎、保持鲜度

（3）防潮包装　防潮包装就是采用具有一定隔绝水蒸气能力的防潮包装材料对食品进行包封，隔绝外界湿度对产品的影响，同时使食品包装内的相对湿度满足产品的要求，在保质期内控制在设定的范围内，保护内装食品的质量。

每一种食品的吸湿平衡特性不同，因而对水蒸气的敏感程度也不同，对防潮包装的要求也有所不同。大多数食品都具有吸湿性，在水分含量未达到饱和之前，其吸湿量随环境相对湿度的增大而增加。每一种食品都有一个允许的保证食品质量的临界水分和吸湿量的相对湿度范围。在这个范围内吸湿或蒸发达到平衡之前，产品的含水量能保持其性能和质量。超过这个湿度范围，则会由于水分的影响而引起品质变化。例如，茶叶在炒制烘干后水分含量约 3%，在相对湿度（RH）为 20% 时达到平衡；在 50%RH 时茶叶的平衡水分为 5.5%；在 80%RH 时，其平衡水分 13%；当茶叶的水分含量超过 5.5% 时，茶叶质量急剧下降，因此把水分 5.5% 作为茶叶保持质量的临界水分含量。在进行防潮包装时，在规定的保质期内必须保证茶叶的水分含量不超过 5.5%。

（4）无菌包装　所谓食品无菌包装技术，是指把被包装食品、包装材料容器分别杀菌，并在无菌环境条件下完成充填、密封的一种包装技术。无菌包装的最大特

图 3-45　无菌利乐枕的灌装线

点是被包装食品和包装材料容器分别杀菌。

无菌包装的食品一般为液态或半液态流动性食品，其特点为流动性好，可进行高温短时杀菌（HTST）或超高温瞬时杀菌（UHT），产品色、香、味和营养素的损失小，如维生素能保存95％，且无论包装尺寸大小，质量都能保持一致，这对热敏感食品，如牛奶、果蔬汁等的风味品质保持具有重大意义。在无菌条件下包装的食品可在常温下储存流通。图 3-45 为无菌利乐枕的灌装线。

食品无菌包装技术的关键是包装体系的杀菌，即包装食品的杀菌、包装材料和容器的杀菌处理、包装系统设备及操作环境的杀菌处理。被包装物料的杀菌可采用超高温瞬时杀菌技术和巴氏杀菌技术。超高温瞬时杀菌技术主要用于处理乳制品，如鲜乳、复合乳、浓缩乳、奶油等。巴氏杀菌技术广泛用于酸性食品的灭菌，如水果饮料、酸奶等。包装容器和充填环境的灭菌一般采用药物灭菌和紫外线灭菌等技术。

参 考 文 献

[1]　张裕中主编. 食品加工技术装备. 北京：中国轻工业出版社，2000.

[2]　曾寿瀛主编. 现代乳与乳制品加工技术. 北京：中国农业出版社，2002.

[3]　徐帮学主编. 最新食品工业生产新工艺新技术与创新配方设计及产品分析检测实用手册. 长春：吉林出版集团银声音像出版社，2004.

[4]　肖旭霖编著. 食品加工机械与设备. 北京：中国轻工业出版社，2000.

[5]　[美]波特等著. 食品科学. 王璋，钟芳，徐良增等译. 第 5 版. 北京：中国轻工业出版社，2001.

[6]　王如福，李汴生编. 食品工艺学概论. 北京：中国轻工业出版社，2006.

[7]　马长伟，曾名勇主编. 食品工艺学导论. 北京：中国农业大学出版社，2002.

[8]　夏文水主编. 食品工艺学. 北京：中国轻工业出版社，2007.

[9]　孙君社主编. 现代食品加工学. 北京：中国农业出版社，2001.

[10]　[美] Dennis R. Heldman 著. 食品加工原理. 夏文水等译. 北京：中国轻工业出版社，2001.

[11]　章建浩主编. 食品包装学. 北京：中国农业出版社，2006.

[12]　徐怀德，王云阳主编. 食品杀菌新技术. 北京：科学技术文献出版社，2005.

第四章 食品的质量控制

食品质量是指食品的特性及其满足消费的程度，不同的食品对其品质特性有不同的要求。人们在选择食品时会考虑各种因素，这些因素可以统称为"质量"。对于生产者而言，如果能生产优质产品，他们可以获得较高的销售利润。人们通常认为"价值"是"价格"与"质量"的组合。如果产品质量好，即使价格稍高，也是物有所值。在选择和享受食品时，人们会运用所有的感觉器官，包括视觉、嗅觉、触觉、味觉，甚至听觉。著名的脆、谷物早餐食品的酥、芹菜的咯吱声都属于质构特征，是人体听觉能够感受到的。

所有的食品在储藏期间都会发生不同程度的变质，这些变质包括物理的、化学的以及生物的变质。食品科学最重要的一个方面就是有关变质因素及其控制的知识。

第一节 食品的质量要素

消费者容易知晓的食品的质量要素称为直观性品质特性，也叫感官质量要素。这些特性用技术术语讲有外观、质构、风味，用俗语来讲是色、香、味、形，它们是衡量食品质量的重要指标。食品的感官质量不仅是出于对消费者享受的需求，而且也有助于促进食品的消化吸收。

色（color） 是指食品中各类有色物质赋予食品的外在特征，是消费者评价食品新鲜与否、正常与否的重要感官指标。一种食品应具有人们习惯接受的色泽，天然未加工食品应呈现其新鲜状态的色泽，加工食品应呈现加工反应中正常生成的色素，如新鲜瘦猪肉应为红色。

香（aroma） 多指食品中宜人的挥发性成分刺激人的嗅觉器官产生的效果，加工的食品一般具有特征香气。"香"有时也泛指食品的气味，正常的食品应有特征的气味，如羊肉具有一定的膻味，麻油有很好的香气；不正常食品会产生使人恶心的气味，如食用油的氧化性气味。

味（palate） 俗称味道，是指食品中非挥发性成分作用于人的味觉器官所产生的效果。在对多种食品的市场调查中发现，消费者选择食品时，大多数首选味道好的产品。

香气和味道有时统称"风味"（flavor），其内涵就是"香"和"味"的内容。

质构（texture） 包含了食品的质地（软、脆、硬、绵）、形状（大、小、粗、细）、形态（新鲜、衰竭、枯萎）。不同的食品，其质构方面的要求差异很大，口香糖需要有韧性，饼干需要有脆性，肉制品需要软嫩等。

消费者难于知晓的食品的质量要素称为非直观性品质特性，如食品的营养、安全卫生、耐藏特性，即便是专家，有时也不能直接看出产品该项指标的优劣。

一、外观要素

通常食品的外观包括大小、形状、整齐度、色泽、光泽、浑浊、沉淀等。一般要求食品应大小适中、造型美观、便于携带拿取、色泽悦目等。如儿童食品通常做成小孩子喜爱的动物形状及具有鲜艳的颜色。

（一）大小和形状

1. 水果蔬菜的大小形状与分级

大小和形状均易于测量。水果和蔬菜可以根据其所能通过的孔径按照大小、长短或粗细来进行分级，如图 4-1 所示。此类简单装置是现代高速自动分离和分级设备（如滚筒式分级机、摆动筛）的原始形式，在一定程度上仍为产地分级和实验室操作所采用，由于选出的水果蔬菜大小形状基本一致，因此有利于包装储存和加工处理。

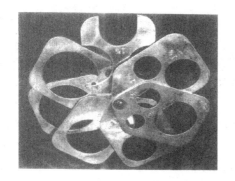
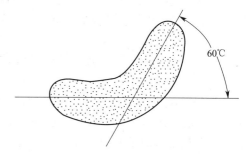

图 4-1　果蔬大小分级装置　　图 4-2　作为腌制食品质量指标的弯曲度测定

腌咸菜不论整棵、整个或加工切丝、条、块、片，都要形状整齐，大小、薄厚基本匀称。形状不仅具有视觉重要性，对于一些腌制品的分级而言，这种过分挑剔的标准有时可能非常重要，尤其是现代实践中机械装置已越来越多地代替手工操作。当工程师试图设计一台酸黄瓜自动装瓶机时，就必须考虑到并非所有酸黄瓜都具有相同的弯曲度（图 4-2），何况，用于充装橄榄等圆形物料的设备对于形状不规则的食品完全不适用。

2. 水产品的体重、长度及比率

在水产品加工厂，必须对原料鱼的鲜度、鱼体大小、鱼体丰满度、鱼体完整度等品质进行鉴定。

（1）鱼体大小　鱼类原料的个体大小会影响可食用部分所占的比例，也与成品率及滋味有关。在鱼类罐头加工时，对不同鱼类的大小规格有明确的要求，常以条重、体长计。

（2）鱼体丰满度　鱼体的丰满度也就是肥瘦度。丰满度系数是反映鱼体肥瘦程度和生长情况的指标，为鱼体体重与鱼体体长的立方积的比值，以符号 k 表示。以公式 $k = 100W/L^3$ 计算，式中 W 为鱼体体重（g），L 为鱼体长度（cm）。

（3）鱼体完整度 鱼体完整度是指鱼体上有无在捕捞及储运过程中受到的机械性伤痕以及受伤的轻重程度。若鱼体肌肉部位无伤痕、不破裂，鱼头和鳞片也保持完整而不脱落，说明鱼体的完整度好。

（二）色泽和光泽

1. 食品色泽的意义

色泽是构成食品质量的一个重要因素，是最先影响消费者的感官指标，自然、均匀、正常的色泽能很好地激起消费者的购买欲望，因而色泽与产品的价格直接相关。通常情况下新鲜肉的色泽为淡红色，脂肪洁白；而次新鲜的肉色泽稍暗，脂肪缺乏光泽。良质酱类呈红褐色或棕红色、油润发亮、鲜艳而有光泽；次质酱类色泽较深或较浅；劣质酱类色泽灰暗、无光泽。

食品的色泽除在一定程度上反映食品质量的优劣和新鲜程度外，在生产食品时，还可对加工工艺参数及储存方法起指导作用。食品在加工、储藏过程中，经常会发生变色现象，褐变就是一种最普遍的变色现象。在一些食品中，适当程度的褐变是有益的，如面包、糕点、咖啡等食品在焙烤过程中生成的焦黄色和由此而引起的香气等。而在另一些食品中，特别是水果和蔬菜，褐变是有害的，它不仅影响外观，还影响风味，并降低营养价值，而且往往是食品劣质、变质或工艺不良的标志。在高温下长时间油炸会导致鱼片表面色泽变暗，因此可根据色泽来判断油炸终点。储藏时，番茄粉的脱色表明包装容器的顶隙中氧气含量过高，而色泽变暗则表明产品中的水分含量偏高。从巧克力表面是否起白霜可以推测出其储存期间的温度历程。

2. 色泽的测定

对一些不透光的产品，例如面包、面粉、番茄汁、干酪和肉等，可根据其反射光进行色泽的检测。而对半透明产品，可部分用反射光、部分用透射光，这方面的例子如果汁、果酱、蛋奶甜点及熟食。然而，对另外一些透明食品，如澄清的果汁、酒类、果冻、明胶食品、软饮料，则一般根据其透射光特性进行色泽的测定。使用时将装有液体的比色皿放入比色计或分光光度计狭缝内，让一定波长的光线穿过试管，样品对光线的吸收程度取决于液体的色泽及其深浅。

对于液体或固体食品，可以通过与标准比色板进行比较来确定它的颜色。质量控制检查人员不停地更换比色板直到它与食品的色泽相近为止，然后将食品的颜色界定为与之相称的比色板的颜色或者是介于两相邻比色板之间的颜色。处理番茄制品时，仅需一些绿色和红色的比色板即可囊括产品的所有色泽，番茄的等级标准就是以这种方法为基础。我国国家标准规定用罗维朋比色计法（图4-3）测定油脂色

图 4-3 罗维朋比色计

泽，用标准颜色玻璃片与油样的色泽进行比较，色泽的深浅用所需标准颜色玻璃片上标明的数字来表示，此法是目前国际上通行的检验方法。如实际测定菜籽油时黄色为参比值，红色为控制值，先固定黄色为35，然后调节红色玻璃片（有时要加蓝色玻璃片），当视野中两部分颜色相同时，各种玻璃色片的数字即为油脂色泽的测定值。该方法测定较准确，但需要有经验的检验人员才能得到较好的可靠性和重现性。

色泽测量还可以进一步定量化。有色物体反射光线的定量表示可分为三个部分，分别为亮度、色调和彩度。亮度指色泽的明暗，即黑白对比；色调指反射的主要波长，它决定人们观察到的颜色（红、绿、黄、蓝等）；彩度指色泽的强度。物体的色泽可通过三者来精确表示。另一种描述色泽的三维坐标系统利用了明-暗、黄-蓝、红-绿三种属性。物体在三激发比色系统中的色泽值可以用仪器定量化（如图4-4所示的色差仪）。三种数值完全相同的食物样品，色泽也相同。这些代表亮度、色调和彩度的数值，随色泽的不同而发生规律性变化，这种规律可绘制成色度图。色泽化学家和质量控制人员能将这类数据与色泽联系起来，并通过数值的变化来推测产品在成熟、加工和储藏过程中可能发生的显著或细微变化。利用类似的方法，质量控制人员能够决定产品的色泽，并将其传送至远处的工厂，以便与以后的生产数据相配。在食品色泽极其不稳定以至于不可能预先制作标准样品时，这种方法特别有效。

图4-4　HunterLab 经济型台式色差仪

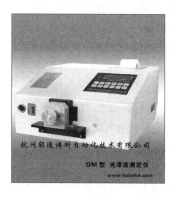

图4-5　光泽度仪

与色泽类似，有的光学测量仪器也能够定量测定食品表面的光泽程度，如光泽度仪（图4-5）。光泽程度对提高明胶甜点、巧克力等产品的吸引力非常重要。

（三）浑浊和沉淀

浑浊和沉淀是液体食品最容易出现的质量问题。如绿茶在加工、储藏中都可能产生白色絮状沉淀，最初悬浮在茶汤中，随时间延长会逐渐聚集在容器底部，颜色也逐渐变为淡黄色或其他颜色。另外，容器的顶部也可能产生"黑脖子"。参与形成绿茶茶汤沉淀的组分包括茶多酚（包括茶红素、茶黄素及茶褐素）、咖啡碱、氨基酸、茶多糖、淀粉、果胶、矿物质、蛋白质和叶绿素等。

水质会明显影响茶汤浑浊度。自来水、蒸馏水和去离子水三者中，以去离子水萃取的茶汤的浑浊度最低。研究发现，茶用水总硬度小于 1.07mmol/L 时，无沉淀生成；大于 1.07mmol/L 时，有明显的沉淀生成，故 1.07mmol/L 是产生沉淀的临界点。以蒸馏水泡红茶，再以氢氧化钠和盐酸调节 pH，发现 pH 在 4 时茶乳酪生成最多；pH 升高，茶乳酪生成量减少；pH 在 6.7 时，无茶乳酪生成。用硬水萃取之茶汤，经检测沉淀成分为草酸钙。绿茶、红茶和乌龙茶三者中，以乌龙茶对 Ca^{2+}、Mg^{2+} 最为敏感，易结合而生成沉淀。

（四）稠度

稠度是由机械的方法或触觉感受器，特别是口腔区域受到的刺激而觉察到的流动特性。它随产品的质地不同而变化。尽管可以将稠度看作一个与质构有关的质量属性，但在很多场合我们都能直接观察到食物的稠度，因此它也是一个食品外观因素。如巧克力糖浆可以是稀的，也可以是黏稠的；番茄酱同样可稀可稠。这些食品的稠度常用黏度来表示，高黏度的产品稠度大，低黏度的产品稠度小。

最简单的稠度测定方法是测定食物流过已知直径小孔所需的时间。或者是利用 Bostwick 稠度计（图4-6）测定较为黏稠的食品靠自身质量从斜面上流下所需要的时间，该装置简单可靠，可快速检测样品是否符合标准黏度及流动性，适用于番茄沙司、蜂蜜和糖浆，底板设有

图 4-6　Bostwick 稠度计

精密刻度（每格 0.5cm），底座附有气泡式水平仪，可通过左右两颗脚座调整水平度。

二、质构要素

（一）食品质构的概念

食品的质构是指手指、舌头、上颌或牙齿所体验到的食品的物理性质，与味觉、嗅觉等化学知觉无关。食品的质构特性如马铃薯片的脆性、面包的新鲜度、果酱的硬度、黄油的涂布性能、布丁的细腻性等都可以使食品入口后带给消费者享受的感觉，从而能够刺激消费者的消费需求。食品质构的范围极其广泛，若偏离期望的质构就是质量缺陷。

（二）食品质构特性分析

食品开发者面临的一个问题是怎样客观准确地衡量食品的质构。质构特性是与一系列物理特性相关的非常复杂的特性，描述食品的质构用单一的值很难确定。口感也是非常难定义的，包含食品的第一口咬，再咀嚼直到吞咽的全过程，它实际上是食品在口中全面的物理和化学的交互作用的综合反应。Szczesniak 提出了基于食品流变特性的食品质构的分类，并能通过仪器和感官评判的方法来分析食品的质构特性。他把质构的评价概念按机械特性、几何特性和其他特性分为三大类，对机械

特性又按进食的先后分为一次特性和二次特性，并把这些特性与表现用语对应（表4-1）。仪器分析食品的质构基于食品的流变科学，即材料的变形和流动特性的测量。

表 4-1　质构的分类

特性	一次因子	二次因子	惯用语
机械特性	硬度		硬、软
	凝聚性	脆性	酥、脆
		咀嚼性	柔软、韧性
		胶黏性	易碎-粉状-糊状-胶状
	黏性		稀薄-黏厚
	弹性		塑性-弹性
	黏着性		发黏的、易黏的
几何特性	粒子的大小形状		粉状、砂状、粗粒状
	粒子的形状和方向		纤维状、细胞状、结晶状
其他特性	水分含量	油状、油脂状	干、湿润、多汁的
	脂肪含量		油性、油腻

1. 食品质构的感官评价

感官评判的过程从受到很好训练的感官小组开始。为了能够实施有意义的质构分析，感官评判小组应有质构特性区分的知识，应该明确知道质构参数的定义。当评判食品产品时，应有明确的规定，如说明食品产品应怎样放入口中，是与牙齿的作用还是与舌进行作用，有什么样的特别感受等。表4-2列出了食品质构的感官评判方法。

表 4-2　食品质构特性的感官评判方法

质构特性	评价方法
硬度	将样品放于臼齿之间平坦地去咬，评估压缩样品需要的力
凝聚性	将样品放于臼齿之间，压缩和评估破裂前变形需要的力
黏性	将样品放于勺中直接置于口腔前端，通过舌头与样品保持一定频率的接触来感受液体食品的黏度
弹性	若是固体样品放在臼齿间，若是半固体的流态食品放于舌和上颚之间，压缩样品，移去压力，评估恢复度和时间
黏着性	将样品放于舌上，对着上颚压缩样品，评估舌头离开样品所用的力
脆性	将样品放于臼齿之间，咬样品直至样品破裂、崩溃，评估牙齿所用的力
咀嚼性	将样品放于口腔中，以相同的力每秒咀嚼一次，而且要穿透样品，评估直到样品大小可以吞咽时的咀嚼次数
胶黏性	将样品放于口中，用舌头对着上颚来操作食品，评估食品解聚前需要操作的次数

评判小组应有一定的参考标准。如把与产品有关的质构特性列出来，包括硬度、内聚性、咀嚼性、弹性等，然后找一些这些属性数值趋于中间和两端的产品。接下来可以做一些不同产品质构属性的测试，可以以分值来计算，如1分是最软的，9分是最硬的。测试后给样品打分。测试小组完成测试后，开始进行仪器测试。仪器测试时选择参数应尽量与人们口测时对样品的作用相近，如力大小的选

择，受力面的选择以及作用的频率等。

2. 食品质构的仪器测定

1960 年食品研究者们开发了第一台科学分析食品流变特性的仪器，奠定了今天质构分析的基础。当今随着科学技术的进步，INSTRON、STABLE MICRO SYSTEM 等公司陆续开发了一系列的分析质构的仪器和设备。仪器分析主要是模拟食品材料的实际应用条件（如口腔的运动），对样品进行压缩、变形，从而能分析出食品的质构特性。如将食品挤成片状是压缩作用，如挤压面包；施以某种力使食品的一部分滑过另一部分称为剪切作用，如咀嚼口香糖；使一个力穿过食品将其分开叫作切割作用，如切苹果；对食品施力将其撕裂或拉开，此时测定的是食品的抗张强度，如撕开脆皮松饼。吃牛排时，我们所说的老和嫩其实是在所有上述力的作用下肉的变形程度。有各种各样的仪器来测量每种力的大小，许多还具有相应的名称，但没有哪种仪器的作用模式能与咀嚼时的情况完全一致。实用的食品质构测试仪器很多，一般按变形或破坏的方式可分为 7 类，如表 4-3 所示。

表 4-3　食品质地测试仪器分类

变形或破坏方式	实用仪器	测定项目	使用对象范围	测定举例
压缩力	多功能试验仪 质地测试仪 压缩仪	压力、弹性、黏度、破坏功、脆度、硬度、凝聚性、胶弹性、咀嚼性	固体、半固体、多孔性食品	奶油、干酪、汉堡包、稀奶油、黄瓜、胡萝卜、果冻、面包、蛋糕
剪切力	柔嫩度仪 冲孔测试仪	剪断力、硬度、最大剪切应力	纤维状食品	肉片、汉堡包
切割力	凝乳质地仪 流变仪	切断力、切断功、硬度、黏稠度	高脂肪食品、凝胶状食品	豆腐、鸡蛋羹、奶油、干酪、人造奶油、汉堡包
插入力	针入度仪 果冻强度仪	硬度、屈服度	高脂肪食品、凝胶状食品	奶油、干酪、蛋糕
搅拌力	面团阻力仪 淀粉粉质仪	面团形成时间、面团温定度、面团衰落度、综合评价值、黏度、糊化温度	揉混类食品	米饭、年糕、面团
抗拉强度	食品流变仪	拉断力、拉断功、硬度	凝胶状食品	鱼糕
剪压力	剪压测试仪	剪断力、压缩力	纤维状食品	蔬菜、水果、肉

质构仪（物性测试仪）是模拟人的触觉，分析检测触觉中的物理特征。图 4-7 是食品工业中常用的质构仪。在计算机程序控制下，可安装不同传感器的横臂在设定速度下上下移动，当传感器与被测物体接触达到设定的触发应力或触发深度时，计算机以设定的记录速度（单位时间采集的数据信息量）开始记录，并在计算机显示器上同时绘出传感器受力与其移动时间或距离的曲线。由于传感器是在设定的速度下匀速移动，因此，横坐标时间和距离可以自动转换，并进一步可以计算出被测物体的应力与应变关系。由于质构仪可配置多种传感器，因此，该质构仪可以检测食品多个机械性能参数和感官评价参数，包括拉伸 [图 4-7(a)]、压缩 [图 4-7(b)]、剪切、扭转等作用方式。

光滑适口、硬度适中、有韧性、有咬劲、富有弹性、爽口不粘牙的面条颇受大

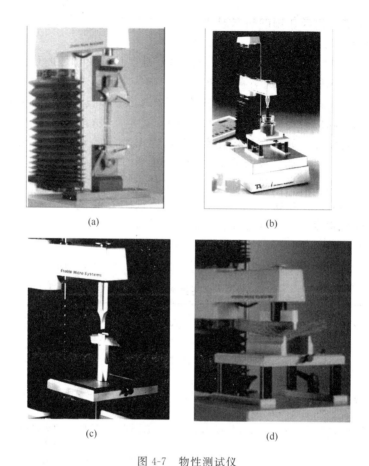

(a)　　　　　　　　　　　　(b)

(c)　　　　　　　　　　　　(d)

图 4-7　物性测试仪

（a）拉伸试验；（b）挤压试验；（c）模拟牙齿的咀嚼功能（咀嚼机）；（d）弯曲断裂检测

家喜爱。利用质构仪的不同探头编制不同的测试方案，可以在硬度、韧性、弹性、黏性等方面给予数值化的评价。利用平板探头下压一定厚度相同根数的熟面条，从而得出不同面粉制出的面条的适口性（即软硬程度）如何。所测正向峰值力越大，硬度越大。通过钝梯形柱状探头测试面条韧性［图 4-7(c)］。该探头可以模仿人的牙齿咬断面条的过程，从而得出韧性的大小。所测的曲线包围的面积越大（做功能量越大），韧性就越好。利用适合的夹具固定面条，如果多次测定，保持测定时的拉断距离相同，启动开关，面条不断被拉紧至超过弹性极限时断裂。所测力值越大，面条弹性越好。用 HDP/PFS 探头测试面条黏性，通过较大的下压力下压一段时间后迅速上提，面条粘住探头的力值即反映其黏性的大小。黏性被定义为最高峰值的力值，该力越大黏性也就越大。

　　口感的松脆是大多数饼干的主要指标。这就要求有适当的硬度，因为硬度太大，咀嚼费劲、不脆；硬度太小，产品不抗震、不利于产品的包装运输。将饼干固定在一定间距的两水平支持臂间，通过一刀刃型探头下压直至试样破碎成两半为止［图 4-7(d)］。所测力值越大，其抗破碎能力就越强，饼干硬度就越大。

　　尽管食物的组织结构具有很复杂的多向特性，较难测量和量化，但通过组织结构参数的量化可以预测流变学性能并对生产工艺进行优化。

　　3.食品质构的生理学检测

　　虽然仪器测定法和感官检验法各有其优点，但都有一定的局限性。如：仪器测定法无法模拟与检测咽部和舌部等口腔复杂的运动及综合感觉，也无法实现在咀嚼速度和咀嚼温度条件下的检测。而感官检验法中，由于咀嚼中质构的变化比风味或气味的变化快，一般来说感官评价员的回答速度跟不上质构的变化速度。因此，近几年开始采用生理学方法来研究人们在摄食过程中的食品物性变化。

　　所谓生理学方法检测，是把传感器贴在口腔中的不同部位，测定口腔中的牙、舌、上颌等部位所受的力或变形随时间的变化规律；利用肌电图或用下颌运动测定仪等手段对人们的咀嚼和吞咽过程进行运动分析，从而得到能够表达质构的客观数据。与仪器测定法和感官检验法相比，该方法可有效识别个体差异，同时将易食性、咀嚼性、易吞性等感觉性质数据化。

　　当测定固体食品的咀嚼力时，可通过埋入压力传感器的义齿得到从咀嚼开始到吞咽的咀嚼力-时间波形图，从而反映不同质构食品的咀嚼力以及整个过程所需的时间与咀嚼次数。

　　（三）食品质构的变化

　　食品的质构如同形状和色泽一样，并不是一成不变的。水果和蔬菜的质构主要取决于所含有的一些复杂的碳水化合物：果胶物质、纤维素、半纤维素、淀粉和木质素。自然界存在着能作用于这些碳水化合物的酶，酶的作用显然会影响果蔬的质地。对于动物组织和高蛋白质植物性食品，蛋白酶作用会导致质地的软化。存放过程中水分的变化也起着重要作用。新鲜果蔬变潮是细胞壁破裂和水分流失的结果，称之为松弛现象。果蔬损失更多的水分时会变得干燥、坚韧、富有咀嚼性，这对于制备杏干、梅干和葡萄干都是非常理想的。但面包和蛋糕在老化过程中损失水分则造成质量缺陷。用蒸汽处理这种老化的面包使其结构变软，能在一定程度上返鲜；而饼干、曲奇、椒盐卷饼则必须防止吸潮，以免质构软化。

　　除未加工食品有质构变化外，加工食品也有质构变化。如油脂是软化剂，也是润滑剂，焙烤工人把油脂掺入糕点配料中使其嫩化。淀粉和许多胶类物质为增稠剂，可提高产品黏度。液态蛋白质也是增稠剂，但随着溶液温度的升高，蛋白质会发生凝结，形成坚硬结构，如同蒸煮过的鸡蛋白或者是熟面包中的面筋一样。糖对质构的影响取决于它在体系中的浓度：为稀溶液时可增加软饮料的品质和口感；为浓缩溶液时可提高黏度和咀嚼性；在浓度更高时可产生结晶、增加体系脆性，如硬糖中那样。

　　食品制造商不仅可以将各种食品组分掺和成无数的混合配料，还可用数种经批准允许使用的食品添加剂与化学试剂来改善食品质构。

　　三、风味要素

　　食品风味的基本概念是：摄入口腔的食品，刺激人的各种感觉受体，使人产生的短时的、综合的生理感觉。食品的风味包括气味和味道。气味有香气、臭味、水果味、腥味等，味道有酸、甜、苦、辣、咸、麻、鲜以及各种味道的复合味道等。由于食品风味是一种主观感觉，所以对风味的理解和评价往往会带有强烈的个人、地区或民族的特殊倾向性和习惯性，如冰岛、澳大利亚等喜好烟熏味，我国四川、湖南等地区喜好辣味，而我国江浙一带则偏好甜味。各种食物或食品具有本身的特定风味，如柑、橙、苹果应有水果味，水产品有特定的腥味等。

人对某种食品风味的可接受性是一种生理适应性的表现，只要是长期适应了的风味，不管是苦、是甜、是辣，人们都能接受，如很多人喜欢苦瓜的苦味和啤酒的苦味。食品的风味与人的习惯口味相一致，就可使人感到舒服和愉悦。相反，不习惯的风味会使人产生厌恶和拒绝情绪。食品的风味决定了人们对食品的可接受性。

（一）色泽与质构对风味的影响

对风味的评判往往受色泽和质构的影响，例如我们常将樱桃、番茄和草莓这类果蔬的风味与红色联系在一起，事实上它们所含的天然香精与化学物质都是无色的。但就本性而言，这些物质存在于具有特征色泽的食品中，所以常常将橘子风味与橘黄色、樱桃风味与红色、莱母酸橙风味与绿色、鸡肉风味与黄色以及牛肉风味与棕色等联系起来。

如果生产的明胶型甜点没有颜色，那么缺乏经验的品尝人员将很难区分它究竟是莱母酸橙风味还是樱桃风味。如果将莱母酸橙风味的甜点染成红色，而将樱桃风味的甜点染成绿色，那么这个困难就会更大。奶油和人造奶油可以通过添加染色剂进行着色处理，许多顾客都会认为，两种样品中黄色的那个具有较重的奶油风味，但事实并不一定如此。这也是为什么风味评价中常采用"暗室"的原因，因为有色照明光源是避免色泽干扰的一种手段。

质构同样也会产生误导作用。例如，两种完全相同的调味肉汁样品，其中一个用没有任何味道的植物胶做增稠处理，很多人都会认为较稠样品的风味更浓郁些，这完全是心理因素造成的。然而，心理反应和生理反应之间的界线并不总是很容易划清的。人类舌苔的感应模式很复杂，至今仍没有完全弄明白。有些化学物质能够影响其他化合物的味道，因此利用增稠物质切实地影响食品的口味和气味是完全可能的。例如，当增稠剂影响风味物质的溶解度或挥发性时，它对嗅觉和味觉的间接影响也是十分明显的。

（二）风味的感官分析

感官分析是以人的感觉器官作为"测量仪器"的一种分析方法，其应用范围十分广泛，尤其在食品风味的质量评价和偏爱性的选择方面，它有不可取代的地位和作用。

感官分析，按其不同分析目的可分为两大类，即分析型和偏好型。评价员小组对商品质量特征、质量等级作出描述、评分或判断的感官分析属于分析型。如对糖果的香型和滋味作出评价或描述。

分析型感官分析也称"I"型或"A"型感官分析。A型感官分析对于评价员、评价基准和试验条件都有严格要求。首先，评价员应经过适当选择和训练，达到并维持在一定的水平。人员的选择依据是他们对风味的敏感程度，经培训后应能够识别某种特殊产品（如咖啡或葡萄酒）的特征或缺陷。其次，评价基准要标准化。对于各种商品或食品的评价要预先统一规定评价使用的术语、评分标度（或尺度）、评价项目指标和等级的定义等。必要时，还应制作标准样品。最后，试验条件要规范化。评定室的照明、温度、气流或隔音等对评价试验有影响的因素都要有一定的规定并保持稳定。试验样品的制备、保存、传送等都要有操作章程。典型的评定室设有独立的小间将感官评定员分隔开来，从而避免他们通过对话或面部表情相互影响。如果条件适合，小间内可用有色光源照明，以避免色泽的干扰。将食物样品从一个关闭的窗口里传给感官评定员，所以他们看不到样品是如何制备的，从而避免制备过程的影响。另外，样品应用字母编号以避免术语和商品名称可能会产生的影响。品尝人员在味觉尚未迟钝前一次能可靠判断的样品数也是极其有限的，而且这通常还要视产品而定，但一般不多于五个。感官评定室中往往设有洗漱设备供品尝时漱口用，吃些不加盐的饼干，也可达到这个目的。

偏好型感官分析是以样品去测量人群对它的感官反应。如新的食品试制出来，经过评价员鉴定，但在投放市场之前需要测量消费者喜欢或不喜欢这种食品。这类感官分析也称"2"型或"B"型感官分析。偏好型感官分析选择受试人群要有一定的人数和代表性，但不要经过训练，也不规定统一的评价标准和试验条件。因此，对于同一样品，不同的人，因其心理、生理、习俗、知识水平、民族、地域、季节等主客观因素的不同，会得出相差很大的评价。加辣椒有的人爱吃，有的人则不敢吃，这并不说明辣椒质量的好与坏，也不能说吃辣椒好或不好。从偏爱型感官分析结果只能得出某些人群喜欢某种产品的结论。

向每个感官评价员发一张评价表。评价表有很多类型，其中一种设有样品栏及各种描述语，如十分喜欢、喜欢、既不喜欢也不讨厌、讨厌、十分讨厌。感官评价员针对每个样品选择一项评语，也可填上附加意见。每个评语由感官评定小组组长分配一个分数，比如5代表非常喜欢，1代表非常讨厌。当所有的评价表都完成以后，小组长将结果制成表格，求平均值。风味或其他质量要素的数字等级尺度被称作愉悦尺度。

品尝小组在参与研究工作、产品开发或对新产品与竞争产品进行评价时，并不局限于风味评价，质构、色泽和许多其他质量要素都可用这种技术进行有意义的测定。

由于感官分析把人的感觉器官作为测量仪器来测定商品的属性和质量，与仪器分析比较，具有不同的特点。以气相色谱仪和评香专家对食品风味挥发性成分的分析和评价为例，两者的不同特点列于表4-4中。由此可见，感官分析与仪器分析有各自的优势与欠缺，可以互相补充和验证，但不可互相替代，如食品风味给人的快感、食品风味的可接受性等，只能用感官分析来判断和认定；食品风味中是否存在有害的成分，往往感官分析不能作出判断，只有仪器分析才能解决问题；食品风味中化学组分的性质和含量与其香味的相关性，则需要两者相互配合才能弄清楚。

表 4-4　气相色谱仪与评香专家对食品风味测量的比较

比较项目	气相色谱仪	评香专家
测量方法	分离器	综合感受
测量结果	色谱峰面积（数值）	风味描述或记分
测量精度	精密度高，重现性好，可以校正，不疲劳，无时间和顺序效应	重现性差，不能校正，有疲劳、适应、时间顺序效应和主观心理及生理因素影响
测量信息	能测量出化学成分和含量，但不能测量快感和偏好	不能辨别化学成分和含量，能感受快感特征、偏好程度等
测量灵敏度	对有些化合物的测量灵敏度不如感官分析	对某些化合物的感觉灵敏度比仪器分析高得多

（三）食品加工与风味

1. 食品加工中风味与营养的关系

食品风味物质（主要是香气成分）形成的基本途径，除了一部分是由生物体直接生物合成之外，其余都是通过在储存和加工中的酶促反应或非酶反应而生成。这些反应的前体物质大多来自于食品中的营养成分，如糖类、蛋白质、脂肪以及核酸、维生素等。因此，从营养学的观点来考虑，食品在储存、加工过程中生成风味成分的反应是不利的。这些反应使食品的营养成分受到损失，尤其使那些人体必需而自身不能或不易合成的氨基酸、脂肪酸和维生素得不到充分利用。当反应控制不当时，甚至还会产生抗营养的或有毒性的物质，如稠环化合物等。

若从食品工艺的角度看，食品在加工过程中产生风味物质的反应既有有利的一面，也有不利的一面。如前者增加了食品的多样性和商业价值等，后者降低了食品的营养价值、产生不期望的褐变等。这很难下一个肯定或否定的结论，要根据食品的种类和工艺条件的不同来具体分析。例如，对于花生、芝麻等食物的烘炒加工，在其营养成分尚未受到较大破坏之前，即已获得良好风味，而且这些食物在生鲜状态也不大适于食用，因而这种加工受到消费者欢迎。对咖啡、可可、茶叶或酒类、酱、醋等食物，在发酵、烘烤等加工过程中其营养成分和维生素虽然受到了较大破坏，但同时也形成了良好的风味特征，而且消费者一般不会对其营养状况感到不安，所以这些变化也是有利的。有些烘烤或油炸食品，如面包、饼干、烤肉、烤鸭、炸鱼、炸油条等，其独特风味虽然受到人们的偏爱，但如果是在高温下长时间烘烤油炸，会使其营养价值大为降低，尤其是重要的限制氨基酸——赖氨酸的明显减少，这也是消费者所关心的。

2. 食品香气的控制与增强

为了解决或减轻营养成分与风味间可能存在的某些矛盾，加强食品的香气，世界各国的食品科技工作者都十分重视对食品香气的控制、稳定或增强等方面的研究。

（1）控制作用　酶对食品（尤其是植物性食品）香气物质的形成，起着十分重要的作用。水果的香味主要通过酶促作用生物合成，如桃、苹果、梨和香蕉等随着果实的逐渐成熟香气逐渐变浓。但人工催熟的水果香气不如自然成熟的好。在食品的储存和加工过程中，除了采用加热或冷冻等方法来抑制酶的活性外，如何通过采用加酶的方法使加工食品恢复某些新鲜香气或消除某些异味，目前也正在研究和探索中。如为了提高乳制品的香气特征，可利用特定的脂肪酶，以使乳脂肪更多地分解出有特征香气的脂肪酸。

发酵过程是将微生物加入食物内并进行有控繁殖的过程。发酵香气主要来自微生物的代谢产物，例如，发酵乳制品的微生物有三种类型：一是产生乳酸的细菌；二是产生柠檬酸和发酵香气的细菌；三是产生乳酸和香气成分的细菌。其中第三类菌能将柠檬酸在代谢过程中产生的α-乙酰乳酸转变成具有发酵乳制品特征香气的丁二酮，故有人也将它叫作芳香细菌。因此，可以通过选择和纯化菌种来控制香气。有时也可以利用微生物的作用来抑制某些气味的生成。例如，脂肪和家禽肉在储存过程中会生成气味不良的低级脂肪醛类化合物。有人利用一种假单胞菌属（*Pseudomonas*）的微生物，能抑制部分低级脂肪酸的生成，并且还会使过氧化物的含量降低。

（2）稳定和隐蔽作用　对香气物质由于蒸发原因而造成的损失，可以通过适当的稳定作用来防止。在一定条件下使食品中香气成分的挥发性降低的作用，就是一类稳定作用。稳定作用必须是可逆的，否则会造成对香气成分的损失而毫无意义。目前对食品香气的稳定作用大致有两种方式。

① 微胶囊包埋。形成包含物，即在食品微粒表面形成一种水分子能通过而香气成分不能通过的半渗透性薄膜。这种包含物一般是在食品干燥过程中形成的。组成薄膜的物质有纤维素、淀粉、糊精、果胶、琼脂、羧甲基纤维素等。它们通常能与较大分子的营养物或香气成分结合而不能与水分子结合，当加入水后又易将香气成分释放出来。

② 物理吸附作用。对那些不能形成包含物的香气成分，可以通过物理吸附作用（如溶解或吸收）而与食物成分结合。一般液态食品比固态食品有较大的吸附力；脂肪比水有更大的黏结性；大分子量的物质对香气的吸收性较强等。

（3）食品香气的增强　目前，主要采用两种途径来增强食品香气。一是加入食用香精以达到直接增加香气成分的目的；二是加入香味增强剂，提高和改善嗅细胞的敏感性，加强香气信息的传递。食品的鲜味主要来自各种氨基酸。食品生产者往往通过添加谷氨酸钠、琥珀酸和肌苷酸等来增强食品的鲜味。

四、其他质量要素

除了上述可被感官感觉的质量要素外，食品要能被大规模生产并进入商业流通领域，还必须具备以下几种非常重要的质量要素。

1. 营养质量

食品是人类为满足人体营养需求的最重要的营养源，提供了人体活动所需的化学能和生长所需的化学成分。食品中的营养成分按大类主要有蛋白质、碳水化合物、脂肪、维生素、矿物质、膳食纤维。此外，水和空气也是人体新陈代谢过程中必不可少的物质。一般在营养学中水被列为营养素，但食品加工中不将其视为营养素。

一种食品的最终营养价值不仅取决于营养素全面和均衡，而且还体现在食品原料获得、加工、储藏和生产全过程中的稳定性和保持率方面，以及体现在营养成分是否以一种能在代谢中被利用的形式存在，即营养成分的吸收率和生物利用度的高低。食品只有被消化吸收以后，才有可能成为人体的营养素。食品加工过程中的去粗存精不仅是为提高食品的营养价值，而且也是提高食品易消化性的重要措施。但加工必须适度，不然反而会造成营养素的流失，甚至可能引起疾病。例如，全面粉中维生素的含量高于精面粉，如长期偏食精面粉有可能出现维生素 D 缺乏症。又如，若人体摄入的不消化膳食纤维过少就容易引起便秘等症。

通常采用化学方法或仪器分析的方法测定食品中某种特殊营养成分的含量对其营养质量进行评价。在很多情况下，这并不十分充分，还必须采用动物饲养实验或相应的生物试验方法。动物饲养实验在评价蛋白质资源质量时尤为常用。此时，蛋白质含量、氨基酸组成、消化性能以及氨基酸吸收之间的相互作用均会影响生理价值的测定。目前，工业化牲畜喂养绝大多数都建立在营养质量的测定基础之上，但令人遗憾的是人们自己却很少这样来选择食物。

2. 卫生和安全质量

食物中会天然存在或无意污染一些有毒有害物质，存在危害，存在引起健康损害的危险性。因此在食品加工过程中，从使用的原料到使用的工器具和设备、工艺处理条件、环境以及操作人员的卫生，须采取一定的预防措施控制或减少危害，以使食品在可以接受的危险度下，不会对健康造成损害。如将原料或成品高速通过装有 X 射线的设备可发现其中的杂质，如玻璃、石块和金属屑等。

导致食品不安全的因素有微生物、化学、物理等方面，可以通过食品卫生学意义的指标来反映。微生物指标主要有细菌总数、致病菌、霉菌等；化学污染指标有重金属如铅、砷、汞等，农药残留和药物残留如抗生素类和激素类药物等；物理性因素包括食品在生产加工过程中吸附、吸收的外来放射性核素，或混入食品的杂质超标，或食品外形引起食用危险等安全问题，如冻体积太大引起婴幼儿吞咽危险，食品包装中放有玩具而使儿童误食等。此外，还有其他不安全因素如疯牛病、禽流感、假冒伪劣产品、食品添加剂的不合理使用以及对转基因食品存在的疑虑等。

世界各国政府对食品的安全卫生问题均十分重视，并纷纷以立法的形式来保障食品的安全与卫生质量。我国也于 1996 年颁布了《中华人民共和国食品卫生法》，对食品的生产、包装、包藏、运输、销售提出了明确的卫生要求（"食品卫生标准"），以对消费者的健康和权益提供根本的法律保证。

3. 耐藏性能

食品营养丰富，因此也导致了其极易腐败变质。为了保证持续供应和地区间交流以及最重要的食品品质和安全性，食品必须具有一定的耐藏性能或者说储藏稳定性，在一定的时期内食品应该保持原有的品质或加工时的品质。食品的品质降低到不能被消费者接受的程度所需要的时间被定义为食品货架寿命或货架期，货架寿命就是商品仍可销售的时间，又称为保藏期或保存期。

一种食品的货架寿命取决于加工方法、包装和储藏条件等许多因素，如牛乳在低温下比室温储藏的货架寿命要长；灌装和高温杀菌牛乳可在室温下储藏，并比消毒牛乳低温储藏的货架寿命更长。食品货架寿命的长短可根据需要而定，应有利于食品储藏、运输、销售和消费。

通常，储藏试验需一年或者一年以上的时间才有意义，因此普遍采用加速储藏实验法，即把食品置于某种特别恶劣的条件下（温度、湿度）储藏，在较短时间内展现食品将要产生的质量缺陷，并将试验结果外推（合理的推测）得到正常储藏条件下的货架寿命。加速储藏实验时需特别小心，因为极端温度或其他变量常常会改变食品质量劣变的类型。如果储藏的条件不适宜，食品就会发生我们所不期望的化学变化。

4. 方便性

食品作为日常的快速消费品而言，应切实从消费者的实际出发，具有方便实用性，应便于食用、携带、运输及保藏。食品通过加工就可以提供方便性，如液体食物的浓缩、干燥就可节省包装，为运输和储藏提供方便性。近年来伴随着食品科技的发展，食品的食用方便性也得到了快速发展，在包装容器以及外包装上的发展则反映了方便性这一特性，易拉罐、易拉盖、易开包装袋大大方便了消费者的开启；而一些净菜、配菜、盆菜食品、微波食品等的出现则为现代快节奏生活的家庭用餐消费者大大提供了方便，为家务劳动社会化提供了快捷便利。这些类型的食品对制备供应速度、保藏条件和包装容器如带自加热的装置或可微波材料都有着专门的要求。食品的方便性充分体现了食品人性化的一面，将直接影响食品消费者的可接受性，是食品不容忽视的一个重要方面。

第二节　食品变质的主要原因

所有的食品在储藏期间都会经历不同程度的变质。变质可能包括感官品质、营养价值、安全性及美学上吸引力的降低。食品变质的主要原因包括如下几个方面：①微生物的生长和活力，主要是细菌、酵母和霉菌；②食品自身中的酶和其他化学反应的活力；③虫、寄生虫和鼠的侵袭；④对某一食品不适当的温度；⑤失去或得到水分；⑥与氧的反应；⑦光；⑧机械压力或机械损伤；⑨时间。这些因素可分为生物学的、物理的和化学的。

一、生物学因素

生物危害包括有害的细菌、病毒、寄生虫。食品中的生物危害既有可能来自于原料，也有可能来自于食品的加工和储藏过程。

（一）微生物

在食品腐败变质过程中，微生物起着决定性的作用。能引起食品发生变质的微生物种类很多，主要有细菌、酵母菌和霉菌，其尺寸大小见图 4-8。

1. 微生物引起食品腐败变质的特点

（1）细菌　不管食品是否经过加工处理，在绝大多数场合，其变质主要原因是细菌引起的。一般细菌都有分解蛋白质的能力。多数通过分泌胞外蛋白酶来完成。

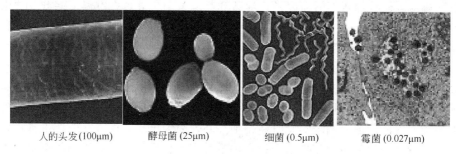

| 人的头发(100μm) | 酵母菌 (25μm) | 细菌 (0.5μm) | 霉菌 (0.027μm) |

图 4-8　微生物的大小

其中分解能力较强的菌属有芽孢杆菌属、梭状芽孢杆菌属、假单胞菌属、变形杆菌属等。分解淀粉的细菌种类不及分解蛋白质的种类多，其中只有少数菌种能力较强。例如引起米饭发酵、面包黏液化的主要菌种是枯草芽孢杆菌、巨大芽孢杆菌、马铃薯芽孢杆菌。分解脂肪能力较强的细菌有荧光假单胞菌等。

（2）酵母菌　在含碳水化合物较多的食品中容易生长发育，而在含蛋白质丰富的食品中一般不生长；在 pH 值 5.0 左右的微酸性环境中生长发育良好。容易受酵母菌作用而变质的食品有蜂蜜、果酱、果冻、果酒等。

（3）霉菌　霉菌易在有氧、水分少的干燥环境中生长发育，在富含淀粉和糖的食品中也容易滋生霉菌。出于霉菌的好气性，无氧的环境可抑制其侵害，在水分含量 15% 以下，可抑制其生长发育。

食品的安全和质量依赖于微生物的初始数量、加工过程的除菌和防止微生物生长的环境控制。食品由碳水化合物、蛋白质等多种成分组成，所以食品的腐败变质并非一种原因所致，大多数是由细菌、霉菌或酵母菌同时污染、作用的结果。容易引起食品污染的微生物和由微生物引起腐败的食品的对应关系如图 4-9 所示。表 4-5 列举了部分常见食品的腐败类型和引起腐败的微生物。

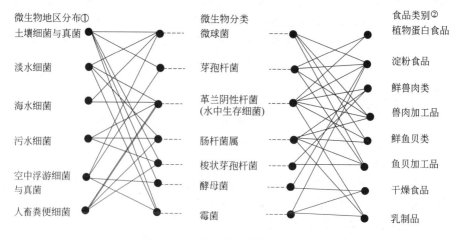

图 4-9　食品中微生物菌相的来源

①经常占优势的微生物；②腐败时占优势的微生物

表 4-5 部分食品腐败类型和引起腐败的微生物

食 品	腐 败 类 型	微 生 物
面包	发霉	黑根霉（*Rhizopus nigricans*）
		青霉属（*Penicillium*）
		黑曲霉（*Aspergillus niger*）
	产生黏液	枯草芽孢杆菌（*Bacillus subtilis*）
糖浆	产生黏液	产气肠杆菌（*Enterobacter aerogenes*）
		酵母属（*Saccharomyces*）
	发酵	接合酵母属（*Zygosacchromyces*）
	呈粉红色	玫瑰色微球菌（*Micrococcus roseus*）
	发霉	曲霉属（*Aspergillus*）
		青霉属
新鲜水果和蔬菜	软腐	根霉属（*Rhizopus*）
		欧文杆菌属（*Erwinia*）
	灰色霉菌腐烂	葡萄孢属（*Botrytis*）
	黑色霉菌腐烂	黑曲霉
		假单胞菌属（*Pseudomonas*）
泡菜、酸菜	表面出现白膜	红酵母属（*Rhodotorula*）
新鲜肉	腐败变臭	产碱菌属（*Alcaligenes*）
		梭菌属（*Clostridium*）
		普通变形菌（*Proteus vulgaris*）
		荧光假单胞菌（*Pseudomonas fluorescens*）
	变黑	腐败假单胞菌（*Pseudomonas putrefaciens*）
	发霉	曲霉属、根霉属、青霉属
冷藏肉	变酸	假单胞菌属
		微球菌属（*Micrococcus*）
	变绿色、变黏	乳杆菌属（*Lactobacillus*）
		明串珠菌属（*Leuconostoc*）
鱼	变色	假单胞菌属
	腐败	产碱菌属
		黄杆菌属（*Flavobacterium*）
		腐败桑瓦拉菌（*Shewanella putrefaciens*）
蛋	绿色腐败、褪色腐败	荧光假单胞菌
		假单胞菌属
	黑色腐败	产碱菌属
		变形菌属
浓缩橘汁	失去风味	乳杆菌属
		明串珠菌属
		醋杆菌属（*Acetobacter*）
家禽	变黏、有气味	假单胞菌属
		产碱菌属

2. 微生物引起食品变质的基本条件

（1）食品的营养成分 食品含有蛋白质、糖类、脂肪、无机盐、维生素和水分等丰富的营养成分，是微生物的良好培养基。因而微生物污染食品后很容易迅速生长繁殖造成食品的变质。但由于不同的食品，上述各种成分的比例差异很大，而各种微生物分解各类营养物质的能力不同，这就导致了引起不同食品腐败的微生物类群也不同。

（2）食品的 pH 值　微生物的生长发育需要适宜的 pH 值环境。大多数细菌，尤其是病原细菌，易在中性至微碱性环境中生长繁殖，在 pH 值 4.0 以下的酸性环境中，其生长活动会受到抑制。比如，果汁饮料等一些高酸性食品，可防止或减少细菌的生长。霉菌和酵母菌则一般能在酸性环境中生长发育。细菌、酵母菌和霉菌的生长发育程度与 pH 值的关系见图 4-10。对于耐酸性，霉菌＞酵母菌＞细菌。酸性越强，抑制细菌生长发育的作用越显著。微生物对热的抵抗性（耐热性）在最适宜的发育 pH 值范围内较强，但离开最适宜的 pH 值范围则其耐热性变弱。因此，使 pH 值降低至 4.6 以下，细菌的生长发育受抑制的同时，其耐热性也变弱，即使是耐热性极强的细菌芽孢，也容易被杀灭。一般以 pH 值 4.6 为界限，pH 值 4.6 以上环境宜采用加压高温杀菌，pH 值 4.6 以下环境采用常压（100℃ 以下）杀菌。pH 值 4.6 以下，霉菌和酵母菌虽能生长发育，但其耐热性较弱，在 70～80℃ 就能将其杀灭。

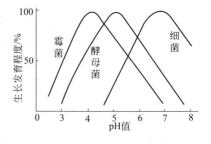

图 4-10　微生物生长发育程度
与 pH 值的关系

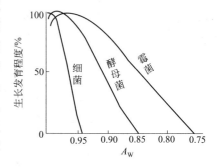

图 4-11　微生物的生长发育与
水分活度的关系

（3）食品的水分　水分是微生物生命活动的必要条件。干制品由于脱去了自由水分，因而能防止细菌、酵母菌和霉菌的生长。水分活度是对微生物和化学反应所能利用的有效水分的估量。通过控制水分活度（A_W）可防止微生物的生长。不同的微生物，其生长发育所要求的最低 A_W 也不同（图 4-11）。一般情况下，大多数细菌要求 $A_W > 0.94$，大多数酵母菌要求 $A_W > 0.88$，大多数霉菌要求 $A_W > 0.75$。微生物对 A_W 的要求也有例外的情况，而且受环境条件影响。

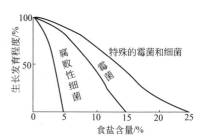

图 4-12　微生物的生长发育
与食盐含量的关系

（4）食品的渗透压　渗透压与微生物的生命活动有一定的关系。如将微生物置于低渗溶液中，菌体吸收水分发生膨胀，甚至破裂；若置于高渗溶液中，菌体则发生脱水，甚至死亡。一般来讲，微生物在低渗透压的食品中有一定的抵抗力，较易生长；而在高渗食品中，微生物常因脱水而死亡。盐腌和糖渍的原理就是利用盐和糖溶液在高浓度时具有较高的渗透压，从而抑制微生物的生长。当然不同微生物种类对渗透压的耐受能力大不相同,微生物的生长发育与食盐含量的关系见图 4-12。

(5) 食品的环境条件 微生物与氧有着十分密切的关系。一般来讲,在有氧的环境中,微生物进行有氧呼吸,生长、代谢速度快,食品变质速度也快;缺乏氧条件下,由厌氧性微生物引起的食品变质速度较慢。氧存在与否决定着兼性厌氧微生物是否生长和生长速度的快慢。例如当 Aw 值是 0.86 时,无氧存在情况下,金黄色葡萄球菌不能生长或生长极其缓慢,而在有氧情况下则能良好生长。

根据微生物对温度的适应性,可将微生物分为嗜冷性、嗜温性和嗜热性三个类群。每一类群微生物都有最适宜生长的温度范围,但这三群微生物又都可以在 20~30℃之间生长繁殖。当食品处于这种温度的环境中,各种微生物都可生长繁殖而引起食品的变质。细菌、酵母菌和霉菌的生长温度与热致死条件见表 4-6。

表 4-6 一般微生物的生长温度与热致死条件

种 类		热致死条件		生长温度/℃	
		温度/℃	时间/min	最适	界限
霉菌	菌丝	60	5~10	25~30	15~37
	孢子	65~70	5~10		
酵母菌	营养细胞	55~65	2~3	27~28	10~35
	孢子	60	10~15		
细菌	营养细胞	63	30	35~40	5~45
	孢子	>100			

空气中的湿度对于微生物生长和食品变质来讲,起着重要的作用,尤其是未经包装的食品。例如把含水量少的脱水食品放在湿度大的地方,食品则易吸潮,表面水分迅速增加。长江流域梅雨季节,粮食、物品容易发霉,就是因为空气湿度太大(相对湿度在 70%以上)的缘故。

(二) 害虫和啮齿动物

干制农产品及冷藏品等食品,常受害虫和老鼠等的侵害而变质。

1. 害虫

害虫对于食品储藏具有很大危害性,它不仅是某些食品储藏损耗加大的直接原因,而且由于害虫的繁殖、迁移,以及它们所遗弃的排泄物、皮壳和尸体等还会严重污染食品,使食品丧失商品价值。害虫的种类繁多,分布广泛,并且躯体小、体色暗、繁殖快、适应性强,多隐居于缝隙、粉屑或食品组织内部,所以一般食品的仓库中都有可能有害虫存在。目前对食品危害性大的害虫主要有甲虫类、蛾类、蟑螂类和螨类。如危害禾谷类粮食及其加工品、水果蔬菜的干制品等的主要是象虫科的米象、谷象、玉米象等甲虫类。蛾类所危害的食品主要是米、面粉、代乳粉、奶粉、豆粉、茶叶及水果蔬菜干制品等。蟑螂类主要危害食糖、糖果、糕点、其他甜食品及腌腊肉食品等。螨类性喜潮湿环境,多发现于湿度大的库房和潮湿的食品中。

防治害虫的方法,可从以下几个方面着手:①加强食品仓库和食品本身的清洁卫生管理，消除害虫污染和藏匿、滋生的环境条件，这项基础性的工作对害虫的发生起着防患于未然的作用；②通过环境因素中的某些物理因子（如温度、水分、氧、放射线等）的作用达到防治害虫的目的，如高温、低温杀虫，高频加热或微波加热杀虫，辐射杀虫，气调杀虫等；③利用各种机械的力量，使害虫因震动呈假死状态，再根据虫体与食品的相对密度、大小、形状以及在气流中所受阻力不同等物理特性的差异，以不同孔径的震动筛或不同风量、风速的风选设备使害虫分离出来；④利用高效、低毒、低残留的化学药剂（防护剂、熏蒸剂和激素剂）杀虫。

2. 啮齿动物

鼠类是食性杂、食量大、繁殖快和适应性强的啮齿动物。鼠类对食品储藏的危害极为严重。鼠类有咬啮物品的特性，因此对包装食品及其他包装物品均有危害。鼠类还能传播多种疾病。鼠类排泄的粪便、咬食物品的残渣也能污染食品和储藏环境，使之产生异味，影响食品卫生，危害人体健康。

防治鼠害应贯彻"防灭结合，防为基础"的基本原则。目前采用的防鼠方法主要有：①建筑防鼠法，即利用建筑物本身与外界环境的隔绝性能，防止鼠类进入库内使食品免受鼠害；②食物防鼠法，是通过加强食品包装和储藏食品容器的密封性能等，断绝鼠类食物的来源，达到防鼠的目的；③药物及仪器防鼠法，是利用某些化学药物产生的气味或电子仪器产生的声波，刺激鼠类的避忌反应，使鼠类逃避，从而起到防鼠作用。在仓库中常用的灭鼠方法有以下两种：①化学药剂灭鼠法，是利用有毒化学药剂（灭鼠剂、化学绝育剂、熏蒸剂）等毒杀或驱避鼠类；②器械灭鼠法，是利用力学原理以机械捕杀鼠类，如捕鼠夹、电子捕鼠器等。

二、化学因素

（一）食品酶类

酶是生物体的一种特殊蛋白质，具有高度的催化活性，能降低反应的活化能。绝大多数食品来源于生物界，尤其是鲜活和生鲜食品，体内存在着具有催化活性的多种酶类。因此食品在加工和储藏过程中，由于酶的作用，特别是氧化酶类、水解酶类的催化会发生多种多样的酶促反应，造成食品颜色、质构、风味和营养质量的变化（表4-7）。除了存在于食品原料的内源酶外，因微生物污染而引入的酶也参与催化食品原料中的反应。

表 4-7 引起食品质量变化的主要酶类及其作用

酶	酶 的 作 用
多酚氧化酶	催化酚类物质的氧化、褐色聚合物的形成
多聚半乳糖醛酸酶	催化果胶中多聚半乳糖醛酸残基之间的糖苷键水解，导致组织软化
果胶甲酯酶	催化果胶中半乳糖醛酸酯的脱酯作用，可导致组织硬化
脂肪氧合酶	催化脂肪氧化，导致臭味和异味产生
抗坏血酸氧化酶	催化抗坏血酸氧化，导致营养素的损失
叶绿素酶	催化叶绿醇环从叶绿素中移去，导致绿色的丢失

酶的活性受温度、pH值、水分活度等的影响。经过加热杀菌的加工食品，酶的活性被钝化，可以不考虑由酶作用引起的变质。但一般加工原料中有酶存在，在

原料处理阶段就会发生酶引起的变化。与食品变质有关的主要酶类有以下几种。

1. 氧化酶类

（1）酚酶（phenolase）　食品在加工和储藏中常出现褐变或黑变，如莲藕、马铃薯、香蕉、苹果、桃、枇杷等果实，剥皮或切分后，出现褐色或黑色。这是由于果蔬中含有的单宁物质，在氧化酶类的作用下发生氧化变色的结果。目前已知参与酶褐变的氧化酶主要是酚酶或多酚氧化酶（polyphenol oxidase），底物是食品中的一些酚类、黄酮类化合物和单宁物质。酚酶和多酚氧化酶需要有铜作为辅基，并在有氧参与时催化褐变反应。控制酶的活性（热烫处理、降低 pH 值）和采取隔氧措施，就可以减少或完全避免食品的酶促褐变。比如：果蔬剥皮或切分后，浸泡在水中隔离空气，在浸泡溶液中添加还原性物质如维生素 C 或抑制酶活性的物质就可防止变色。为了完全钝化酶的活性，通常在热水或蒸气中漂烫 $2\sim3min$，这种工艺处理在果蔬食品干制、糖渍、速冻、罐藏加工中普遍采用。

（2）脂肪氧合酶（lipoxygenase）　脂肪氧合酶存在于各种植物尤其是豆科植物中，以大豆中含量最高。同脂肪自动氧化一样，脂肪氧合酶催化不饱和脂肪酸的氧化，生成短链脂肪酸，也会导致食品产生异味。豆类冻藏过程中产生的异味、大豆加工过程中产生的"豆腥味"、大麦储藏过程中产生的"纸板"味等皆与脂肪氧合酶的活动有关。另外，脂肪氧合酶对某些色素具有漂白作用，破坏叶绿素和胡萝卜素。由于脂肪氧合酶在低温下仍有活力，故未漂烫的冷冻青豆、蚕豆等长时间冻藏时仍会产生异味，造成色素的损失等。

其他氧化酶类，如过氧化物酶（peroxidase）、抗坏血酸氧化酶（ascorbic acid oxidase）等也会引起食品颜色和风味的变化及营养成分的损失。

2. 脂肪酶

脂肪酶（lipase）存在于所有含脂肪的组织中，如哺乳动物体内有胰脂酶。胰脂酶能将脂肪分解为甘油和脂肪酸而引起食品酸败。牛奶、奶油、干果类等含脂食品的变质常常是由于其中所含脂肪酶的作用使游离脂肪酸增加所致。

3. 果胶酶

果胶酶（pectic enzyme）主要为多聚半乳糖醛酸酶（polyalacturonase）和果胶甲酯酶（pectin methylesterase）。果胶物质是所有高等植物细胞壁和细胞间层中的成分，也存在于细胞汁液中，对于水果、蔬菜的食用质量有很大影响。在香蕉、柿子、桃、番茄等果蔬成熟时，可以观察到由于果胶酶类作用引起的果实软化现象。这是由于存在于细胞壁及细胞间的果胶物质在酶的作用下，水解变成水溶性状态的结果。要防止这种软化是不容易的，用 CO_2 处理可延缓这种变化。在番茄酱和柑橘汁等食品中，也常因果胶酶分解果胶物质，使产品的黏度和浊度降低，使原来分散状态的固形物失去了依托而产生沉淀，降低了这些食品的质量。

（二）非酶作用

非酶褐变，主要有美拉德反应、焦糖化反应以及抗坏血酸氧化引起的褐变等。这些褐变常常由于加热及长期的储藏而发生。

美拉德反应（Maillard reaction）又称羰氨反应，即指羰基与氨基经缩合、聚合生成类黑色素的反应。几乎所有的食品均含有羰基（来源于糖或油脂氧化酸败产生的醛和酮）和氨基（来源于蛋白质），因此都可能发生羰氨反应。焙烤面包产生的金黄色，烤肉所产生的棕红色，熏干产生的棕褐色，松花皮蛋蛋清的茶褐色，啤酒的黄褐色，发酵酱油的黑褐色均基于此反应。然而对于某些食品，由于褐变反应可引起其色泽变劣，则要严格控制，如乳制品、植物蛋白饮料的高温杀菌等。

美拉德反应所引起的褐变反应，与氨基化合物和糖的结构有密切关系。含氮化合物中的胺、氨基酸中的盐基性氨基酸反应活性较强。糖类中凡具有还原性的单糖、双糖（麦芽糖、乳糖）都能参加这一反应，其中反应活性以戊糖（木糖）最强，己糖次之，双糖最低。褐变的速度随温度升高而加快，温度每上升 10℃ 反应速度增加 3～5 倍。食品的水分含量高则反应速度加快，如果食品完全脱水干燥则反应趋于停止。但干制品吸湿受潮时会促进褐变反应。美拉德反应在酸性和碱性介质中都能进行，但在碱性介质中更容易发生，一般是随介质的 pH 值升高而反应加快，因此高酸性介质不利于美拉德反应进行。氧、光线及铁、铜等金属离子都能促进美拉德反应。防止美拉德反应引起的褐变可以采取如下措施：降低储藏温度，调节食品水分含量，降低食品 pH 值，使食品变为酸性；用惰性气体置换食品包装材料中的氧气；控制食品转化糖的含量；添加防褐变剂如亚硫酸盐等。

食品成分与包装容器的反应，如与金属罐的金属离子反应也会引起食品变质。含酸量高的原料做成果汁时容易使罐壁的锡溶出，如菠萝、番茄等要特别注意。桃、葡萄等含花青素的食品罐藏时，与金属罐壁的锡、铁反应，颜色从紫红色变成褐色。此外，甜玉米、芦笋、绿豆等以及鱼肉、百合加热杀菌时产生的硫化物，常会与铁、锡反应产生紫黑色、黑色物质。单宁物质含量较多的果蔬，也容易与金属罐壁起反应而变色。罐藏这类食品时，应使用涂料罐，以防止变色。

加工过程中，加工用水、用具中的铁离子、铜离子，与食用菌类、栗子、莲藕、芋头、绿茶等含单宁食品接触，会产生紫黑色。因此，若加工用水中含有铁质，就不能得到色泽良好的制品。

（三）氧化作用

氧化作用会引起富含脂肪的食品酸败，产生刺激性或酸败臭味，降低食品营养价值，甚至产生一些有毒性的化合物，使食品不能被消费者接受。脂肪的氧化酸败，主要是脂肪水解的游离脂肪酸，特别是不饱和游离脂肪酸的双键容易被氧化，生成过氧化物并进一步分解的结果。这些过氧化物大多数是氢过氧化物，同时也有少量的环状结构的过氧化物。它们的性质极不稳定，容易分解为醛类、酮类以及低分子脂肪酸类等，使食品带有哈喇味。在氧化酸败变化过程中，氢过氧化物的生成是关键步骤。这不仅是由于它的性质不稳定，容易分解和聚合而导致脂肪酸败，而且还由于一旦生成氢过氧化物后，氧化反应便以连锁方式使其他不饱和脂肪酸迅速变为氢过氧化物，因此脂肪氧化酸败是一个自动氧化的过程。

一般脂肪自动氧化过程可分为引发期、链传递和终止期三个阶段。对于脂肪自动氧化酸败的防止，应该在引发期，即自由基刚刚形成时，添加抗氧化剂将自动氧化的连锁反应阻断，才能收到良好的效果。否则，当大量自由基出现，脂肪自动氧化已进入链传递阶段时，采取防止措施也难以达到预期的效果。

脂肪的氧化受温度、光线、金属离子、氧气、水分等因素的影响。因此，食品在储藏过程中采取低温、避光、隔绝氧气、降低水分、减少与金属离子的接触、添加抗氧化剂等措施，都可以防止或减轻脂肪氧化酸败对食品产生的不良影响。

三、物理因素

物理因素引起的食品变质，经常伴随有化学反应。物理因素包括温度、水分、光等，是诱发和促进化学反应的原因。

1. 温度

温度升高引起食品的腐败变质，主要表现在影响食品中发生的化学变化和酶催化的生物化学反应速度以及微生物的生长发育程度等。

根据范特霍夫（Van't Hoff）规则：温度每升高 10℃，化学反应的速度增加 2～4 倍。这是由于温度的升高，反应速度常数 k 值增大的缘故。在生物科学和食品科学中，范特霍夫规则常用 Q_{10} 表示，并被称为温度系数（temperature coefficient），即

$$Q_{10} = \frac{v_{(t+10)}}{v_t}$$

式中，$v_{(t+10)}$ 和 v_t 分别表示反应在 $(t+10)$℃ 和 t℃ 时的反应速度。

由于温度对反应物的浓度和反应级数影响不大，主要影响反应速度常数 k，故 Q_{10} 又可表示为：

$$Q_{10} = \frac{k_{(t+10)}}{k_t}$$

式中，$k_{(t+10)}$ 和 k_t 分别表示反应在 $(t+10)$℃ 和 t℃ 时的反应速度常数。

当然，温度对化学反应速度的影响是复杂的，反应速度常数 k 不是温度的单一函数。阿雷尼乌斯（Arrhenius）用活化能的概念解释温度升高化学反应速度加快的原因：

$$k = A \cdot e^{-E/RT}$$

式中，k 为反应速度常数；E 为反应的活化能；R 为气体常数；T 为绝对温度；A 为频率因子。

由于在一般的温度范围内，对于某一化学反应，A 和 E 不随温度的变化而改变，而反应速度常数 k 与绝对温度 T 成指数关系，可见 T 的微小变化都会导致 k 值的较大改变。故降低食品的环境温度，就能降低食品中的化学反应速度，延缓食品的质量变化，延长储藏寿命。

温度对食品的酶促反应速度的影响比对非酶反应的影响复杂。这是因为：一方面温度升高，反应速度加快；另一方面，当温度升高到使酶的活性被钝化时，酶促反应就会受到抑制或停止。在一定的温度范围内，酶促反应也常用温度系数 Q_{10} 来表示。如新鲜果蔬的呼吸作用是由一系列的酶催化的，温度升高 10℃，呼吸强度要增加到原来的 2～4 倍。

温度对微生物生长发育的影响如前所述。在一定范围内，温度与微生物的生长

速度的关系也可用温度系数 Q_{10} 表示。多数微生物的 Q_{10} 在 1.5～2.5 之间。

此外，由高温加速反应的场合很多。如加热杀菌引起的罐藏果蔬质地的软化，失去爽脆的口感。过度受热也会使蛋白质变性、乳状液破坏、因脱水使食品变干以及破坏维生素。

未加控制的冷也会使食品变质。如果允许水果和蔬菜冻结，它们会变色，改变质构，外皮破裂，易为微生物侵袭。冻结也会导致液体食品变质。如果将一瓶牛乳冻结，乳状液即受破坏，脂肪就会分离出来。冻结还会使牛乳蛋白质变性而凝固。

不需要极度冻结就能造成食品的低温损害。许多水果、蔬菜在收获后，像其他有生命的组织一样，有其适当的温度要求。在约 4℃ 的一般冷藏温度下保存，有些果蔬衰竭或枯死，随之发生变质过程，这就称作"冷伤害"。表 4-8 列出了某些水果、蔬菜在冰点以上温度下冷藏的冷冻伤害。变质情况包括颜色变差，产生表面斑痕和各种形式的腐烂。香蕉、柠檬、南瓜和番茄是必须在不低于 10℃ 保藏的例子，这样能最大限度地保存品质。

表 4-8　某些水果、蔬菜在冰点以上低温区域下的损害

产品	大致最低安全温度/℃	在 0℃ 与安全温度之间储藏时损害的特征
苹果,某些品种	1～2	内部褐变
香蕉(青的或成熟的)	13	成熟后色泽暗淡
豆(食荚)	7～10	移至室温时病斑增加、赤褐色病斑
黄瓜	7	病斑、水浸斑点、腐烂
茄子	7	移至室温时,病斑和褐变增加
柚子	7	病斑、水样破裂、内部变色
柠檬	13～14	内部变色、病斑
酸柠檬	7	病斑
芒果	10	内部变色
西瓜	2	病斑、令人讨厌的气味
秋葵	5	变色、水浸区域、病斑、腐烂
橄榄(新鲜)	7	内部褐变
橙	1.5～2.5	果皮无序
木瓜	7	破裂
甜椒	7	病斑、花萼附近变色
菠萝(青熟)	7	成熟时暗绿色
马铃薯	5	桃花芯褐变
南瓜(冬季)	10～13	病斑
红薯	13	腐烂、病斑、内部变色
番茄(青熟)	13	成熟后色泽很差,有迅速腐烂的趋势

2. 水分

水分不仅影响食品的营养成分、风味物质和外观形态的变化，而且影响微生物的生长发育，因此食品的水分含量，特别是水分活度，与食品的质量有十分密切的关系。

食品所含的水分有结合水和游离（自由）水分，但只有游离水分才能被微生物、酶和化学反应所触及。大多数化学反应必须在水中才能进行，离子反应也需要

自由水进行离子化或水化作用，很多化学反应和生物化学反应还必须有水分子参与。许多由酶催化的反应，水除了起一种反应物的作用外，还作为底物向酶扩散的输送介质，并且通过水化作用促使酶和底物活化。因此，降低水分，还可以减少如上所述的酶促反应、非酶反应、氧化反应等引起的劣变，稳定食品的质量。

由于水分的蒸发，一些新鲜果蔬等食品会导致外观萎缩，使鲜度和嫩度下降。一些组织疏松的食品，因干耗也会产生干缩僵硬或质量损耗。

原先水分含量和水分活度符合储藏要求的食品在储藏过程中，如果发生水分转移，有的水分含量下降了，有的水分含量上升了，水分活度也发生了变化，不仅使食品的口感、滋味、香气、色泽和形态结构发生变化，而且对于超过安全水分含量的食品，会导致微生物的大量繁殖和其他方面的质量劣变。

3. 光

光线照射也会促进化学反应。如脂肪的氧化、色素的消退、蛋白质的凝固等反应均会因光线的照射而加速。瓶装牛乳暴露在阳光下会产生"日光味"，因为光导致脂肪氧化和蛋白质变化。清酒等放置在光照的场所，从淡黄色变成褐色。所以一般要求食品避光储藏，或用不透光的材料包装。紫外线能杀灭微生物，但也会使食品中的脂肪和维生素 D 发生变化。

四、其他因素

1. 机械损伤

果蔬在采收、储运、加工前等环节处理不当，会产生机械损伤，如表面损伤、碰撞擦伤、震动擦伤等。机械伤害不仅使外观受影响，而且还会加速水分损失，刺激较高的呼吸和乙烯产生率，促成腐烂的发生。例如，枇杷采收时从树上跌落，造成创伤，成为酶催化多酚类物质氧化的基础，很快发生褐变。机械损伤还使微生物的侵染更容易。

2. 乙烯

乙烯是促进成熟和衰老的一种植物激素，控制生长、衰老的许多方面，痕量就有生理活性。乙烯的产生率通常在下列情况下增加：成熟采收、物理伤害、病害入侵、温度升高到30℃等。另一方面，新鲜水果储藏于低温、低氧和高二氧化碳环境中，乙烯的产生率降低。

3. 外源污染物

近年来，外源污染物影响食品的质量，引起食品的安全件问题，受到全球性的高度重视。外源污染物包括环境污染、农药残留、滥用添加剂、包装材料等多个方面。

综上所述，引起食品腐败变质的原因是多方面的，而且常常是多种因素综合作用的结果。例如，细菌、虫和光都能同时起作用，使食品在产地或仓库内变质。同样，热、水分和空气都同时影响细菌的繁殖和活力以及食品中酶的化学活力。在任一时期都会发生多种形式的变质，视食品和环境条件而定。有效的保藏必须消除食品中已知的所有这些因素，或使它们减小到最低程度。如就肉罐头而言，肉装在金属罐内不仅为了防虫、防鼠、而且是为了避光，因为光会使肉变色和可能破坏其营养价值。罐头还可以保护肉不致脱水。封罐前抽真空或充氮以除去氧，然后将罐密封并加热以杀死微生物和破坏肉中的酶。加工完的罐头放在阴凉室内储存。

第三节　食品品质控制的基本原则

在实际的食品加工和保藏过程中，对于化学变质，一般只能在加工过程中将其限制到最小的程度，但不容易根除。对于物理性变质，只要加工操作规范、储存环境适宜，一般对食品的保藏也构不成威胁。对食品的腐败变质有重要作用的是食品中的微生物以及酶。因此，食品腐败变质的控制就是要针对引起腐败变质的各种因素，采取不同的方法或方法组合，杀灭或抑制微生物生长繁殖以及延缓食品自身组织酶的分解作用，使食品在尽可能长的时间内保持其原有的营养价值、色、香、味及良好的感官性状，从而达到延长食品货架期的目的。

一、微生物的控制

控制细菌、酵母和霉菌的最重要的手段是热、冷、干燥、酸、糖、盐、烟熏、空气、化学物质和辐射。但其中任何一种控制手段都依然可能导致食品变质，所以应当寻找一种折中的方法。

（一）热

不同的微生物具有不同的生长温度范围。超过其生长范围的高温，会使微生物细胞原生质由于加热作用而凝固，酶活性遭到破坏，从而导致微生物死亡。一般来说，温度越高，时间越长，杀菌效果越好。

酵母菌均对热敏感，最适生长温度 $25\sim30℃$，$60\sim66℃$ 条件下几分钟即可被杀死。因此，加热杀菌后的食品中一般不会存在酵母菌。同时也只有少数霉菌对食品的杀菌具有实际意义，如纯黄丝衣霉能引起某些果汁、罐头的变质，但其孢子的耐热性远比细菌弱。因此，就食品杀菌而言，真正具有威胁的微生物是细菌，所以一般都将细菌作为杀菌对象。如果制定的杀菌规程能杀灭细菌，则酵母菌、霉菌可一同被杀灭。根据细菌的耐热性，可把其分为 4 种类型（表4-9）。只要温度高于表4-9 中所列的各类细菌的最高耐受温度，细菌的营养体都会被杀死。

表 4-9　细菌的耐热性　　　　　　　　　　　　　　　℃

细菌种类	最低生长温度	最适生长温度	最高生长温度
嗜热菌	$30\sim40$	$50\sim70$	$70\sim90$
嗜温菌	$5\sim15$	$30\sim45$	$45\sim55$
低温菌	$-5\sim5$	$25\sim30$	$30\sim35$
嗜冷菌	$-10\sim-5$	$12\sim15$	$15\sim25$

芽孢具有较强的耐热性，但其机制迄今仍未完全清楚。有人认为原生质脱水、矿化作用及热适应性是其主要原因，其中原生质的脱水作用对芽孢的耐热性最为重要。由于芽孢表面结构坚实，传热缓慢，所含水分较少，且其原生质胶体具有较高的耐热性，因而杀死细菌芽孢的温度必须更高。不形成芽孢的细菌大多在 70℃ 经

10～15min 即可全部杀死，而有芽孢的细菌需经 80～100℃以上数分钟之后才能杀死。至于那些嗜热性芽孢，则需 100℃以上更长的时间才能杀死。必须特别注意的是，芽孢对干热的抵抗能力比对湿热强，如肉毒梭状芽孢杆菌的干芽孢在湿热下的杀灭条件为 121℃、4～10min，而在干热条件下是 120℃、120min。

并非所有的食品都需要同样的杀菌强度。由于多数微生物生长于中性偏碱的环境中，过酸或过碱的环境均使微生物的耐热性下降，pH 低于 5 时芽孢的耐热性大大降低。如对于罐头食品而言，其杀菌的主要对象菌——肉毒梭状芽孢杆菌在 pH 不超过 4.6 时不能发育和产生毒素，因此酸性罐头食品需要的杀菌条件相对较弱。

（二）冷

大多数细菌、酵母和霉菌在 16～38℃温度范围内生长最好。低温菌在低于 0℃（即水的冰点）和温度更低时能生长。不过在温度低于 10℃时，生长变得缓慢，温度越低，生长越慢。当食品中的水分全部冻结时，微生物就停止繁殖。但是在有些食品中，直到温度达到 -10℃或更低时，所有的水才会冻结，这是因为溶解的糖、盐和其他成分均能降低冰点。

微生物的活力随着温度的降低而减缓，因此降温可减缓微生物生长和繁殖的速度。温度降低到其最低生长温度点，它们就停止生长并出现死亡。这是冷藏和冷冻的原理。不过有一点很重要，虽然低温可以减缓微生物的生长和活力，并可杀死部分细菌，但是不能依靠冷（包括严重冻结）来杀死所有的微生物。

（三）控制水分活度

微生物经细胞壁从外界摄取营养物质并向外界排泄代谢物时都需要水作为溶剂或媒介。水分是微生物生长活动必需的物质，但只有游离水分才能够被细菌、酶和化学反应所利用，此即为有效水分，可以用水分活度来估量。水分活度（Aw）是指某种食品体系中，内部水蒸气压与同温度下纯水蒸气压之比。因此，水分活度就是对介质内能够参与化学反应的水分的估量，并随其在食品内部各微小范围内的环境而变化。两种食品的绝对水分可以相同，水分与食品结合的程度或游离的程度并不一定相同，水分活度也就不同。虽然水分活度并不是食品的绝对水分，却常用于衡量微生物忍受干燥程度的能力。

食品中水分活度与微生物生长之间的关系见表 4-10。

大多数新鲜食品的 Aw 在 0.99 以上，虽然对各种微生物的生长都很适宜，但最先导致牛乳、蛋、鱼、肉等食品腐败的微生物都是细菌。大多数腐败细菌只宜在 Aw 为 0.90 以上活动，故它们就不能导致干制食品腐败变质。而 Aw 下降到 0.90 时，霉菌和酵母菌仍能旺盛地生长，因而 Aw 虽降低到 0.80～0.85，几乎所有食品还会在 1～2 周内迅速腐败变质，此时霉菌就成为常见腐败菌。只有 Aw 降到 0.75，食品的腐败才得以显著减缓，甚至能在较长时间内不发生腐败。若将 Aw 降低至 0.65，能生长的微生物为数极少，食品储藏期可达 1～2 年。一般认为，如果在室温下储存食品，Aw 应降低到 0.70。在此条件下，霉菌如灰绿曲霉（*Aspergillus glaucus*）等仍会缓慢生长，故干制品极易长霉，因此，霉菌为干制品中常见的腐败菌。

表 4-10 食品中水分活度与微生物生长之间的关系

A_w	此范围内的最低 A_w 一般能抑制的微生物	食　品
1.00～0.95	假单胞菌,大肠杆菌变形菌,志贺菌属,克雷伯菌属,芽孢杆菌,产气荚膜梭状芽孢杆菌,一些酵母	极易腐败的食品、蔬菜、肉、鱼、牛乳、罐头水果;香肠和面包;含有约 40% 蔗糖或 7% 食盐的食品
0.95～0.91	沙门杆菌属,肉毒梭状芽孢杆菌,副溶血红蛋白弧菌,沙雷杆菌,乳酸杆菌属,一些霉菌,红酵母,毕赤酵母	一些干酪、腌制肉、水果浓缩汁、含有 55% 蔗糖或 12% 食盐的食品
0.91～0.87	许多酵母(假丝酵母,球拟酵母,汉逊酵母),小球菌	发酵香肠、干的干酪、人造奶油、含有 65% 蔗糖或 15% 食盐的食品
0.87～0.80	大多数霉菌(产毒素的青霉菌),金黄色葡萄球菌,大多数酵母菌属,德巴利酵母菌	大多数浓缩水果汁、甜炼乳、糖浆、面粉、米、含有 15%～17% 水分的豆类食品、家庭自制的火腿
0.80～0.75	大多数嗜盐细菌,产真菌毒素的曲霉	果酱、糖渍水果、杏仁酥糖
0.75～0.65	嗜旱霉菌,二孢酵母	含 10% 水分的燕麦片、果干、坚果、粗蔗糖、棉花糖、牛轧糖块
0.65～0.60	耐渗透压酵母(鲁酵母),少数霉菌(刺孢曲霉,二孢红曲霉)	含有 15%～20% 水分的果干、太妃糖、焦糖、蜂蜜
0.50	微生物不繁殖	含 12% 水分的酱、含 10% 水分的调料
0.40	微生物不繁殖	含 5% 水分的全蛋粉
0.30	微生物不繁殖	饼干、曲奇饼、面包硬皮
0.20	微生物不繁殖	含 2%～3% 水分的全脂奶粉、含 5% 水分的脱水蔬菜或玉米片、家庭自制饼干

降低 A_w 可以增加食品的防腐能力和保藏性,因此目前已成为重要的食品保藏方法之一,在生产中有着广泛的应用。降低 A_w 的方法主要有:①脱水,如脱水蔬菜、冷冻等;②通过化学修饰或物理修饰,使食品中原来隐蔽的亲水基团裸露出来,以增加对水分子的约束;③添加亲水性物质,如盐、糖(果糖、葡萄糖)和多元醇(甘油、丙二醇、山梨醇等)。但随着水分的去除,特别是单分子层结合水的脱除,食品因其他原因导致的变质现象会越来越严重,因此生产上一般控制脱水食品的水分活度在 0.7 以下即可。

（四）控制 pH 值

每一种微生物的生长繁殖都需要适宜的 pH 值,如表 4-11 所示。一般情况下,绝大多数微生物在 pH 值 6.6～7.5 的环境中生长繁殖速度最快,而在 pH 值小于 4.0 的环境中难以生长。通常腐败细菌的最低耐受 pH 值在 4.0 以上,因此,pH 值在 4.0 以下时,能抑制绝大多数微生物的生长繁殖。如酸泡菜含酸量 0.4%～0.8%,糖醋菜含酸量 1%～2%,均产生了明显的抑菌作用。

微生物生长的 pH 值范围并不是一成不变的,它还要取决于其他因素的影响。如乳酸菌生长的最低 pH 值取决于所用酸的种类,其在柠檬酸、盐酸、磷酸、酒石酸等酸中生长的最低 pH 值比在乙酸或乳酸中低。

在超过其生长的 pH 值范围的酸碱环境中,微生物的生长繁殖受到抑制,甚至会死亡,其原因在于影响了微生物酶系统的功能和细胞营养物质的吸收。正常的微生物细胞膜上带有一定的电荷,它有助于某些营养物质的吸收。当细胞膜上的电荷

表 4-11 微生物生长与 pH 值的关系

微生物	最低 pH 值	最高 pH 值	最适 pH 值
大肠杆菌	4.3	9.5	6.0～8.0
沙门菌	4.0	9.6	6.8～7.2
志贺菌	4.5	9.6	7.0
枯草杆菌	4.5	8.5	6.8～7.2
金黄色葡萄球菌	4.0	9.8	7.0
肉毒杆菌	4.8	8.2	6.0～7.5
产气荚膜芽孢梭菌	5.4	8.7	7.0
霉菌	0～1.5	11.0	3.8～6.0
酵母菌	1.5～2.5	8.5	4.0～5.8
乳酸菌	3.2	10.4	6.5～7.0

性质因受环境 H^+ 浓度变化的影响而改变后，微生物吸收营养物质的功能也发生改变，从而影响了细胞新陈代谢的正常进行。微生物酶系统的功能只有在一定的 pH 值范围内才能充分发挥，如果 pH 值偏离了此范围，则酶的催化能力就会减弱甚至消失，这就必然影响微生物的正常代谢活动。另外，强酸或强碱均可引起微生物蛋白质和核酸水解，从而破坏微生物的酶系统和细胞结构，引起微生物死亡。改变食品介质的 pH 值，从而抑制或杀灭微生物，是用某些酸作为防腐剂来保藏食品的基础。

（五）盐和糖

水果放在糖浆中保藏，肉类在盐水中保藏，其原理何在呢？微生物细胞实际上是由细胞壁保护及原生质膜包围的胶体状原生浆质体。细胞壁是全透性的，原生质膜则为半透性的，这种膜容许水进出细胞。活的微生物含水量超过 80%，当把细菌、酵母或霉菌放在浓糖浆或盐水（含水 40% 或 30%）中时，细胞内的水分就会透过原生质膜向外界溶液渗透，其结果是细胞的原生质脱水而与细胞壁分离，这种现象称作质壁分离。质壁分离的结果使细胞变形，微生物的生长活动受到抑制，脱水严重时会造成微生物死亡。如把微生物放在蒸馏水中则情况恰好相反，在此情况下，外界溶液中的水分会穿过微生物的细胞壁并通过细胞膜向细胞内渗透，渗透的结果使微生物的细胞呈膨胀状态，如果内压过大，就会导致原生质胀裂，不利于微生物生长繁殖，这种情况在食品中很少发生。所有这些都与溶液和食品的水分活度密切相关。溶质浓度高的溶液渗透压高。而水分活度低，稀溶液则渗透压低而水分活度高。某种特定溶质对渗透压和水分活度的定量关系取决于溶质的分子量和它在溶液中产生的离子数。低分子量溶质对增加溶液渗透压和降低水分活度的作用要比相同质量的高分子量溶质大。

不同的微生物对渗透压、糖和盐的耐受程度不同。酵母和霉菌比大多数细菌更有耐力，这就是为什么常在高糖或高盐的产品如酱或腌猪肉上发现有霉菌或酵母生长，而细菌却受到抑制的原因。

（六）烟熏

烟熏之所以有抑菌防腐作用，是与熏烟的化学成分和熏制加工的特点密切相关的。熏烟中含有像酚、酸等抑菌物质，这些物质在食品中沉积，具有抑菌作用。烟熏通常和加热共同进行，这样在热因素的影响下有利于增加保藏效果。温度为30℃时浓度较淡的熏烟对细菌影响不大，温度13℃而浓度较高的熏烟能显著降低微生物数量，但温度60℃时不论淡的或浓的熏烟都能将微生物数量下降到原数的0.01%。另一方面，在加热熏制下，可使食品如鱼表面失去部分水而发干，这就提供了一个阻碍微生物生长的物理障碍，并造就了一个需氧菌不宜增殖的环境。因此，当用烟熏保藏如肉、鱼等食品时，防腐作用一般是许多因素综合作用的结果。

（七）改变气体组成

采用改变气体组成的方法，降低氧分压，一方面可以限制需氧微生物的生长，另一方面可以减少营养成分的氧化损失，如食品生产及保藏中密封（如泡菜腌制时水封口）、脱气（罐头、饮料）、充氮、真空包装等。

新含气调理食品，采用低强度的杀菌处理（加工处理）减菌（减少菌落数），如蔬菜、肉类和水产品中原始菌落数为 $10^5 \sim 10^6$ cfu/g，经减菌处理，使之降至 $10 \sim 10^2$ cfu/g。然后改变气体组成，抽出氧气，充入氮气，置换率达到99%，食品保藏效果较好，货架期可达到6~12个月。

（八）使用防腐剂

防腐剂是指能抑制微生物引起的腐败变质、延长食品保藏期的一类食品添加剂，有时也被称为抗菌剂。它的主要作用是抑制食品中微生物的繁殖。

防腐剂按其来源和性质可分成有机防腐剂和无机防腐剂两类。有机防腐剂包括有苯甲酸及其盐类、山梨酸及其盐类、脱氢醋酸及其盐类、对羟基苯甲酸酯类、丙酸盐类、双乙酸钠、邻苯基苯酚、联苯、噻苯咪唑等。此外还包括有天然的细菌素（如 Nisin）、溶菌酶、海藻糖、甘露聚糖、壳聚糖、辛辣成分等。无机防腐剂包括有过氧化氢、硝酸盐和亚硝酸盐、二氧化碳、亚硫酸盐和食盐等。

一般来说，防腐剂的选择首先基于其抗菌谱或者其抗菌范围。人们都希望采用具有广谱抗菌能力的防腐剂，但是事实上只有少数一些防腐剂具有同时抑制几类微生物的功能，绝大多数的防腐剂只能针对霉菌、细菌和酵母中的一类或者两类有效，或者对其中的一些比较有效而对其他的效果比较弱，或者只是在酸性条件下才起作用。

然而由于不同的防腐剂的抗菌谱不同，而食品中可能含有各类微生物。此时，选择防腐剂就必须注意，某些防腐剂可能是一类微生物的有效抑制剂，却有可能正好是另一类微生物的生长促进剂。如酚类物质可以抑制革兰阳性菌，但对革兰阴性菌缺乏抑制能力，在特定条件下甚至能成为后者的营养物。因此选择防腐剂时不仅仅要看防腐剂本身的抗菌谱，还需要综合考虑。

防腐剂添加之前食品体系中原始菌落数对防腐剂的使用效果有显著影响。很显然，防腐剂不能取代食品加工操作过程的卫生和安全控制，原始菌落数必须很低，防腐剂才能有效。如果原始菌数比较高的话，要想达到同样的抗菌效果，必须添加大量的防腐剂，则从安全角度是不允许的。

（九）辐射

辐射主要能直接控制或杀灭食品中的腐败微生物及致病微生物，借以延长食品保藏期。辐射线主要包括紫外线、X 射线和 γ 射线等。其中紫外线穿透力弱，只有表面杀菌作用；而 X 射线和 γ 射线（比紫外线波长更短）是高能电磁波，能激发被辐射物质的分子，使之引起电离作用，进而影响生物的各种生命活动。

微生物受电离放射线的辐射，细胞膜、细胞质分子引起电离，进而引起各种化学变化，使细胞直接死亡。在放射线高能量的作用下，水电离为 OH^- 和 H^+，从而也间接引起微生物细胞的致死作用。微生物细胞中的脱氧核糖核酸（DNA）、核糖核酸（RNA）对放射线的作用尤为敏感，放射线的高能量导致 DNA 的较大损伤和突变，直接影响着细胞的遗传和蛋白质的合成。

不同微生物对放射线的抵抗性不同。一般来说耐热性大的微生物，对放射线的抵抗力也往往比较大。三大类微生物中细菌芽孢大于酵母，酵母大于霉菌和细菌营养体，革兰阳性菌的抗辐射力较强。另外，食品的状态、营养成分、环境温度、氧气存在与否，微生物的种类、数量等都影响着辐射杀菌的效果。此外，照射剂量影响微生物的存活，通常微生物随着被照射剂量的增加，其活菌的残存率逐渐下降。

电离辐射杀灭微生物一般以杀灭 90% 微生物所需吸收的射线剂量来表示，也就是残存微生物数下降到原菌数的 10% 时所需的剂量，并用 D_{10} 表示，其单位为 Gy（1kg 被辐射物质吸收 1J 的能量为 1Gy），常用 kGy 表示。若按罐藏食品的杀菌要求，必须完全杀灭肉毒芽孢杆菌 A、B 型菌的芽孢，多数研究者认为需要的剂量为 40～60kGy。

目前允许使用的原子能射线主要有放射性同位素 ^{60}Co、^{137}Cs 产生的 γ 射线或电子加速器产生的低于 10MeV 电子束。根据辐射的目的及所需的剂量，食品辐射分为下列三类。

1. 辐射阿氏杀菌（radappertization）

所使用的剂量可以将食品中的微生物减少到零或有限个数。经过这种辐射处理后，食品在无二次污染的条件下可在正常条件下达到一定的储存期。为高剂量辐射，剂量范围为 10～50kGy。

2. 辐射巴氏杀菌（radicidation）

所使用的辐射剂量可以使食品中检测不出特定的无芽孢的致病菌（如蛋类中的沙门菌）。为中剂量辐射，剂量范围为 1～10kGy。

3. 辐射耐贮杀菌（radurization）

主要目的是降低食品中腐败微生物及其他生物数量，延长新鲜食品的后熟期及保藏期（如抑制马铃薯和洋葱等蔬菜的发芽）。为低剂量辐射，一般剂量在 1kGy以下。

与加热杀菌相比，辐射处理过程食品内部温度不会增加或变化很小，故有"冷杀菌"之称。而且辐射可以在常温或低温下进行，因此经适当辐射处理的食品可保持原有的色、香、味和质构，有利于维持食品的质量。与食品冷冻保藏等方法相比，辐射保藏可节约能源；与传统的化学防腐保藏相比，辐射过的食品不会留下任何残留物，是一个物理加工过程。

（十）微生物发酵

利用某些有益微生物的活动，或利用这些微生物产生和积累的代谢产物，抑制其他有害微生物的活动，称为不完全生机原理。如利用乳酸菌进行乳酸发酵、酵母菌进行酒精发酵、醋酸菌进行醋酸发酵等，在食品生产中应用较为广泛。利用此方法保藏食品，其代谢物的积累需达到一定程度方可，如乳酸需 0.7% 以上，醋酸 1%～2%，酒精 10% 以上。

二、酶的控制

1. 加热处理

酶的热失活与蛋白质的热变性相关但又不同。酶失活涉及酶活力的损失，取决于酶活性部位的本质。有的酶失活需要完全变性，而有的在很小变性的情况下就导致酶失活。

酶的活性和稳定性与温度之间有密切的关系。在较低的温度范围内，随着温度的升高，酶活性也增加。通常，大多数酶在 30～40℃ 的范围内显示最大的活性，而高于此范围的温度将使酶失活。酶催化反应速度和酶失活速度与温度之间的关系可用温度系数 Q_{10} 来表示。酶催化反应速度的 Q_{10} 一般为 2～3，而酶失活速度的 Q_{10} 在临界温度范围内可达 100。随着温度的提高，酶反应速度和失活速度同时增加。但由于其在临界温度范围内的 Q_{10} 不同，因此，超过某个关键性的温度，失活的速度将会超过催化反应速度，此时的温度即为酶反应的最适温度。

酶的耐热性因种类而有较大的差异。如牛肝的过氧化氢酶在 35℃ 时即不稳定，而核糖核酸酶在 100℃ 下，其活力仍可保持几分钟。过氧化物酶是存在于食品中比较耐热的一种酶，大多数过氧化物酶可在 100℃ 下耐受 10min 仍不会完全失活。因此，在食品加工过程中，时常根据过氧化物酶是否失活来判断巴氏杀菌和热烫是否充分。

某些酶类如过氧化物酶、碱性磷酸酶和脂肪酶等，在热钝化后的一段时间内，其活性可以部分地再生。这些酶的再生是因为加热可将酶分为溶解性和不溶解性的成分，从而导致酶的活性部分从变性蛋白质中分离出来。有人曾发现有 17 种蔬菜必须要延长其热烫时间才能防止过氧化物酶的再生。因此，为了防止酶活性的再生，必须采用更高的热烫温度或延长热处理时间。

2. 控制 pH 值

酶的活性受其所处环境 pH 值的影响。只有在某个狭窄的 pH 值范围内时，酶才表现出最大活性，则该 pH 值就是酶的最适 pH 值。在低于或高于最适 pH 值的环境中，酶的活性将降低甚至会丧失。但是，酶的最适 pH 值并非酶的属性。它不仅与酶的属性有关，而且还随温度、反应时间、底物的性质及浓度、缓冲液的性质及浓度、介质的离子强度和酶的纯度等因素的变化而改变。pH 值变化与酶活性之间的关系如图 4-13 所示。

由于 pH 值的控制与酶的活力有关，因此，在加工过程中，可将 pH 值控制到最大限度地提高酶反应速度，或防止酶反应的发生，或抑制酶反应。例如，利用酸的作用控制酶促褐变是广泛使用的保护食品色泽的方法。常用的酸有柠檬酸、苹果酸、磷酸以及抗坏血酸等。一般来说，它们的作用是降低 pH 值以控制多酚氧化酶的活力，因为多酚氧化酶的最适 pH 值在 6～7 之间，pH 低于 3.0 时已无活性。

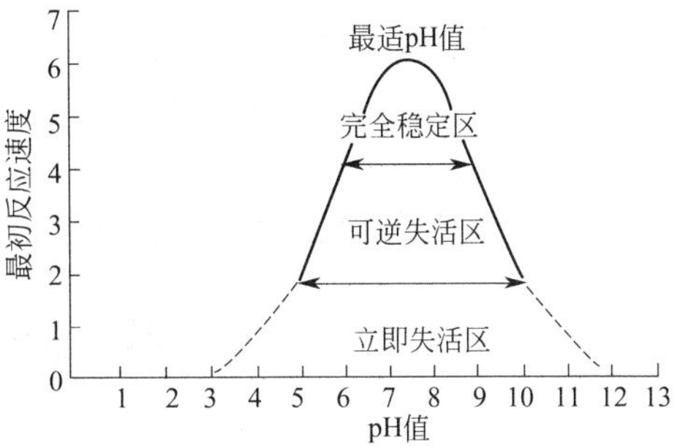

图 4-13　酶活性与 pH 值的关系

3. 控制水分活度

许多以酶为催化剂的酶促反应，水有时除了具有底物作用外，还能作为输送介质，并且通过水化促使酶和底物活化。当水分活度值低于 0.8 时，大多数酶的活力就受到抑制；若水分活度值降到 0.25～0.30 的范围，则食品中的淀粉酶、多酚氧化酶和过氧化物酶就会受到强烈的抑制或丧失其活力。例如食品干制、速冻，正是利用了低水分活度控制酶的活性。但脂肪酶是个例外，水分活度在 0.5～0.1 时仍能保持其活性。

酶的稳定性也与水分活度有着较密切的关系。一般在水分活度低时，酶的稳定性较高，这也说明，酶在湿热条件下比在干热条件下更容易失活。因此，在食品干燥、速冻加工时，如果要钝化酶的活性，则需要在干燥或冷冻以前进行。

三、其他因素的控制

1. 压力

压力是影响罐头食品保藏的重要因素之一。例如杀菌时由于压力的剧烈变化，引起"跳盖"现象，使容器密封性降低，造成了微生物侵染的机会，产生败坏。外界压力变化，当大气压力降低时，特别是一些大型罐头，在杀菌操作或异地保藏、运输时，可使罐头产生物理性胀罐。发生物理性胀罐后不影响罐头内在质量，但其感官质量变劣，并且不能从外部感官状态上与化学性胀罐或微生物性胀罐区别，造成检验和销售上的困难。

2. 湿度

环境湿度过大，干制品易吸水返潮，糖制品也会因吸潮而引起表面糖浓度降低，减弱了抑制微生物的效应，引起败坏。环境湿度过小，糖制品会因失水而引起表面糖浓度增大，产生返砂现象。对因湿度变化引起的败坏现象，应通过妥善包装来解决。

3. 物理化学因素

对于带电颗粒，存在着吸附、沉淀的必然过程。在食品中，一些热力学不稳定体系，如浑浊果汁、果肉饮料、蛋白质饮料等，如果颗粒分散或乳化得不好，则会在保质期内发生沉淀，引起变质。控制物理化学因素引起的食品变质现象，可以采用下列措施：使浑浊体系有一定的黏度；尽可能减小颗粒与汁液间的密度差；尽可能减小果肉颗粒的大小，颗粒越小，稳定性越好，一般应在 1～100 μm 范围内，才会保持较长的稳定期。物化因素引起的变质不一定会使食品失去食用价值，但会使感官质量下降，包括外观和口感。

根据食品变质的原因和保藏的原理，即可采取相应的工艺措施，以达到食品长期保藏的目的。各种食品保藏的方法都是创造一种控制有害因素的条件，而食品加工则在寻求食品最佳的保藏方法中逐步完善。

参 考 文 献

[1] ［美］波特等著. 食品科学. 王璋，钟芳，徐良增等译. 第 5 版. 北京：中国轻工业出版社，2001.

[2] 王如福，李汴生编. 食品工艺学概论. 北京：中国轻工业出版社，2006.

[3] 马长伟，曾名勇主编. 食品工艺学导论. 北京：中国农业大学出版社，2002.

[4] 夏文水主编. 食品工艺学. 北京：中国轻工业出版社，2007.

[5] 朱国斌，鲁红军编著. 食品风味原理与技术. 北京：北京大学出版社，1996.

[6] 史贤明主编. 食品安全与卫生学. 北京：中国农业出版社. 2003.

[7] 方元超，赵晋府编著. 茶饮料生产技术. 北京：中国轻工业出版社，2001.

[8] ［美］Norman N. Potter 等著. 食品科学. 王璋等译. 北京：中国轻工业出版社，2001

[9] ［美］Dennis R. Heldman 著. 食品加工原理. 夏文水等译. 北京：中国轻工业出版社，2001.

[10] 郑继舜，杨昌举编著. 食品储藏原理与运用. 北京：中国财政经济出版社，1989.

[11] 孙哲浩，赵谋明. 食品的质构特性与新产品开发. 食品研究与开发，2006，27（2）：103-105.

[12] 丁耐克. 食品风味化学. 北京：中国轻工业出版社，1996.

第五章
食品加工原理

由于食品保藏是食品加工的一个最重要的理由，许多食品加工的定义主要强调食品加工与保藏的关系。简单地说，食品加工指把原材料或其组分转变成可供消费的食品。Connor（1988 年）给出一个更完整的定义，即"食品加工"是制造业的一个分支，是从动物、蔬菜或海产品的原料开始，利用劳动力、机器、能量及科学知识，把它们转变成半成品或可直接食用的产品。

纵观人类加工储藏食品的历史，食品加工的手段从依赖于天然走向依赖于科学与技术。食品加工最早形式是干制食品，比如利用太阳能将产品中的水蒸发掉，得到一种稳定和安全的干制食品。利用高温生产安全食品可追溯到 18 世纪 90 年代的法国，尼古拉·阿培尔为法国军队研制可保藏的食品时发明了食品的商业化灭菌技术。到 19 世纪 60 年代，路易斯·巴斯德在研究啤酒和葡萄酒时发明了巴氏消毒法。

从食品加工的历史中也可以看出人类发展食品加工技术的两大主要目的：一是要获得或维持产品中微生物的安全性，二是延长食品的货架寿命。到 21 世纪后，人类对食品的要求主要体现在"安全、营养、健康、美味、方便"上，因此食品加工的目标不仅是保证其微生物安全性和合适的货架寿命，还需要在食品营养成分的保护、食品感官性质等方面给予足够关注，而且这些目标往往是相互关联的。

第一节　热保藏及加工

在食品保藏的各种方法中，热处理应用非常广泛。食品工业中广泛采用的热烫、巴氏杀菌、高温灭菌、超高温瞬时杀菌等操作都是热处理的典型例子。热处理在我们的日常生活中也常被用来处理食品以更好地保藏食品，比如煮、煎、烤、炸等。

一、热保藏的原理

众所周知，不同方式的热处理对延长食品货架期的贡献不同，热处理的温度、时间、热处理方式及食品体系的情况等都存在影响。而且我们特别要清楚地认识到，经工业化热保藏处理过的食品并非是真正无菌的。为了达到食品安全和所需要的货架期，往往只需要杀灭食品中的致病菌，并将微生物总数控制到适当程度。

（一）热保藏程度

1. 灭菌

灭菌是指将灭菌对象中所有的微生物，包括它们可能存在的孢子完全破坏的操作。由于孢子的耐热性一般比微生物本身的耐热性强得多，杀死这些细菌孢子通常至少需要在 121℃ 的湿热条件下保持 15min。因此，要达到灭菌的目的，就必须确保食品的各个部分都受到这种强度的热处理。可以想象，食品中各类成分在高温长时间作用下可能会导致食品营养价值和感官品质的剧烈下降，甚至产生抗营养或有毒成分。因此，灭菌在多数食品中并不适用。所幸的是，基本上也没有什么食品需要如此彻底的灭菌。

2. 商业无菌

通常所提的商业无菌或"无菌"处理所要达到的杀菌程度是使所有的病原性微生物、产生毒素的微生物以及其他可能在正常的储存条件下繁殖并导致食品腐败的微生物完全被破坏。由于最耐热的微生物（孢子）往往并不是上述提及的类型，所以经商业无菌处理的食品中可能仍然存在一些耐热性的细菌孢子。尽管这些细菌孢子仍然存活着，只要控制适当的储存条件，这些细菌孢子便很难在食品中繁殖。商业无菌处理可以达到较好的杀灭微生物的效果，产品货架寿命一般在 2 年或 2 年以上。即使储存时间超过了保质期，所谓的变质也往往是由质构或风味的变化引起的，而并非是源于微生物的繁殖。

3. 巴氏杀菌

巴氏杀菌所涉及的热处理强度相对来说要低一些，通常是在低于水的沸点温度下进行的操作。巴氏杀菌可以分为两种：一类是对诸如牛奶、生鸡蛋这一类的常携带病原性微生物的食品，对它们采用巴氏杀菌的目的主要是为了破坏其中存在的影响人身体健康的病原性微生物；另一类是其他的自身不是病原体源的大多数食品，如啤酒、葡萄酒、果汁等，对它们进行巴氏杀菌的主要目的则是从微生物和酶的角度来延长产品的货架寿命。经巴氏杀菌的产品中仍含有一些活的可以生长的微生物，通常每克或每毫升中有几千只活菌，这些活菌的存在限制了产品的储存寿命，使其保质期大大低于经商业无菌处理的产品。巴氏杀菌通常要和其他保藏手段，比如冷藏配合使用。巴氏杀菌的牛奶在家用冰箱里可保存 1 周以上而不会产生明显的异味，而在室温下这种牛奶仅能保质一两天。

4. 热烫

巴氏杀菌经常用于液体食品，而热烫常常用于固体食品。与巴氏杀菌一样，热烫处理不足以确立室温下的储藏稳定性。热烫常用于果蔬的杀菌和灭酶，其首要目标是钝化食品中特定的酶，因为这些酶即使在冻藏条件下依然保持活性。同时，热烫处理也可以减少微生物的营养细胞，尤其是那些残留在产品表面的微生物。而且人们也认为，热烫可去除水果或蔬菜细胞间的空气，对于罐藏制品，在密封前这一处理是非常有利的。此外，热烫还会增强大部分水果和蔬菜的色泽。

这几种热处理方式中，灭菌的强度最大，而巴氏灭菌和热烫的处理强度最弱。相应地，它们所能达到的货架期、产品的质量也存在极大差别。商业无菌处理热处理强度中等，兼顾了产品的保藏性能和质量要求，在实现满意的保藏程度的同时保留了食品的主要质量要素，因此应用最为广泛。

（二）微生物的耐热性

不同微生物在耐热性上存在很大差异。在罐装或缺氧状态下，食品中耐热性最强的病原体是肉毒梭状芽孢杆菌。一些形成孢子的非致病腐败菌，像厌氧腐败菌3679和嗜热脂肪芽孢杆菌，具有更高的耐热性。

1．热力致死曲线

当食品中微生物菌群处于高温条件下的时候，微生物数量随着时间的增加而减少。细菌受热力致死的速度基本上正比于受热体系中活菌的数量，这被称之为"对数死亡法则"。它是指在恒定的热条件下，不论体系中残存的细菌数目有多少，在给定的时间里被杀死的细菌的百分数是相同的。遵循对数死亡法则的热力致死速度曲线如图5-1所示。对数死亡法则也适用于细菌孢子，但其热力致死曲线的斜率不同于营养细胞，这种差别表明孢子具有更强的耐热性。

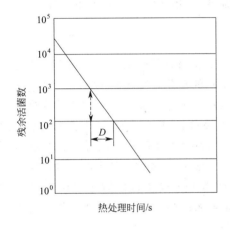

图 5-1　微生物的热力致死速度曲线　　图 5-2　热力致死时间曲线

一定温度下，微生物数量减少一个对数循环，也即杀死给定体系微生物总量的90%所需要的时间，称为 D 值。例如某罐装食品内含微生物总数为100万，将其加热并在特定温度下持续5倍 D 值的时间后，罐中残活的微生物总数为10。如果将1000罐此食品同时放入杀菌锅，加热并持续8倍 D 值的时间，则含菌总量为1亿的这些食品中残留活菌数为10。从统计的观点来看，这10个细菌应均匀分布在这1000个罐中。但是实际上可能是其中10罐中各含1个菌，而其他990罐是无菌的。

热力致死速度曲线给出了在指定温度下，特定介质或食品中某种微生物被破坏的速度的数据。利用不同温度的热力致死速度曲线就可以建立热力致死时间曲线（图5-2）。热力致死时间曲线上的数据是在不同温度下，导致特定介质或食品中一定数量的某种微生物被破坏所需要的时间。

热力致死时间曲线具有两个特征值，即 Z 值和 F 值。Z 值是指在热力致死时间曲线中，使热力致死时间降低一个对数周期所需要升高的摄氏温度（℃）数，也就是热力致死时间-温度曲线斜率的绝对值。对于一个给定食品，其中存在的不同种类的微生物具有不同的 Z 值。同样地，不同食品中的某一特定微生物也具有不同的 Z 值。Z 值相应地表征了微生物抵抗温度变化的能力。F 值则指在特定温度下，一定数量的具有特定 Z 值的微生物被破坏所需要的时间（min）。因此，F 值表征的是特定热处理条件的杀菌能力。

考虑到温度和 Z 值都是可变量，而 F 值代表的是特定温度下杀死一定数量的具有特定 Z 值的微生物所需要的分钟数，因此需要限定一个特殊的 F 值作为参照。通常采用的是 F_0，F_0 定义为在 121℃（250℉）时，将一定数量 Z 值为 10℃（15℉）的微生物杀死所需要的时间（min）。如果在 121℃ 时，指定数量的微生物在 6min 时全部被杀死，则此热处理的 F_0 值为 6。如果致死量低于指定数量，则其 F_0 值低于 6，反之亦然。

因此，特定热处理条件的 F_0 值是其热力致死能力的一个量度。不仅不同热处理强度的 F_0 值不尽相同，不同种类的食品需要 F_0 各异的热处理条件，而且 F_0 值还是对食品实施热灭菌难易程度的量度。

2. 安全限值

考虑到食品的 pH 值对灭菌的显著影响，通常将食品分为两类，然后分别考虑其灭菌强度。一般地，酸性食品是指 pH≤4.6 的食品，低酸性食品则是指 pH＞4.6 的食品。就低酸性食品而言，通常假定该食品中存在大量肉毒梭状芽孢杆菌这样高度耐热、能形成孢子的微生物，然后建立该食品中肉毒梭状芽孢杆菌的热力致死曲线，相应地找到操作温度下的 D 值，并在实际热处理时确保罐装食品的各部分在该温度下的受热时间都不低于 $12D$。通常，高度腐败的食品中起始含菌量超过100 万/罐的可能性很小，所以 $12D$ 的热处理强度可以将罐内微生物降低到平均 10^{-6} 个，即每 100 万罐中将有 999999 罐是完全无菌的，这种情况被认为是足以将罐内的微生物全部杀死。

对于酸性食品而言，由于肉毒梭状芽孢杆菌不能在 pH 4.6 或更低的食品中生长，所以没有必要采用上述的热处理条件。大多数酸性食品仅需在 100℃ 或更低的温度下保温几分钟就可以达到安全的目的。表 5-1 列出了一些常见食品的 pH 值、致腐败因子及其需要的热处理条件。除了 pH 之外，食品体系中某些香辛料和化学药品在杀菌中可以与热处理协同作用，降低所需的热处理强度。

3. 接种装罐试验

仅仅通过计算来确定安全热处理的条件实际上相当困难，特别是应用于一种新产品时。在实际操作中，通过热力致死曲线、传热速率和具体杀菌锅的特性而得的数学公式通常只用做一个安全热处理的粗略界定，而其结果需采用接种装罐试验的方法进行检验。

接种装罐试验的方法是这样的，先在每个罐中接种大量的耐热食品腐败菌，如PA 3679，根据公式计算热处理所需时间，比如说需要 60min，那么所试验的罐装食品可分别加热 50min、55min、60min、65min 和 70min，然后将罐装食品放进杀菌锅中杀菌。接着将杀菌完毕的罐头放置在一个适宜于所有残存孢子生长的温度下，定期检测其中的微生物数量，确定食品中细菌的生长情况和食品腐败变质的程

表 5-1 常见食品的 pH 值、致腐败因子及所需热处理条件

酸性强弱	pH	食品	致腐因子	热处理条件
低酸性	7.0～6.0	玉米、橄榄、鸡蛋、牛奶、鸭、鸡肉、牡蛎、鳕鱼、蟹肉、沙丁鱼	嗜中温厌氧芽孢菌 嗜热菌 加工中释放的酶 肉毒杆菌	高温处理 116～121℃
		腌制牛肉、利马豆、豌豆、胡萝卜、甜菜、莴苣、马铃薯		
中等酸性	5.0～4.5	无花果、番茄汁		
		馄饨、辣椒		
酸性	4.5～3.7	马铃薯沙拉	非芽孢嗜酸菌 嗜酸芽孢杆菌 天然酶 酵母 霉菌	沸水处理 100℃
		番茄、梨、杏、桃、柑橘		
		酸泡菜、菠萝、苹果、草莓、葡萄		
强酸性	3.7～2.0	泡菜		
		调味品		
		蔓越橘汁、柠檬汁、酸橙汁、葡萄汁		

度。比如可以观察由于气体产生所导致的胀罐，同时对未发生胀罐的样品进行微生物方面的检验。在保证样品确实达到商业无菌的前提下，最短的那个热处理时间就可以用作生产操作的规定时间。

4. 温度-时间组合

微生物和各种食品对加热时间和温度的敏感性存在差异是一种普遍的现象。破坏微生物效果相同的温度-时间组合对食品的损害作用可能远远不同。从热力致死曲线确定破坏低酸介质中的肉毒梭状芽孢杆菌所需的温度-时间组合，可以发现下面的一些组合具有差不多的杀菌效果：

127℃时保温 0.78min　　124℃时保温 1.45min　　116℃时保温 10min　　110℃时保温 36min
121℃时保温 2.78min　　118℃时保温 5.27min　　104℃时保温 150min　　100℃时保温 330min

这些数据表明达到相同的杀菌效果，温度越高杀菌所需要的杀菌时间越短。从破坏食品的色泽、风味、质地和营养价值的角度来看，长时间比高温影响更为显著。因此可以利用高温杀菌来缩短热处理的时间，同时维持食品的品质，在加工热敏性食品时一般推荐尽可能采用高温瞬时的热处理方式，而避免低温长时间的热处理。当然，相对于低温长时的热处理方式，高温瞬时杀菌所要求的设备更为复杂，也更为昂贵。

二、热保藏方式

通常在对食品进行热处理消除其中的微生物和酶类的不利影响时，往往也会给食品的营养和感官品质等带来一些负面影响。因此，在选择热处理方式时，理想的状况是完全除去食品中的病原体和毒素，同时又能赋予产品理想的储存寿命。

简单地讲，热保藏加工可以分为两大类：一类是对已包装的食品进行热处理；另一类则是先加热再包装。对于先加热再包装的热保藏方式来讲，特别对那些容易分批进行快速热交换的食品体系（比如液态食品），食品质量所受的影响通常较小。

然而这种热处理方式需要随后的罐装是在无菌或接近无菌的条件下进行。对于先包装后加热的热处理方式来讲，其工艺简单，产品质量也能为消费者所接受，所以大部分罐装食品采用这种方式处理。

（一）冷点

冷点是指在罐头加热时，该点温度变化最慢，可作为代表罐头容器内食品温度变化的温度点。加热时该点的温度最低，冷却时该点的温度最高。热处理时，若处于冷点的食品达到热处理的要求，则罐内其他各处的食品也肯定达到或超过要求的热处理程度。加热罐装固态食品时，如果热传递以传导的方式进行，冷点通常是位于罐的正中心；而当存在罐内对流时，除非不断地搅动，否则其冷点将低于绝对中心。为了实现商业无菌，热处理时必须保证罐内冷点处到达杀菌温度并在此温度下保持足够长的时间，使冷点处最耐热的细菌孢子也被杀死。

（二）先包装后加热方式

1. 静止式杀菌

静止式杀菌锅在罐装食品加热方式中最简单，应用最广泛。在整个静止式热处理过程中，罐装食品始终保持静止状态，其操作温度一般不高于 121℃。对于固态食品或黏滞性的液态食物，采用静止式杀菌或许会使靠罐壁的食品被烧煮变质。因为静止式杀菌锅内介质的对流难以达到充分循环的效果。欲使罐内冷点处到达杀菌温度，静止式杀菌需时较长，所以导致部分食品品质的损失。

2. 搅动式杀菌

考虑到传热对象的流动性对加热效果的影响，采用搅动式杀菌可显著缩短加热时间，提高加热效率，减少食品受热粘壁的可能性，特别是对液态或半液态的食品。搅动式杀菌物料受热较均匀，有利于保持食品的营养和感官质量。搅动式杀菌锅的搅动方式多种多样，有的使外罐呈筋头式翻转，有的使罐绕长轴旋转，不同的搅动方式适用于不同物理性状的食品。为了保证食品在罐内有效地翻转，通常要留有足够的顶隙。

3. 杀菌过程中的压力问题

由于蒸汽相对容易获得、能源利用效率较高，一般工业化杀菌的高温是由高压蒸汽提供的。在实际杀菌过程中，较为常见的压力问题是由于罐内压力高于罐外压力引起的。在使用分批式杀菌锅时，如果在完成一批杀菌处理后减压过快或是杀菌后的热罐从高压杀菌锅突然移到常压环境时都容易发生这种情况。对于玻璃瓶，这种情况的后果要严重得多，因为玻璃瓶盖子的密封性比起金属罐要差得多，所以一旦出现超压就容易跳盖。

目前，针对灭菌过程中压力差导致的机械损坏，研究者已开发多项防范技术。对于因为罐内的高真空度，一般考虑选用更为耐压的金属作为包装材料。如使用玻璃瓶罐，在杀菌时常常在杀菌锅水层上引入压缩空气平衡罐内外的压力以防止跳盖发生。在移出杀菌锅前，将热处理完毕的罐装食品进行一定程度的冷却也是一种降低罐内压力的常用办法。食品设备制造商已经充分考虑到这一点，比如在很多连续式杀菌装置中，常在加热区后设置降压冷却区，使杀菌后的罐装食品移到常压环境前经过适当的冷却平衡。

4. 静水压式蒸煮与冷却

食品工业中通常倾向于选择连续式杀菌锅以提高生产效率。搅动式连续杀菌锅一般装配有供罐装食品进入和离开杀菌室的特殊的阀门和锁定装置以保证气密性。静水压式蒸煮器和冷却器是另一类常见的连续式杀菌锅，它靠静水压平衡杀菌区的蒸汽压力。这种热处理设备主要由一个 U 形管和与其相连的一个位置稍低的大腔体构成。操作时，蒸汽从大腔体进入，热水和冷水分别充满在 U 形管的两个管中（图 5-3）。罐装食品由链式输送带沿热水管送入，接着进入蒸汽区，在该区内输送带可安排成波浪形起伏以增加罐头的停留时间，经蒸汽区杀菌后的罐装食品再沿着冷水管往上送出。调节 U 形管两端管内水柱的高度，使之与杀菌区的蒸汽压力相平衡。

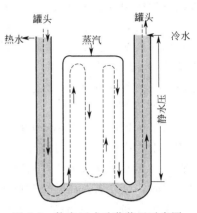

图 5-3　静水压式杀菌装置示意图

静水压式蒸煮器和冷却器对各种包装罐都显现出独特的优势：当罐装食品沿热水管进入蒸汽区，罐内压力随着食品水分的汽化而增加，但是这个增加的内压也始终被罐外不断增加的静水压所平衡。同样，当内压较高的罐头通过了水封并沿着冷水管上升时，内压会逐渐降低，这个降低也会因为冷水管中的静压头不断减少而得到平衡。用这种办法可以避免由于压力的突然变化所带来的罐内外巨大的压力差对包装罐的损伤。

（三）先罐装后加热方式

食品罐装后加热时，热能在罐体内穿透相对较大体积的食品需要较长的时间，而采用罐装前加热则可使细分状态的食品连续地与热交换表面或加热介质直接接触而快速地受热。因此很多食品采用装罐前热杀菌，特别是对于热敏性食品。

1. 间歇式低温长时巴氏杀菌

采用间歇式巴氏杀菌时，通常是将流态食品泵入蒸汽加热的夹套锅，使其温度升至指定温度，保持一定的时间后再泵入板式换热器中冷却，最后装瓶或装盒。对牛奶而言，典型的操作条件如下：快速升温到 62.8℃，保温 30min，快速冷却至保藏温度。上述热处理不仅能杀灭普通的病原菌，还能钝化导致牛奶酸败的脂肪酶，因此对于牛奶货架期的贡献很大。目前在一些地方间歇式巴氏杀菌仍被广泛应用，但在许多地方则已被高温瞬时杀菌所取代。

2. 连续高温短时杀菌

对于牛奶，高温短时杀菌所使用的温度一般不低于 71.7℃（161℉），杀菌时间不少于 15s。这样的热处理强度可以达到与间歇式相当的杀菌效果。在高温短时杀菌系统中，冷藏罐中的原料乳经热交换迅速升温到杀菌温度，然后进入保温管中，保温管的末端装有一个精确的温度感应装置和阀门，一旦到达保温管末端的牛奶温度下降（即使只下降了 1℃），转向阀会把这段流体送回到换热器重新加热。

这样最终可以保证牛奶的任一部分都在不低于71.7℃的温度下保温至少15s，确保所有牛奶都受到足够强度的热处理。

3. 无菌包装

采用罐装前热处理的方式离不开无菌包装技术的支持。无菌包装是指食品在装罐前先经连续式灭菌或商业无菌处理，然后在无菌环境中装入已预先杀菌过的包装容器并密封。迄今为止，工业中应用最成功的无菌包装形式是采用纸和塑料材料，包括杀菌、成型、装盒、密封等连续完成的操作。一般采用热处理或热处理与其他方法（如使用过氧化氢杀菌剂）相配合的处理方式对包装材料进行杀菌。

无菌罐装的整个操作需在无菌室内进行，先用过热蒸汽将罐和盖子杀菌，然后向罐内注入已经热交换杀菌的产品，待装满后即可封盖。通常产品的杀菌和容器的杀菌协调一致，使得两者可以同步进行。目前，这一技术已经发展到了杀菌后的食品可在无菌条件下直接装入已预先杀过菌的贮罐和储运车中。

4. 换热器

为了达到快速升温或降温的目标，板式或列管式换热器被广泛应用于液态食品的传热中。这些换热器可以让食品的温度在1s内迅速升至杀菌温度，比如135℃，并在1~2s内完成杀菌，得到高质量的产品，并显著地降低能耗。在需要更长的杀菌时间时，可以像在高温短时巴氏杀菌时那样设置一段保温管。这种在极高温度下的快速杀菌即被称为超高温（UHT）杀菌。为了保证食品的质量，食品在杀菌后需要快速冷却，也可以使用板式换热器或者管道刮板式换热器，只需以冷却剂代替蒸汽。

5. 热装罐

热装罐是利用高温食品装入容器到容器冷却封口前的一段时间里食品本身的热量所产生的杀菌作用使包装容器达到商业无菌的目的。其容器必须是清洁的。热装罐最适合应用于酸性食品，因为在酸性条件下，细菌的热力致死温度较低，而对于低酸性食品（pH>4.6），热装罐一般并不适合。因为在缺乏足够的酸时，仅凭杀菌食品的残热不足以杀灭存在于容器表面或在装罐和封口时进入容器的芽孢。

作坊中制作果酱罐头时，通常把热酱倒入已预先在沸水中烫过的罐中，装罐结束后稍置片刻，然后把罐倒过来放置以保证罐内热的酸性的酱能充分地与封盖表面接触、杀菌，这实际上就是热装罐的一种。

三、食品组分的保护作用

1. 食品组分的直接保护作用

一般来说，高浓度的糖溶液可以保护微生物孢子，因此加糖浆的水果罐头需要较高的温度或较长的时间才能灭菌。与糖浆一样，食品中所含的淀粉和蛋白质对微生物也有相当的保护作用。脂肪和油会妨碍湿热的渗透，因而其保护微生物和孢子的能力更强。对于高含油量的肉制品及鱼制品，其杀菌强度要求往往较高。同样，由于冰淇淋浆料中脂肪和糖的含量比牛奶高，巴氏杀菌时达到相同的杀菌效果所需的温度更高、时间更长。

在微生物致死方面，由于蒸汽是热的良导体，也可以渗透入细菌细胞和孢子，因此相同温度的湿热比干热的致死能力强。这样的话，如果将微生物包埋在脂肪球中，就会阻碍蒸汽向细胞的渗透，此时，蒸汽加热的效果就近似于干热。

2. 食品组分的导热性能

除了直接的保护作用外，食品材料导热性能的差异也会间接地影响其对微生物的保护作用。一般来说，淀粉溶液受热处理后黏稠度增大，因而罐装含淀粉食品在杀菌装置中受热后，热在食品中的传递速度随时间的延长而减慢，所需的杀菌时间也相应地延长。为了避免这种情况，可以采用改性淀粉，改性后的淀粉在加热初期不起增稠作用，而是在加热后期或冷却时使体系增稠。加入这种改性淀粉的食品在进行热处理时，可以保持最高的传热速度，相应地减少杀菌时间和热处理对食品品质的破坏，而且在冷却时仍能达到理想的增稠效果。

3. 包装容器

装盛食品的容器的大小和类型对杀菌过程也会产生影响。与圆柱形的金属罐比较，使用薄型软盒可加快热量传递到冷点的速度。容器的材料对传热也有较大影响，通常金属罐的传热优于塑料罐，所需处理时间较短。

四、加热处理对食品质量的影响

食品的色泽主要与产品细胞结构内的色素有关。在多数情况下，这些色素是热敏性的，其亮度会因热处理过程而减弱。尽管在多数情况下需要保持色泽，但也有一些产品希望改变色泽。

在多数产品中，热处理过程对于风味的影响肯定是负面的。风味的变化通常涉及产品中蛋白质结构的变化、淀粉或其他碳水化合物的变化以及脂肪成分的变化。热处理过程对这些产品组分的影响造成消费者难以接受的异味。产品成分变化所导致的风味变化是一系列复杂反应的结果，大多数这些反应在高温下反应加速。其中有些反应开始于热处理过程，但在储藏过程中仍继续进行，以致更难加以控制。

商业杀菌过程也影响到食品的质构或强度。果蔬组织都是热敏性的。因热处理造成的细胞破裂易使组织软化。质构上的这些变化在有些情况下是有利的，但在多数情况下认为是不利于产品质量的。热处理对质构产生积极作用的一类产品是肉类制品。热处理造成的细胞组织的破裂使产品更加软嫩，也更令人满意。热处理过程对液体食品的强度的影响主要取决于其组成，多数情况下，高温可降低产品黏度。然而，在其他类产品中，热处理的影响可导致产品变稠或黏度增加。

热处理为消费者提供了很大的方便性和安全保证。尽管传统的热处理会造成食品质量的下降，但通过优化热处理过程可以更好地保持质量特性。

第二节 低温保藏及加工

低温保藏是最古老的食品保藏手段之一。时至今日，伴随着家用冰箱、冰柜的普及，现代冷藏和冷冻食品工业有了突飞猛进的发展。由冷冻设备、冻藏库、冷冻运输设备、冻藏设备及家用冰箱组成的整个低温链，对全球范围内易腐食品的贸易、大城市新鲜水果蔬菜的供应等发挥着不可或缺的作用。低温保藏技术的发展还打破了食品供应的季节性，同时使得同一食品的价格一年四季基本保持稳定，它给人们的生活带来了极大的帮助。

在低温保藏方法中，冻藏对食品长时间保藏具有更大意义。正确的冻结几乎可以完全保持食品原有的大小、外形、质构、颜色和风味。冻藏的出现对方便食品进入家庭、饭店以及公共餐饮业起着至关重要的作用。种类繁多的深加工冻藏食品的出现标志着食品工业的一次重大革命，也反映了人们饮食习惯的巨大变化。

一、低温保藏的原理

（一）冷却与冷藏

与热处理、脱水、辐射等食品保藏方法相比，冷藏是最为温和的一种保藏方法。冷藏是将食品温度降低到接近冻结点而不冻结的一种食品保藏方法，冷藏温度一般为$-2 \sim 16℃$，商用和家用冷藏柜的操作温度通常是在$4 \sim 8℃$。只要遵循一些简单的规则且保藏的时间不要过长，那么冷藏对食品口味、质构、营养价值以及其他一些性质几乎没有什么负面影响。但冷藏对货架期的贡献却无法与热处理、脱水、辐射、发酵或冻藏相媲美。表5-2列出一些食品在不同温度下的平均保藏寿命。在$0℃$下，鲜肉、鱼、家禽和一些水果、蔬菜等易腐食品的保质期一般低于2周，而在通常的冷藏温度$5.5℃$下，保藏寿命则少于1周。如果在$22℃$或更高的温度下储存时，这些食品则会在一天内变质。

表 5-2　一些食品在不同温度下的保藏寿命　　　　　　　　　　天

食品名	储藏温度		
	0℃（32℉）	22℃（72℉）	38℃（100℉）
肉	$6 \sim 10$	1	<1
鱼	$2 \sim 7$	1	<1
家禽	$5 \sim 18$	1	<1
鱼干和肉干	1000 或 >1000	350 或 >350	100 或 >100
水果	$2 \sim 18$	$1 \sim 20$	$1 \sim 7$
水果干	1000 或 >1000	350 或 >350	100 或 >100
叶菜	$3 \sim 20$	$1 \sim 7$	$1 \sim 3$
块根植物	$90 \sim 300$	$7 \sim 50$	$2 \sim 20$
干种子	1000 或 >1000	350 或 >350	100 或 >100

易腐食品常常会在呼吸过程中产生热量，或将代谢物从一种形式转化为另一种形式，在收获或宰后到冷藏的几小时内发生显著的变质。因此从原料的收获或屠宰起到完成运输、库存、出售和最终消费前的全过程都需要进行冷藏。

除延长保质期外，冷却还可以给食品带来其他的益处。冷却可以降低食品中某些化学反应、酶催化反应以及微生物生长和代谢的速度。奶酪的冷却成熟、牛肉的冷却成熟、葡萄酒的冷却陈化都是如此。冷却还有助于改善梨的削皮和去核性能、减少柑橘榨汁和粗滤过程中风味的变化、防止食用油中蜡质的沉淀。另外，冷却还有助于提高软饮料中CO_2的溶解度。

（二）冻藏

冻藏与冷藏存在显著差别。冻藏是采用缓冻或速冻方法将食品冻结，而后再在能保持食品冻结状态的温度下储藏的保藏方法。常用的冻藏温度为$-12\sim-23℃$，而以$-18℃$为最为常用。根据食品种类的差别，易腐食品的冷藏保质期约为几天到几周，而冻藏往往能使包装合理的食品的保质期达到几个月甚至几年。

1. 起始冻结点

不同溶液冷却后开始冻结的温度不同。一般溶质浓度较高时，溶液的冰点低。因此，溶液中盐、糖、矿物质或蛋白质的含量越高，体系的冰点越低，冻结所需的时间也就越长。而且随着冻结的进行，溶质浓度不断提高，所以完全冻结需要极低的温度。考虑到各种食品的含水量、溶质种类和数量的差别，各种食品的起始冻结点一般存在一定差异。在相同的冻结条件下，到达固态冻结状态所需的时间也不同。

2. 冻结曲线

单个食品的不同部位在冻结过程中并非均匀一致。比如液态食品，靠近容器壁的部分一般先冻结，而且析出的是纯水的冰晶。水的不断结晶析出，使液态食品中固形物的浓度增大。随着冻结的继续，浓缩了的液态食品也逐渐冻结，固形物浓度进一步增大，最后只剩下一个高浓度的液态内核，如果温度足够低的话，内核最终也将冻结。

在纯水的冻结曲线中，只要体系还有液态水存在，体系的温度就不会低于冻结点温度。对于牛肉或其他食品，在水的结晶过程中，体系温度呈持续下降趋势，这主要是因为随着冰晶量的增多，溶液相中固体溶质浓度不断增大，溶液的冻点温度则相应地逐渐降低。

由于食品的组分各不相同，各种食品都有自己的特征冻结曲线（图 5-4）。一般来说，只要冻藏食品与冻藏环境之间有足够的温差，冻结曲线上就会出现明显的过冷区、温度迅速回升区以及温度连续下降区。温差是食品热量连续散失的驱动力。

3. 冻结过程中食品的变化

冻结过程控制不当时，会发生食品质构丧失、乳状液破乳、蛋白质变性及其他一些物理和化学变化。其中，食品的组成对冻结过程中食品物化性质的改变影响最大。

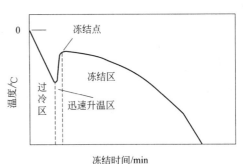

图 5-4　典型的食品冻结曲线

(1) 浓度效应　随着冻结的进行，食品中液态部分浓度会逐步提高，这有可能会促进嗜冷微生物的生长和使食品中的酶表现出更高的活力，也可能会导致食品的质构、颜色、风味以及其他性质的劣变。概括起来，浓度效应对食品品质的影响是主要包括以下几方面：①液相中溶质过饱和产生沉淀，影响食品的质构，产生沙感；②液相中溶质浓度过高，产生盐析效应，导致蛋白质变性；③酸性溶液的冻结浓缩使 pH 降低至体系所含蛋白质的等电点，引起蛋白质凝结；④胶态悬浮体与体系中阴离子和阳离子浓度之间的平衡关系被破坏，导致胶态悬浮体系失稳；⑤溶液中气体的浓度过饱和，导致气体从溶液中逃逸；⑥细胞外液中冰结晶析出和临近冰晶处的溶液被浓缩，胞内水通过细胞膜向胞外扩散，导致食品组织破坏。因此，为了保障冻藏食品的质量，大多数食品需冻结至固态或非常接近固态。

(2) 生成冰晶　很多食品的细胞内和细胞间都有水分。通常，水分快速冻结时生成小的冰晶；缓慢冻结时则形成大的冰晶和冰晶簇。与小冰晶相比，细胞内或细胞间的大冰晶会给细胞带来更多的物理损伤。大的冰晶不仅会破坏生物细胞，而且还会导致乳状液的破乳、泡沫结构的塌陷和凝胶结构的破坏。

4. 冻结速度

速冻有利于形成小的冰晶和削弱浓度效应。因此，现代冻结手段和冻结设备的发展大都着眼于实现快速冻结，为达到快速冻结所增加的费用可以从食品质量的提高得到补偿。在实际操作中，当冻结速度达到 1.3cm/h 时，就可以满足大多数食品的冻结要求。

5. 终点温度的选择

冻结终点温度和冻藏温度的选择一般要综合考虑食品质构的变化、酶或非酶化学反应、微生物的变化以及冻结费用等诸多因素，通常选择在 $-18℃$ 或更低。冻藏温度对一些食品储藏期的影响见表 5-3。在 $-18℃$ 下，如果配合合理的包装，许多蔬菜、水果和非脂肪肉类的保质期可达 12 个月或更长。但冻藏时大多数鱼类并不稳定。当冻藏温度较高，在 $-9 \sim -7℃$ 时，保质期一般仅有几天到几周的时间。

表 5-3　冻藏温度对食品储藏期的影响　　　　　　　　　月

食 品 名	储 藏 温 度		
	$-18℃$	$-12℃$	$-6.7℃$
橘汁(已经热处理)	27	20	4
桃子	12	<2	6 天
草莓	12	2.4	10 天
菜花	12	2.4	10 天
青刀豆	11~12	3	1
青豌豆	11~12	3	1
菠菜	6~7	<3	0.75
原鸡(合理包装)	27	15.5	<8
炸鸡	<3	<30 天	<18 天
土耳其饼	>30	9.5	2.5
生牛肉	13~14	5	<2
生猪肉	10	<4	<1.5
低脂生鱼肉	3	<2.25	<1.5
高脂生鱼肉	2	1.5	0.8

6. 解冻

冻制食品的解冻就是使食品内冰晶体状态的水分转化为液态，同时恢复食品原有状态和特性的工艺过程。影响解冻的因素包括：①缓慢冻结的食品经过长期冻藏后，在解冻时就会有大量的水分析出；②冻藏温度对解冻肉汁损耗量也有影响；

③动物组织宰后的成熟度在解冻时对汁液流失有很大影响；④解冻速度对肉汁损失也有影响。

冻藏期间反复的冻结-解冻对食品的保藏非常不利。几乎所有用于冻藏食品销售、储藏的商业制冷设备在工作时温度都处在一个范围，比如－16～－20℃内，系统工作时，冻室温度从范围上限降至下限再回到上限，通常会历经 2h。这样的话，冻藏 1 个月，会经历 360 次温度循环，而一年就是 4000 次。反复的冻结-解冻就会增大冰晶尺寸，冻藏食品的质量因而受到显著的影响。

解冻速度也是造成冷冻食品质量损失的一个因素，尤其是当解冻速度很慢的时候，食品组分与高浓度低共熔混合物的接触时间就增长，从而加强了浓缩效应带来的危害。

从外界介质和食品热交换方式看，食品解冻方法有如下几种：①空气解冻法，又分 0～4℃缓慢解冻、15～20℃迅速解冻以及 25～40℃空气蒸汽混合介质解冻；②水或盐水解冻法，用 4～20℃水或盐水介质浸没式或喷淋式解冻法；③在冰块中的解冻法；④在加热金属面上的解冻法。一般零售包装的水果应当在非敞口容器中解冻，可在冰箱中用 3～5℃的温度解冻 6～12h，也可以在空气中解冻 3～6h。未加糖的水果可以撒上糖，或浸泡在糖浆中，放在一个有盖的容器内解冻，这不仅可缩短解冻时间，而且明显增进了水果风味。容易褐变的水果可以在 0.1%～0.5% 抗坏血酸溶液中或在糖浆中解冻。冻结蔬菜可直接烹煮，大多数能保持较大体积、较好形态和质地，且所需要的烹调时间比相应的新鲜蔬菜少 1/3，烹调时应尽可能少加水。

二、冷藏工艺的控制

影响新鲜制品冷藏效果的因素有以下方面：①食品原料的种类、生长环境；②制品收获后的状况，比如是否受到机械损伤或微生物污染、成熟度如何等；③冷却方法；④运输、储藏及零售时的温度、湿度状况。要达到有效的冷藏，必须选择质量优良的食品原料，同时设计好采后处理的条件，确立合理的冷却、冷藏条件，监控冷藏过程中的变化。特别需要注意的是低温控制、空气循环、湿度控制和气调。

1. 低温控制

冷柜、冷藏室和冷库应合理设计，具有足够的制冷能力和良好的绝热性能，以确保冷藏空间的温度维持在选定温度±1℃的范围。需要考虑的因素包括：冷藏空间的绝热性能、冷藏空间内放热电灯的数量、处于工作状态的电动机的数量、冷藏区域可能出现的操作工人的数量、与热空气相通的门的开启频率以及同期冷藏的食品的种类和数量。

2. 空气循环和湿度

冷藏过程中，需要借助恰当的空气循环将食品表面的热量向制冷中心和制冷面转移。同时，控制得当的空气湿度有利于保持冷藏食品的质量。空气湿度过高会导致冷藏食品表面水分凝结，并可能会导致霉菌在食品表面的生长；过分干燥的空气则会引起食品失水。

不同种类的食品表面霉菌生长或干燥失水的空气湿度条件各不相同，大多数食品在冷藏温度下保藏时所需的最佳相对湿度在 80%～95% 之间。任一食品的最佳相对湿度都与其水分含量及水分散失的难易程度有关。芹菜和其他一些脆性蔬菜冷藏时的最佳相对湿度为 90%～95%；坚果类则在 70% 的相对湿度下冷藏效果最好；奶粉、鸡蛋粉等干粉状产品适于在非常干燥的环境中储存，因此需采用防水外包装避免结团、结块。

冷藏时还可采取一些其他的辅助手段来保持产品的质量：①防水包装，它可以减少易失水食品的水分散失，否则食品中水分会连续散失进入冷藏空间，导致食品严重干耗。②塑料包装或防水涂层，大块分割肉一般被密封在塑料袋内或经喷涂各种防水涂层后保藏。奶酪也往往用塑料薄膜包装。③涂蜡或食用油，在奶酪外面涂蜡不仅能减少水分的散失，而且可以防止由于表面霉菌生长造成的污染。为减缓鸡蛋中水分的散失，可在鸡蛋表面涂上一层食用油以封住蛋壳上的微孔。

3. 空气调节

果蔬在冷藏过程中可能成熟过度。气调保藏是人工调节储藏环境中氧气及二氧化碳的比例，以减缓新鲜制品的生理作用和生化反应速度，从而达到延长货架期的目的。气调保藏一般采用比普通冷藏更高的相对湿度（90%～95%），这可以延缓新鲜制品的皱缩并降低质量损失。目前已经商业化应用气调储藏的制品主要有新鲜肉制品、鱼制品、水果及蔬菜、焙烤制品及干酪。

使用抗微生物蒸气或熏蒸剂控制霉菌的生长、使用乙烯加速柠檬和香蕉的成熟以及颜色的变化也属于气调保藏的范畴。此外，采用液氮冷藏时氮气取代冷藏区的空气，也可以归类于气调保藏方式。

三、影响冻结速度的因素

1. 食品组成

食品组分的导热性能随温度的改变而变化。以水为例，水在转化成冰之前的导热系数变化不大。当食品转化为冻结态时，冰的导热系数远高于水，食品导热迅速加快。食品的组成不仅是指其化学组成和各组分的导热系数，而且包括各组分的物理分布。比如一块切割肉中脂肪的分布情况，以及肌纤维的排列方向与制冷表面之间的相对位置是相对平行还是垂直，都会影响切割肉中的热传导速度。

总的来说，食品组分对冻结速度的影响可以概括为以下几点：①含脂肪或气体较多的食品，其冻结速度较慢；②由于水转化成冰时导热系数发生变化，在冷却和冻结过程中，其降温速度并非恒定；③食品的物理结构影响冻结速度，油/水型乳状液的导热系数高于具有相同化学组成的水/油型乳状液，因此，油/水型乳状液的冻结速度也高于水/油型乳状液。

2. 非组分的影响

空气流速、食品黏度、搅拌情况、食品与制冷介质的接触情况和食品包装等非食品组分的因素都会影响冻结速度，并在冷冻体系的设计中起着决定性的作用。非组分因素对冷冻体系的影响具有如下规律：食品与制冷介质之间的温差越大，块片状食品的厚度越薄或食品外包装材料的导热系数越大，制冷空气的流速或制冷剂循环速度越快，食品与制冷介质之间的接触越紧密，制冷效率越高或制冷剂的热容越大，冻结速度越快。

四、食品冷藏中的主要变化

不论是植物性食品原料还是动物性食品原料在冷却和冷藏中部将发生一系列变化，研究和掌握这些变化将有助于改进食品冷却冷藏工艺，避免和减少冷却冷藏食品品质的下降。冷却冷藏中的变化与食品的种类、成分及冷却冷藏条件密切相关。新鲜肉类食品原料在冷却过程中的成熟作用有助于提高肉的品质，除此之外，各种食品的其他变化均不同程度使食品品质下降。

1. 食品水分的蒸发和干耗的形成

在空气介质中冷却无包装或无保护膜的食品，如肉、禽、蛋、水果、蔬菜时，食品在冷却过程中向外散发热量的同时，还向外蒸发水分，造成食品的失水干耗。对于采用能透过水蒸气包装材料包装的食品，这种食品失水干耗将会不同程度地发生。食品失水干耗发生后，不但造成质量减小，对食品原料还将造成不同程度的危害。水果、蔬菜类食品失水后将失去新鲜饱满的外观。当失水减重超过 5% 时，水果、蔬菜会出现明显的萎蔫现象。无包装肉类食品原料在冷却冷藏中会发生表层失水形成干耗，同时肉的表面收缩、硬化，表皮形成干燥皮膜，肉体表面的颜色也将变暗。蛋品在冷却冷藏中经外壳孔隙失去水分后，不仅造成质量减小，还会因水分蒸发而造成气室增大，蛋品品质降低。

食品在冷却过程中的水分蒸发造成的干耗除与食品的种类有关外，还与食品和冷却介质空气的温差、空气介质的湿度、空气的流速有关。在冷却和冷藏的初期，食品水分蒸发的速率较大。

2. 后熟作用

水果按其成熟时是否伴随有呼吸高峰可分为有呼吸高峰型和无呼吸高峰型两类。成熟前适时采收的有呼吸高峰型水果，在呼吸作用下可以逐渐向成熟转化，果实内的成分和组织形态也将进行一系列的转化。如表现为可溶性糖含量升高、糖酸比例趋于协调、可溶性果胶含量增加、果实香味变得浓郁、颜色变红或变艳、硬度下降等一系列成熟特征。果实离开母体或植株后向成熟转化的过程称为后熟作用。

有呼吸高峰型的水果在低温冷藏期间，将伴随着后熟作用的发生。后熟作用过程的快慢因果实种类、品种和储藏条件而异。对低温冷藏的有呼吸高峰型的水果也可以对其进行人为控制的催熟，以方便适时的加工或鲜货上市的需要。

3. 肉的成熟

刚屠宰后动物的肉是柔软的，并且具有很高的持水性，经过一段时间的放置，肉质会变得粗硬，持水性大大降低。继续延长放置时间，则粗硬的肉又变成柔软肉，持水性也有所恢复，而且风味也有极大改善。肉的这种变化被称之为肉的成熟变化。在冷却冷藏的条件下，肉类在低温下缓慢进行着成熟作用。由于动物的种类不同，成熟作用的表现也不同。

4. 冷害

生长在热带、亚热带的水果、蔬菜，由于系统发育处于高温多湿的气候环境中，形成对低温特别敏感的特性。在低温冷藏中，储藏温度虽未低于其冻结点，但储藏温度低于其临界值时，这些水果、蔬菜就会表现出一系列的生理病害现象。这种由于低温所造成的生理病害现象称之为冷害。温带的许多水果、蔬菜的品种也会遭受冷害。

大部分果蔬低温冷害症状是外表呈凹陷斑点或条纹，一些表皮较薄的果蔬或组织结构柔软的果蔬则易出现水渍状斑块。发生低温冷害的果蔬组织内部常出现软化、褐变、纤维化现象。冷害病常使果蔬不能正常成熟，并产生异味。

5. 寒冷收缩

宰后的牛肉在短时间内快速冷却会发生肌肉显著收缩，以后即使经过成熟过程，肉质也不会十分软化，这种现象称为寒冷收缩。一般来说，宰后 10h 内，肉温降到 8℃以下，容易发生寒冷收缩。但这个温度与时间并非是固定的，成牛与小牛，或者同一头牛的不同部位都有差异。如成牛对应温度是 8℃，而小牛肉对应温度是 4℃。

6. 串味和移臭

在食品冷藏中，有时品种较多且数量不多，而不可能按一个品种单独存入一个冷藏间。这种情况下，如果将有强烈气味的食品与其他食品放在同一个冷藏间内，这些强烈的气味就可能串给其他食品。对于那些在冷藏中容易放出气味或容易吸收气味的食品，即使储期很短，也不宜将它们放在同一个冷藏间内。苹果不宜和芹菜、甘蓝、马铃薯或洋葱放在同一个冷藏间。芹菜和洋葱会相互影响品质。苹果和柑橘的气味会迅速转给乳制品，乳制品最容易吸收其他气味。马铃薯也极易使其他食品产生异味，因而不宜和水果、鸡蛋、乳制品及坚果等共同储藏。鸡蛋和鱼或某些蔬菜一起储藏时，就会变成异味蛋。

蒜也是气味强烈的蔬菜，蒜和其他食品放在一起时很容易使其他食品染上蒜臭味。另外，冷藏库长期使用后，会有一些特有臭味，称冷藏臭，也会转移给冷藏食品。

7. 脂肪的氧化

冷藏过程中，食品中所含有的油脂会发生水解、脂肪酸的氧化、聚合等复杂的变化，同时使食品的风味变差，味道恶化，出现变色、酸败、发黏等现象。这种变化严重时也称为"油烧"。

8. 食品在冷却冷藏中的其他变化

冷却冷藏中食品发生的各种变化中只有肉的成熟变化是有助于提高食品的品质，其他变化均引起食品品质不同程度的降低。食品在冷却冷藏中除可能发生以上几种不良变化外，还可能发生其他一些不良变化。

甜玉米在冷藏中会发生糖分转化为淀粉的变化，使其失去甜味；果蔬在冷藏中会出现各种营养成分损耗性变化，最突出的是维生素 C 的损耗；肉在冷却冷藏中，其肌肉表面和切开面的颜色由原来的紫红色变为亮红色，尔后呈褐色；面包和蛋糕食品在冷藏条件下存放时加速了老化过程，淀粉分子由 α 状态逐步转变成 β 状态，很快变硬失去新鲜状态；颗粒状、粉末状食品长时间冷藏时，由于微小食品颗粒或粉末吸潮后凝结,发生结块现象。

第三节　食品的脱水和浓缩

人们早在数百年前就学会自然风干鱼类和肉片达到干燥的目的,用这种办法干燥动物产品往往时间较长,食物中难免滋生细菌孢子,所以人们逐渐开始使用烟熏和盐渍配合自然风干来处理需要储藏的食物。尽管日晒干燥的方法十分经济,但它仍有诸多限制:①日晒强烈地依赖于天气,不稳定;②干燥过程慢,不适用于高品质的食物;③水分含量难以降低到15%以下,而这一水分含量对大多数食品而言显然太高;④需要大面积空地,而且日晒过程中食品很容易被污染或被灰尘、昆虫和鼠类侵袭,有时甚至会沾上鸟粪。

随着人类对科学技术的认识和掌握不断加深,脱水和浓缩的方法开始被人们用于食品的保藏。通常,食品在脱水过程中被干燥到最终水分含量为1%~5%。优良的脱水食品在复水时,所得到的体系应该与未经过脱水处理前的体系非常接近:一方面尽可能地降低水分含量以保证产品获得最佳储存稳定性,一方面又要尽可能地避免食品原料在操作过程中发生变化。要兼顾这两点,食品脱水在工艺方面的难度是相当大的。食品浓缩过程也有类似的情况,特别是对热敏性食品,也需要兼顾产品质量和操作费用两个因素。

一、食品的脱水

食品脱水的最主要的目的是保藏。脱水也可以减少食品的质量和体积,同时也使产品包装容器和产品运输的费用降低。脱水处理还可用于制造方便食品,如速溶咖啡和速溶马铃薯泥。对于这两种产品,在所有的调配制造或蒸煮步骤都完成后再进行干燥,消费者食用时只需要加水搅拌或混合即可。

(一) 脱水过程中的传热和传质

食品脱水过程主要包括了热能进入物料和水分逸出物料两个步骤,这两个过程的最佳操作条件并不总是一致的。食品脱水操作中,人们关心的是如何获得最大的干燥速率,因而主要关注传热和传质速率的提高,所以必须充分考虑食品的表面积、介质温度、介质流动速度、湿度、压力等因素。同时,还需要考虑食品中水分蒸发和干燥过程中温度变化所受到的影响。

1. 表面积

对固体食品而言,把食品分成小块再进行脱水处理,可以提高干燥速度。因为一方面被处理的食品表面积增大了,与加热介质接触的表面和供水分逸出的表面也增加了;另一方面,粒度或厚度减小,热从食品表面传递到中心的距离变短,水分易于从内部迁移到表面。

2. 温度

传热的驱动力在于加热介质与所处理食品之间的温差,温差越大,热量传入食品的速率就越大。当以空气作为加热介质时,温度成为仅次于湿度的重要影响因素。当水分以蒸汽的形式从食品中逸出后,必须将其及时移走,否则不断逸出的水蒸气会在食品表面达到饱和，从而使水分进一步散失的速度减慢。干燥空气的温度越高，达到饱和前所容纳的水分就越多，越有利于脱水操作，但其也可能对其他食品品质产生负面影响。

3. 空气流动速度

高速流动的空气能带走干燥过程中食品表面的水蒸气，防止水蒸气在食品形成饱和气氛。这与食品冷冻中提及的情况类似。

4. 湿度

作为干燥介质的空气，本身的干燥度也决定了食品干燥可达到的水分含量下限。在给定的温度下，若环境所具有的某一湿度使得处于其中的食品既不会向周围环境释放体系中的水分，也不会从周围环境中吸取水分，该湿度即为平衡相对湿度。环境湿度低于这个水平时，食品就可以进一步干燥；高于这个水平时，则食品非但不能进一步干燥，反而会从环境中吸取水分。

平衡相对湿度的数据对选择干燥产品的保藏条件也十分重要。如果不采用防水包装并将干燥食品储存在高于其平衡相对湿度的环境下，食品会吸收大气的水分并结块或变质。

5. 大气压和真空度

水在常压下的沸点是100℃，随着气压降低，水的沸点也随之降低。与常压干燥相比，置于热真空室中的食品脱水所需的温度更低，且在相同温度下，脱水速度更快。对热敏性食品来说，较低的干燥温度和较短的干燥时间是至关重要的。

6. 水分蒸发

脱水过程中，水从物体表面蒸发，物体表面常常会变冷。这是由于水从液态变成气态的过程中需要吸收汽化潜热。喷雾干燥时，若进口空气温度为200℃，出口空气温度为120℃，则干燥中的食品微粒的温度可能不会高于70℃。随着食品微粒的水分含量逐渐下降和蒸发速度逐渐降低，微粒的温度会逐渐上升。当不再含有自由水后，食品微粒的温度会上升到进口空气的水平。

一般来说，仅凭脱水时的热处理并不能实现脱水食品的无菌化。尽管绝大多数的干燥处理能杀死食品中大部分的菌落，但仍有许多细菌孢子残存着。

7. 时间

如前所述，食品脱水操作中必须兼顾干燥速度和食品质量。一般来说，与低温长时干燥方式相比，高温短时干燥过程对食品的破坏比较小。因此，用设计合理的烤箱烘烤蔬菜块片4h获得的干燥蔬菜，其质量要高于日晒2天获得的干蔬菜。

（二）典型干燥曲线

很显然，食品在干燥的全过程中不大可能以恒定的速度失去水分。通常，在恒定的干燥条件下，失水速度随着干燥的进行逐渐降低。因为干燥过程中水分除去的速度是逐渐趋向于零，所以在实际的操作中不可能除去所有的水分。在干燥初始阶段，水分从食品中蒸发的速度基本上是恒定的，这一阶段被称为恒速干燥期。在恒速干燥期后，干燥曲线出现转折，此后干燥速度逐渐下降。

典型的脱水曲线（图5-5）可根据传热和传质现象来解释。块状食品脱水时，

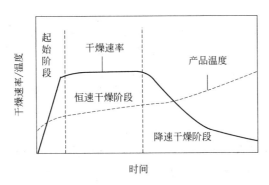

图 5-5　典型的脱水曲线

水分从食物的表面逸出并且会逐渐从表面开始形成一个厚厚的干燥层，剩余的水分大部分处于块状食品的中心，因而从表面到中心出现一个水分梯度。这时，外部的干燥层由于缺乏水分起到了绝热的作用，它阻止了热向食品中心的快速传递，导致了水分逸出的驱动力的减弱。与此同时，与处于食品表面的水分相比，滞留在食品中心的水分迁移到食品外面需要经历的路程更长。因此脱水速度越来越慢。最后，随着干燥的进行，食品到达了它的正常平衡相对湿度，食品从环境中吸收水分的速度与失水速度相等，干燥结束。典型干燥曲线的具体形状随食品原料和干燥设备不同而有所差异，同时还受温度、湿度、气流速度、气流方向、食品的厚度等干燥条件及其他因素的影响。在不使产品发生破坏的前提下，要把水分含量降到 2% 以下是非常困难的。

（三）食品性质对脱水的影响

温度、湿度、气流速度、受热食品的表面积等物理因素对传热和传质存在影响，这些物理因素在很大的程度上决定了干燥设备的设计。食品原料的性质既影响传热，也影响传质，在脱水过程中还会发生变化，并影响干燥速度和产品质量，是最为棘手的问题。另外，在食品脱水过程中，还可能有一些化学变化。

1. 成分取向

一般食品体系都不是均一的。比如肉块干燥时，肥肉部分的水分逸出速度与瘦肉部分的速度不同，尤其当水分逸出必须穿过脂肪层时，这种差别愈加明显。肉相对于热源的取向决定了水分迁移是沿着平行于肌纤维层方向还是垂直于肌纤维层方向，水分的平行迁移一般会产生较大的干燥速度。成分取向的原理还适用于食品乳状液。与水作为连续相的油/水型胶体食品相比，水/油型胶体食品的脱水速度要低一些。

2. 溶质浓度

在食品冷冻过程中存在浓缩效应，食品脱水过程也存在这个问题。溶质的存在会提高水溶液的沸点，富含糖或其他小分子溶质的食品体系比含量低的体系干燥起来更慢。随着干燥的进行，溶质浓度不断上升，这是导致降速干燥的一个重要原因。

3. 结合水

食品中的游离水最容易迁移并最先蒸发。那些以吸附力被松散地吸附到固态食品中的水也很容易脱去。比较难以脱去的是那些进入了凝胶内部的结合水，当体系中存在淀粉、果胶或其他胶类时这种情况比较常见。最难移走的是那些以水合物形式存在的化学键合水，如一水合葡萄糖或无机盐的水合物等。

4. 细胞结构

源自生物组织的天然食物细胞之间和细胞内存在着大量水分。当组织存活时，水分被细胞壁和细胞膜保持在细胞内，不会外漏或渗出。动植物死后，水分比较容易从细胞内渗出。当组织被热烫或煎烤时，水分就更易于渗出细胞。一般地，当烹调处理不导致组织过分变硬或皱缩时，烹调过的蔬菜、肉或鱼更容易干燥。

5. 物性的变化

脱水过程中，食品的物理性质常会发生较大变化，比如收缩、表面硬化和热塑等。收缩是脱水过程中最明显的变化。由于食品物料常常并不具有极好的弹性，它们在干燥时的水分散失并非均匀的。不同的食品物料在脱水过程中表现出不同的收缩方式。

表面硬化是食品干燥过程中出现的与收缩和密封有关的一个现象。干燥时，如果食品表面温度很高，而食品干燥不均衡，就会在食品内部的绝大部分水分还来不及迁移到表面时在表面快速形成一层硬壳。这一层透过性能极差的硬壳阻碍了大部分仍处于食品内部的水分进一步向外迁移，因而食物的干燥速度急剧下降。表面硬化常见于富含可溶性糖类的食品体系。

受热变软的现象在很多食品中都存在，这是典型的热塑性。水果和蔬菜汁一类的食品缺乏结构，而且含有高浓度的糖分。因此，用平板或输送带加热干燥橘汁或糖浆时，即使除去了所有的水分，剩下的固形物仍处于一种黏性状态黏附在平板或输送带上，很难除去。不过，冷却会使热塑性的固形物硬化成为晶体或无定形玻璃态，然后可很容易地从平板或输送带上除去。在刮刀前设置有冷却区是从干燥设备中除去热塑性的食品组分的有效方法。

6. 疏松度

食物结构疏松度的增加一般有利于改善传质效果，从而提高干燥速度。提高食物结构疏松度的方法包括：在干燥过程中促使食物内部产生蒸汽压；在干燥前对液态或浆状食品进行搅打或采用其他发泡处理形成稳定的且在干燥过程中不会破裂的泡沫；在真空干燥设备中通过使水蒸气快速逃逸到高真空环境里等。

食物结构的疏松度还会给食品带来许多其他的影响。比如膨松结构的食品具有溶解、复水快捷和外观体积大的优点。然而，膨松结构产品堆积体积大、暴露于空气与光的表面积大，所以储藏稳定性不好。

7. 化学变化

在脱水过程中，食品体系往往还发生许多化学变化。这些化学变化会对干燥产品以及复水产物的最终质量诸如色泽、风味、质地、黏性、调制速度、营养价值和储藏稳定性等产生影响。脱水处理中采用加热的方法，而温度升高也会带来一些不利影响，包括酶促褐变、焦糖化反应或美拉德反应。所以在设计干燥系统或加热方案时总是力图让脱水过程快速通过 20％～15％水分的区域，以减少美拉德反应的发生。

由于化学变化或者在胶体水平上的物理化学变化，脱水产品重新水合存在着一定的难度。比如加热以及水分散失导致的盐浓缩效应使蛋白质部分变性，而部分变性的蛋白质不再能够吸收和结合水分子。淀粉和大分子胶类也可能发生变化使其自身的亲水性下降。糖分子和盐分子从被破坏了的细胞里逃逸到了用来复水食品的水中，使食品失去紧胀感。

此外，由于化学或物理因素，脱水干燥过程中香味成分的损失不可避免，所以有时会采用一些方法截留并浓缩挥发的香味成分，然后再把它们加入到干燥的产品中，或者向干燥产品中添加香精和从其他途径提取香味成分，或者对于某些液态食品，可在干燥前加入大分子胶和其他物质以减轻香味物质的损失。

二、食品的浓缩

常见的浓缩食品包括浓缩牛奶、浓缩果汁和蔬菜汁、糖浆、果酱、番茄酱以及用于焙烤和糖果制造的果泥等。就食品保藏方面而言，所有浓缩食品的含水量都超过了微生物生长所需的水分量。但浓溶液中糖和盐具有很高的渗透压，当渗透压高到足以使微生物细胞脱水或足以防止水分向微生物细胞的正常扩散时，就可以达到保藏的目的。

1. 食品浓缩的原理

浓缩方法从原理上讲分为平衡浓缩和非平衡浓缩两种物理方法。平衡浓缩是利用两相在分配上的某种差异而获得溶质和溶剂分离的方法。蒸发浓缩和冷冻浓缩即属此法。其中，蒸发是利用溶剂和溶质挥发度的差异，从而获得一个有利的汽液平衡条件，达到分离的目的。冷冻浓缩是利用稀溶液与固态冰在凝固点下的平衡关系，即利用有利的液固平衡条件。以上两种浓缩方法都是通过热量的传递来完成的。不论蒸发浓缩还是冷冻浓缩，两相都是直接接触的，故称平衡浓缩。非平衡浓缩则不同，它是利用固体半透膜来分离溶质与溶剂的过程，两相被膜隔开，分离不靠两相的直接接触，故称为非平衡浓缩。利用半透膜不但可以分离溶质和溶剂，还可以分离各种不同大小的溶质。膜浓缩过程是通过压力差或电位差来完成的。

2. 浓缩过程中食品的变化

一般情况下，浓缩可能导致食品体系不期望的变化，所以浓缩操作力求尽可能少地引起食品组分的变化。在 100℃甚至更高的温度下持续较长时间的浓缩加工会对食品的感官及营养品质带来不利的影响，比如"煮熟"的味道及色泽加深。对大多数食品产品来说，浓缩温度越低，效果越好，不过即使是非常低的温度，浓缩过程总会给食品带来一些不理想的变化，其中有两类是涉及糖和蛋白质的变化。

由于所有糖溶液都有一个浓度上限，所以伴随着浓缩时的水分蒸发，当水分含量低于这一极限时就会有糖结晶出来，形成砂质的糖果冻或糖酱。比如，对一些奶制品的过度浓缩可能因乳糖的结晶而使产品具有"砂质感"。

浓缩加工会使溶液中与蛋白质共存的盐和矿物质浓度过高，因此容易引起蛋白质变性和从溶液中析出。诸如牛奶一类的含蛋白质食品浓缩时，如果体系中的盐和矿物质的浓度提高到足以使得蛋白质部分变性，牛奶就会缓慢地发生凝胶化。

一般浓缩温度在100℃或稍高于100℃时，可以杀死大多数微生物组织但却不足以破坏细菌孢子。相同温度下，对于酸性食品的杀菌效果较好，但也不太可能实现完全无菌化。此外，当浓缩是在真空条件下进行时，许多细菌不仅在低温下会存活，而且能在浓缩过程中繁殖。因此，真空浓缩时必须定期对浓缩设备进行消毒；如果需要无菌浓缩食品，那么还必须进行杀菌处理。

第四节　食品加工中的生物技术

现代生物技术是20世纪70年代初在分子生物学、生物化学、生化工程、微生物学、细胞生物学和电子计算机技术基础上形成的综合性技术。现代生物技术是应用生物体（微生物、动物细胞、植物细胞或其组成部分）细胞器、酶，在最适宜条件下，生产有价值的产物或进行有益过程的技术。

生物技术又称生物工程，现代生物技术主要包括现代发酵工程、基因工程（含蛋白质工程）、酶工程和细胞工程等。生物技术在其自身发展过程中始终与食品的加工和制造有着密不可分的联系。现代生物技术的飞速发展为解决人类的食品与营养、健康与环境、资源与能源等重大问题，开辟了一条崭新途径。

目前，生物技术在食品工业中的作用表现在四个方面：①食品原料和微生物的改良，提高食品营养价值及加工性能；②生产各种功能食品有效成分、新型食品和食品添加剂；③可直接应用于食品生产过程中物质的转化；④工业化生产预定的食品或食品的功能成分。此外，在食品生产相关领域，如食品包装、食品检测等方面，生物技术也得到越来越广泛的应用。

一、发酵工程

（一）发酵作用

利用微生物生长速度快、生长条件简单以及代谢过程特殊等特点，在合适条件下，通过现代化工程技术手段，由微生物的某种特定功能生产出人类需要的产品称为发酵工程，亦称微生物工程。生物技术起源于传统的食品发酵，而传统的发酵技术已发展为现代的发酵工程学。发酵工程是利用微生物的特殊功能生产有用的物质，或直接将微生物应用于工业生产的一种技术体系，它包括菌种选育、菌种生产、代谢产物的发酵以及微生物的利用技术。发酵工程技术对食品工业生产的影响是巨大的，其对食品工业的作用主要有：①改造传统发酵食品；②优化发酵产业；③加速开发发酵产品。近几年基因工程和细胞工程等现代生物技术为发酵工程的发展提供了新技术。重组DNA技术和细胞融合技术，使微生物从来不能产生的一些物质变成了发酵产品，为发酵工程开辟了新的领域。

早期对发酵的研究主要论述碳水化合物分解及其释放出二氧化碳气体的反应。然而，人们很快就认识到微生物或酶作用于糖并不总是释放出气体。而且，许多被研究的微生物和酶也具有分解非碳水化合物、产生二氧化碳等气体的能力。目前，发酵通常指碳水化合物和类似碳水化合物在厌氧或需氧条件下的分解。

发酵作用是最古老的食品保藏方式之一，某些发酵作用对食品质量改善也非常有益。比如水果和水果汁中的发酵能产生醇的风味，乳在放置过程中会产生温和的酸味，卷心菜会转变为泡菜等。与采用热、冷、脱水、辐射等原理保藏食品的原理不同，发酵作用是鼓励微生物在食品中繁殖和代谢活动的。但发酵作用仅鼓励代谢活动和终产物是人们所期望的那些微生物进行繁殖。

（二）发酵食品

在食品行业中，"发酵"一词的使用很广泛。发酵食品是食品原料（包括自身的酶）经微生物作用所产生的一系列酶所催化的生物、化学反应的产物，如啤酒、酱油、面包、豆腐乳等。有些食品（如酿酒、醋酸）的发酵是以碳水化合物的分解作用为主，而有的食品（如酱油）的发酵则主要是蛋白质的分解作用。

1. 发酵类微生物及其发酵食品

发酵食品中含有较多的发酵类微生物。发酵作用依赖于食品中的微生物和它们在发酵过程中主要利用的底物。依据其作用底物，可将食品中的微生物确定为分解蛋白质、脂肪或碳水化合物的微生物。实际上，微生物体内的酶系组成很复杂，大多数微生物都同时具有上述三种作用，并随着环境条件和其他因素的改变而调整其三种作用的强弱。表5-4列举了食品工业中常见的发酵类微生物及其发酵产品。

表5-4 食品工业中常见的发酵类微生物及其发酵产品

微生物种类	食品原料	发酵产品
乳酸菌	果蔬	泡菜、酸黄瓜、绿橄榄、成熟橄榄
	肉	香肠如色拉米香肠、团林根香肠、夏季香肠、猪肉卷、黎巴嫩大香肠、德色干香肠
	乳制品	酸奶、发酵酪乳、埃及乳酒、酸奶油、酥油、农家干酪、罐装干酪、山羊干酪、乳清饮料、契达干酪、美国干酪、依丹姆干酪、古乌达干酪、柴群干酪、菠萝伏洛干酪
乳酸菌和其他微生物	乳制品	瑞士干酪、沙姆逊干酪、林堡软干酪、砖形干酪、特拉比斯特干酪、德国明斯特干酪、法国产半硬干酪、酸乳酒、马乳酒、洛克福耳干酪、卡门拜特干酪、布里干酪、手工干酪、青纹干酪、斯提耳顿干酪、蓝色干酪
	蔬菜制品	泡菜、天培、酱油、葡萄酒、醋、麦芽酒、蜂蜜、酒精、醋
酵母	麦芽	啤酒、黄啤、黑啤、烈性黑啤酒、巴克啤酒、皮尔逊啤酒
	水果	葡萄酒、味美思
	糖蜜	朗姆酒
	大米	日本清酒
	龙舌兰	潘趣酒
	面包面团	面包
酵母和乳酸菌	谷物产品	酸面团面包、酸面包薄型蛋糕、黑麦面包
	生姜植物	生姜啤酒
	豆类	粉丝
酵母和醋酸菌	可可豆	发酵的可可豆
霉菌和其他微生物	大豆	日本豆酱、酱、腐乳、酱油
	鱼和大米	酒、糟

　　实际上，由于发酵过程涉及的微生物种类与酶种类繁多，而所作用的食品体系也五花八门，所以发酵技术很复杂。在生产乙醇和酸的同时，通常也难免有蛋白质和脂肪的分解反应。因此，必须控制发酵过程以平衡在食品中的微生物种类。比如契达干酪和林堡软干酪的复合风味就是由乳酸发酵和蛋白质与脂肪的分解共同作用所致。发酵食品中一些较常见和重要的微生物作用包括如下几类：

　　① 葡萄糖经酵母发酵产生乙醇和二氧化碳，这是葡萄酒、啤酒生产及面包发酵的基础。

$$C_6H_{12}O_6 \longrightarrow 2C_2H_5OH + 2CO_2$$

　　② 乙醇在有氧条件下经醋酸杆菌进一步发酵生成醋酸，这是生产醋的机制。

$$C_2H_5OH + O_2 \longrightarrow CH_3COOH + H_2O$$

　　③ 乳糖经乳酸链球菌发酵产生乳酸，后者凝结牛乳生产农家干酪和凝块，从凝块再可以制造其他种类的干酪。

　　④ 经发酵产生的酸在有氧存在时被霉菌进一步分解，此时酸对其他微生物的防腐作用丧失。

　　⑤ 蛋白质经普通变形杆菌和其他微生物分解后产生广泛范围的含氮化合物，它们使食品腐败或变质。

　　⑥ 脂类物质经解脂细菌和其他微生物分解产生脂肪酸，这些物质和它们进一步分解的产物导致酸败气味或某些成熟干酪的特征气味。

　　⑦ 低酸食品中肉毒杆菌生长并产生毒素。

　　在利用发酵作用生产食品时，对上述的各类微生物活性及其反应结果要给予充分考虑，依据所生产的发酵食品的类型，采取适当措施促进或防止一些反应。

　　2. 直接作为食品的微生物

　　尽管很多发酵食品是利用微生物在食品中产生期望的变化，但也有一部分发酵食品则以繁殖、收获和加工微生物为主要形式。繁殖酵母用于食品具有漫长的历史，近年来又引入了术语"单细胞蛋白"，用它来称呼从酵母和其他微生物得到的高蛋白食品。由于食品酵母含有至少 1/3 的蛋白质（按干物质计），所以将整个酵母细胞用作食品或饲料补充物，虽然不是一种全蛋白质的食品，但也是一种高蛋白食品。由于酵母固形物中通常会有 7%～12% 的核酸，当消费大量酵母时，它们会产生有害的效应。所以通常采用提取和酵母自动降解等方法，将核酸减少至约 1% 同时又保留大量蛋白质。

　　（三）发酵食品的控制因素

　　1. 酸

　　食品中酸的来源有天然的、外加的或微生物发酵产生的三种。这些酸对于防止食品变质或抑制有害微生物生长有重要的意义。有氧存在时，霉菌会生长并利用这些酸，使其丧失防腐能力。某些酵母能容忍适度的高酸条件和蛋白质分解产生的碱性终产物。它的代谢产物中和了先前形成的酸，使分解蛋白质和脂类的细菌得以随后生长。这种情况在林堡软干酪的表面成熟过程中是期望的。

　　酸对发酵的影响体现在原料乳的自然发酵过程中。原料乳在杀抑菌作用期之后，一般是乳酸链球菌支配着发酵作用，产生乳酸；然后乳酸链球菌被它本身产生的酸所抑制，而乳酸杆菌继续发酵，产生更多的酸，直至酸的浓度增加到抑制乳酸杆菌的生长；随着乳酸杆菌在高酸环境中逐渐死亡，耐酸酵母和霉菌开始生长，霉菌将酸氧化，酵母分解蛋白质产生碱性产物，酸的浓度逐渐降低，乳的品质被逐渐败坏。

2. 乙醇

乙醇是发酵作用的产物，适当浓度的乙醇也可以是一种防腐剂。许多酵母可耐受的乙醇含量范围是 12％～15％（体积分数）。葡萄酒中乙醇的含量部分地取决于葡萄中原始的糖含量、酵母的种类、发酵的温度和氧的浓度。发酵作用后葡萄酒一般含 9％～13％乙醇，这个乙醇浓度对于完全的防腐作用是不够的，因此必须进行温和的巴氏杀菌处理。也可以另加乙醇到天然的葡萄酒中，使最终的乙醇含量提高到 20％（体积分数），这样就不必再杀菌。

3. 发酵剂

通常，当一种特殊类型的微生物大量存在和繁殖时，它就会支配着它的环境，降低其他类型微生物的生长速度。因此可以采用发酵剂来控制食品中的微生物。比如人们将前一批葡萄酒的一部分倒回至新鲜的葡萄汁中，或者将干酪牛乳倒回至下一批的新鲜牛乳中，使得承担发酵作用的微生物在葡萄汁或新鲜牛乳中成为主体微生物，大量存在和繁殖，就可以更好地进行发酵。

目前已经开发出纯的培养发酵剂，以确保在发酵食品制造中有效地发酵控制。发酵剂的形式包括干燥和浓缩冷冻形式的培养物，它们往往耐微量抗生素、杀虫剂残留物和病毒。在加入发酵剂前，往往先将食品加热，杀灭其中可能造成污染的微生物。目前，能生产干酪、葡萄酒、啤酒、醋、泡菜、香肠、面包和其他发酵食品的特定培养物也已商品化。

4. 温度

温度对于各种微生物的发酵作用具有重要的意义，特别是一些混合发酵作用。以酸泡菜为例说明发酵过程中温度的影响。在泡菜生产过程中，主要依赖于肠膜明串珠菌、黄瓜乳酸杆菌和戊巴比妥乳杆菌，菜汁中的糖转变成醋酸、乳酸和其他化合物。肠膜明串珠菌产生醋酸、一些乳酸、乙醇和二氧化碳。当肠膜明串珠菌停止活动时，黄瓜乳酸杆菌继续发酵产生乳酸。接着黄瓜乳酸杆菌失去活性，戊巴比妥乳杆菌产生更多的乳酸。在泡菜制造中，肠膜明串珠菌在约 21℃ 的温度下才能达到最佳生长和发酵。如果在发酵的最初阶段温度远高于 21℃，那么耐热的乳酸杆菌会比肠膜明串珠菌生长得快，产生的高浓度酸会阻止肠膜明串珠菌的生长和发酵。这样肠膜明串珠菌发酵产生的醋酸、乙醇和其他期望的产物就无法形成。因此，在泡菜发酵中，先采用低温，然后稍微提高温度，才能达到较好的控制效果。

5. 氧

氧是控制发酵的重要因素。比如霉菌生长需要氧，醋酸杆菌生长也需要氧；但是有些微生物则不需要氧或厌氧，比如酵母在无氧条件下能较好地生长，肉毒杆菌是完全厌氧的。根据不同微生物的需要，可以通过在食品加工中提供或除去氧来控制其生长与发酵。

有些微生物在生长和发酵活动中显示不同的氧需求，比如啤酒酵母和葡萄酒酵母。它们在有氧条件下都能较好地生长和产生较多的细胞物质，然而在无氧条件下能较快地发酵糖。因此可以通过通入空气或除去空气来调节其生长与发酵。

传统的醋生产是利用氧调节发酵的典型例子。该工艺主要有两步，首先是将糖转变成乙醇，然后是乙醇转变成醋酸。第一步工艺中，首先要控制有氧条件，以刺激酵母生长和增加细胞物质，然后很快转变成无氧条件，以促使糖转变成乙醇。接着是第二步工艺，再次控制富氧条件，以促使乙醇氧化变成醋酸。

6. 盐

盐分对于不同微生物存在不同的影响。在发酵橄榄、腌菜、泡菜、某些肉类香肠和类似产品中，产乳酸微生物一般能容忍 $10\% \sim 18\%$ 的盐含量。在这些发酵过程中，加入盐有助于产乳酸的微生物开始活动，一旦开始活动，乳酸菌生产的酸和加入的盐能强烈地抑制分解蛋白质菌和其他腐败菌，因为这些能污染腌菜和泡菜桶的分解蛋白质的微生物和其他腐败微生物大多不能容忍高于 2.5% 的盐含量，尤其是不能容忍盐和酸相结合的条件。在减少某些发酵产品的盐含量时必须谨慎，因为这会促使不期望的微生物的生长，导致食品的腐败变质。在迫不得已降低盐含量的同时，必须采用其他方法抑制不期望的微生物而促使期望的微生物生长。

二、基因工程

20 世纪 70 年代初实现的基因工程又称基因操作、分子克隆、遗传工程或重组 DNA 技术，是指用酶学方法，将异源基因与载体 DNA 在体外进行重组，将形成的重组子转入受体细胞，使异源基因在其中复制表达，从而改造生物特性，大量生产出目标产物的高新技术。基因工程包括 DNA 重组、表达和克隆，是生物工程的核心内容。

运用基因工程技术对动物、植物、微生物的基因进行改良，不仅可以为食品工业提供营养丰富的动植物原材料、性能优良的微生物菌种以及高活性而价格适宜的酶制剂，而且还可以赋予食品多种功能、优化生产工艺和开发新型功能性食品。基因工程正在使食品工业发生着深刻的变革。

1. 改善食品品质

采用转基因的方法，生产具有合理营养价值的食品，让人们只需吃较少的食品，就可以满足营养需求。例如，豆类植物中蛋氨酸的含量很低，但赖氨酸的含量很高；而谷类作物中的蛋白质含量正相反，通过基因工程技术，可将谷类植物基因导入豆类植物，开发蛋氨酸含量高的转基因大豆。又如豆类中的脂肪氧合酶在酸败过程中扮演重要角色。美国杜邦公司通过导入反义基因抑制了油酸酯脱氢酶，成功开发了高油酸含量的大豆油，产品氧化稳定性大大提高。研究者还通过反义基因抑制淀粉分枝酶，获得完全只含直链淀粉的转基因马铃薯。Monsanto 公司开发了淀粉含量平均提高了 $20\% \sim 30\%$ 的转基因马铃薯，油炸后的产品更具马铃薯风味，质构更佳，吸油量较低。研究者还把鱼中抗冻蛋白基因整合植入蔬菜和水果中，明显改善果蔬食品冻后品质。

2. 提高产量

作物产量是一个复杂的数量性状，与植株的许多性状有关。以提高作物产量为目标的基因工程，显然要比单个质量性状的遗传改良难度大而且复杂。尽管如此，研究者已相继建立了一些应用基因工程技术提高粮食作物产量的技术策略。例如，雄性不育系的培育和杂优利用、改良作物对病虫及环境胁迫的抗性等。

3. 改善工艺

基因工程技术可以将霉菌的淀粉酶基因转入酵母细胞中，使之直接利用淀粉生产酒精，省掉高压蒸煮工序，可节省约 60% 能源，生产周期大为缩短。另外，对于影响啤酒风味的双乙酰，利用转基因技术将外源 α-乙酰乳酸脱羧酶基因导入啤酒酵母细胞，并使其表达，可有效降低啤酒中双乙酰的含量。

4. 生产食品疫苗

通过将致病微生物的有关蛋白（抗原）基因，通过转基因技术导入植物受体中，得以表达，制得可抵抗相关疾病的食品疫苗。已获成功的有狂犬病病毒、乙肝表面抗原、链球菌突变株表面蛋白等 10 多种转基因马铃薯、香蕉、番茄的食品疫苗。

基因工程已经给人类带来了巨大的社会效益和经济效益。世界各国都把基因工程技术确定为 21 世纪经济和科技发展的关键技术。随着该技术研究的不断深入，生产符合人类需要的基因工程食品已经越来越明朗化和可操作化。基因工程技术将给人们带来更丰富、更有利于健康、更富有营养的食品，并带动食品工业发生革命化的变化。但由于基因工程技术打破了物种间难以杂交的天然屏障，这种转移对生态环境和人类健康可能带来的后果还难以预料，因此采取科学、认真、务实的态度，并吸收国际组织的研究结果与标准，制定相关法规加强管理，以保证转基因产品在农业生态环境、人类食物的安全与健康等方面的安全性。

三、酶工程

自从 1906 年人类发现了用于液化淀粉生产乙醇的细菌淀粉酶以来。经过几十年的发展，酶工程技术已经给食品工业带来了新的生机和活力。酶工程技术是利用酶和细胞或细胞器所具有的催化功能来生产人类所需产品的技术，包括酶的研制与生产，酶和细胞或细胞器的固定化技术，酶分子的修饰改造，以及生物传感器。近年来，由于固定化细胞技术应用化、固定化酶反应器的推广应用，促进了食品添加剂新产品的开发，产品品种增加，质量提高，成本下降。

现代酶工程属于高新技术，其技术先进、厂房设备投资少、工艺简单、能耗低、产品收率高、效率高、经济效益大。其在食品加工中主要应用于淀粉、乳品、果蔬、蛋白质、酿酒加工等。酶这一生物催化剂在食品加工过程中得到了十分广泛的应用，然而其在食品加工中的作用是双方面的，在生产中利用酶的特性，根据各类食品的不同特性，同时结合不同酶制剂的特异效果，并很好地利用不同酶制剂之间甚至酶制剂与其他食品添加剂之间的协同性，必然会给食品加工带来可观的经济效益。

第五节 食品加工中的新技术

21世纪世界食品工业发展的总体趋势是更加突出食品的营养、安全、健康、方便和美味。但是，从食品制造的角度看，营养、美味和方便、安全往往是一对矛盾。为适应这一新的发展趋势，世界各国科学家正在致力于食品加工新技术的研究和应用。

未来食品在加工过程中，将广泛使用高新技术，使食品的种类增多、质量提高、附加值加大。食品加工新技术包含了原料处理、食品加工过程、食品营养和活性物质保持、食品质构和风味修饰、食品包装等众多技术。这些新技术的采用可以是单一的，更多是组合的。通过这些技术能够不断开发出新食品材料，最终实现食品营养、质构的人工重组。

一、微波加热

1. 微波的性质

微波是含有辐射能的电磁波，它处于无线电波和红外辐射之间，波长约为0.025~0.25m，相当于约20000~400MHz的频率。由于微波频率接近无线电波的频率，会干扰通讯过程。所以目前经批准应用于食品中的微波频率只有2450MHz和915MHz。微波与光线一样是以直线传输的。它们被金属反射，但能通过空气和许多类型的玻璃、纸和塑料，能被几种食品成分（包括水）所吸收。微波被物料吸收时，物料被加热而微波丧失电磁能。物料性质和微波频率都会对微波在物料中的吸收情况产生影响。

2. 微波加热的机制

食品和某些其他物料含有起偶极作用的分子，即它们在分子两端分别呈现正负电荷，此类分子即极性分子。当微波通过食品时，水等极性分子在电场作用下趋向自行排列。在2450MHz和915MHz频率下振荡，产生分子间摩擦，从而导致食品快速加热。

3. 微波加热与传统加热的区别

在传统加热中，热源主要导致食品从表面向里传递热量，各层依次被加热，产生由外向内逐步升高的温度梯度。微波能均匀地穿透几厘米厚的食品块，使所有水分子和其他极性分子同时运动。热量不是从表面向内传导，而代之以快速产生并很均匀地遍布物料，结果是从内部蒸发水分。蒸汽也通过传导加热邻近的食品固体。由于水分的蒸发带走大量热，食品表面不会因过度加热而导致褐变或结壳现象。因此，在需要结壳或形成棕色表面，如焙烤面包、烧肉和类似操作中，微波的使用受到限制。可以通过在加热后用传统加热法来产生这种表面。

4. 微波在食品中的应用

随着家用微波炉的普及和工业用微波装置的开发使用，微波加热在食品工业中的用途越来越广泛，发挥的作用越来越重要。它可以承担焙烤、浓缩、蒸煮、固化、干燥等多种单元操作，也能发挥灭酶、冷冻干燥、巴氏杀菌、预煮、膨化、起泡、脱除溶剂和解冻等功用。当然,选择微波加热时必须考虑有关产品的质量要求和费用。

二、冷杀菌技术

传统食品加工中采用的热杀菌,难免导致营养物质破坏、变色加剧、挥发性成分损失等弊端。因此冷杀菌技术越来越受到人们重视。冷杀菌作为一类新型杀菌技术,其条件易于控制,受外界环境影响较小,杀菌过程中食品的温度波动很小,既有利于保持食品功能成分的生理活性,又有利于保持色、香、味及营养成分,所以具有诱人的发展前景。

1. 超高压杀菌技术

超高压杀菌技术是 20 世纪 80 年代末开发的杀菌技术,食品在 100~1000MPa超高压力下,其中所含的微生物的细胞壁会被破坏,蛋白质凝固,酶的活性和DNA 等遗传物质的复制受到抑制,因而微生物被杀灭。一般而言,压力越高杀菌效果越好。在相同压力下延长受压时间并不一定能提高灭菌效果。在 400~600MPa 的压力下,可以杀灭细菌、酵母菌、霉菌,避免了一般高温杀菌带来的不良变化。超高压杀菌技术不但能高效杀菌,还完好地保留了食品饮料中的营养成分,产品口感佳,色泽天然,安全性高,保质期长。食品超高压处理技术已被应用于所有含液体成分的固态或液态食物,如水果、蔬菜、乳制品、鸡蛋、鱼、肉、禽、果汁、酱油、醋和酒类等。

2. 高压脉冲电场杀菌技术

一般认为高压脉冲电场可使食品中微生物的细胞诱导产生横路膜电位,由于电荷相反,它的互相吸引形成挤压力,当电位达到极限值时,细胞膜破裂,膜内物质外流,膜外物质渗入,细胞死亡。也有研究认为脉冲产生的电场和磁场的交替作用,使细胞膜通透性增加,膜强度减弱,最终细胞膜破裂。此外,电磁场会产生电离作用,阻断细胞膜的正常生物化学反应和新陈代谢,使细菌体内物质发生变化。国内外对此技术已做了许多研究并设计出相应处理装置,有效地杀灭与食品腐败有关的几十种细菌,并用于一些酶的钝化处理。

3. 微波杀菌技术

前面已经介绍了微波加热,微波杀菌是微波热效应和生物效应共同作用的结果。微波对细菌膜断面的电位分布影响细胞膜周围电子和离子浓度,从而改变细胞膜的通透性能。细菌因此营养不良,不能正常新陈代谢,生长发育受阻碍而最终死亡。从生化角度来看,细菌正常生长和繁殖所需的核酸和脱氧核糖核酸是由若干氢键紧密连接而成的卷曲大分子,微波导致氢键松弛、断裂和重组,从而诱发遗传基因或染色体畸变甚至断裂。由于微波的特殊效应,采用微波装置在杀菌温度、杀菌时间、产品品质保持、产品保质期及节能方面都比传统热杀菌方法显示出明显优势。

4. 辐射杀菌

目前认为辐射主要有三个用途:①作为化学烟熏消毒的代替方法来控制诸如香料、水果和蔬菜等食品中的昆虫;②用于抑制发芽和其他自发机制的变质过程;③破坏包括那些可能致病的微生物的营养细胞,提高食品的安全性和延长货架寿命。

最适合食品辐射处理的发射物应具有良好的穿透力，它们不仅使表面的微生物和酶失活，而且要深入到食品的内部。γ射线和β粒子是最常用的，经核准的核反应堆用过的废燃料元素是早期γ射线和β射线的常见来源。这些燃料元素被置于经适当屏蔽和密封的区域里，食品被送入其辐射通道。现在，可以用电子设备较为有效地产生β粒子，而^{60}Co主要被用作γ射线源。

常用的定量表示辐射强度和辐射剂量的辐射单位有伦琴（R）、拉德（rad）和戈瑞（Gy）。

采用辐射保藏时，选择剂量必须考虑到处理后食品的安全性和卫生性、食品感官质量损害的耐受力、微生物的耐受力、食品酶的耐受力和费用等因素。各种水果蔬菜一般可经受 24 kGy 的灭菌剂量，这些允许限量如表 5-5。

表 5-5   用于处理食品的辐射剂量

剂量/kGy	目 标	举例及应用
0.5～1.5	通过抑制发芽延长储藏期	马铃薯、洋葱、大蒜、山药
1.0～3.0	破坏寄生虫，防止通过食品传染给人类	肉
1.0～5.0	防止虫感染	谷类、豆、面粉、干果、枣、咖啡豆
0.75～11	针对昆虫和植物疾病的检疫控制	芒果、豆、木瓜
5.0～15	延缓成熟	蘑菇、水果
10～50	通过减少细菌、霉菌和酵母的数目来延长室温下的储藏期	水果、蔬菜、面粉
5.0～100	延长冷藏食品储藏期	肉、禽类、鱼
25～100	增加消化性、减少蒸煮时间	大豆、蚕豆、扁豆、脱水蔬菜
30～130	消除特殊的病原菌，如沙门菌引起的食物中毒	冷冻肉、动物饲料、禽类、蛋、椰子、香料
350～600	食品灭菌，在不冷藏时允许有更长的储藏期	肉

很多研究机构、国际组织和政府机关对有关辐射食品的安全性和卫生性的复杂问题做了大量研究。除了微生物学方面的考虑，这些研究还涉及：①辐射处理对食品营养价值的影响；②辐射可能产生的毒性物质；③在辐射食品中可能产生的致癌物质；④在辐射食品中可能产生有害的放射性。这些研究已经得出一致的结论：辐射不会产生不安全的产品，特别是低剂量辐射已被考虑用来巴氏杀菌，控制虫类和抑制发芽。尽管如此，世界上仍有很多国家和地区仍未批准辐射在食品中的应用。

5. 紫外线杀菌技术

日光杀灭细菌主要是靠紫外线的作用，其杀菌原理是微生物分子受激发后处于不稳定的状态，从而破坏分子间特有的化学结合导致细菌死亡。微生物对于不同波长的紫外线的敏感性不同，紫外线对不同微生物照射致死量也不同，一般革兰阴性无芽孢杆菌对紫外线最敏感，杀死革兰阳性球菌的紫外线照射量需增大 5～10 倍。由于紫外线穿透力较弱，紫外线杀菌技术一般适用于对空气、水、薄层流体制品及包装容器表面的杀菌。

6. 臭氧杀菌技术

臭氧氧化力极强，能迅速分解有害物质，杀菌能力是氯的 600～3000 倍，其分解后可迅速还原成氧气。目前,臭氧技术在欧美、日本等发达国家已得到广泛应用,是杀菌消毒、污水处理、水质净化、食品储存、医疗消毒等方面的首选技术。臭氧水是一种广谱杀菌剂,它能在短时间内有效地杀灭大肠杆菌、蜡状芽孢杆菌、痢疾杆菌、伤寒杆菌、流脑双球菌等一般病菌以及流感病菌、肝炎病毒等多种微生物。可杀死鱼、肉、瓜果蔬菜表面能产生变异的各种微生物。利用臭氧水洗涤蔬菜瓜果,可以有效清除其表面的残留农药、细菌、微生物及有机物。臭氧能彻底杀灭水中的细菌,净化饮水,除去水中及被清洗物的异味、臭味,分解重金属。

7. 超声波杀菌技术

当频率超过 9~20kHz 时,超声波对微生物有破坏作用,可以使微生物细胞内容物受到强烈的振荡而使细胞破坏。一般地,在水溶液内,超声波作用能产生过氧化氢,具有杀菌能力。也有人认为微生物细胞液受高频声波作用时,其中溶解的气体变为小气泡,小气泡的冲击可使细胞破裂。

8. 强磁脉冲杀菌技术

强磁脉冲杀菌技术采用强脉冲磁场的生物效应进行杀菌,在输液管外面,套装有螺旋型线圈,磁脉冲发生器在线圈内产生 2~10 T 的磁场强度。当液体物料通过该段输液管时,其中的细菌即被杀死。磁场杀菌主要基于它的生物效应,主要有:①影响电子传递;②影响自由基活动;③影响蛋白质和酶的活性;④影响生物膜渗透;⑤影响生物半导体效应;⑥影响遗传基因的变化;⑦影响生物的代谢过程;⑧影响生物体内的磁水效应。强磁脉冲杀菌技术具有下列特点:杀菌时间短,温升小,效率高,环境和产品无污染,适用范围广。主要用于各种罐装前液态物料(例如啤酒、黄酒、低度曲酒、各种果酒等)、液态食品(例如牛奶、豆奶、果蔬菜汁饮料)以及各类饮用水等的消毒杀菌。

9. 脉冲强光杀菌技术

脉冲强光杀菌技术采用强烈白光闪照的方法进行灭菌。它主要由一个动力单元和一个惰性气体灯单元组成。动力单元是一个能提供高电压高电流脉冲的部件,为惰性气体灯提供所需的能量,惰性气体灯能发出波长由紫外线区域至近红外线区域的光线,其光谱与到达地球的太阳光谱十分相似,波长在 400~500nm 之间,但强度却比阳光强数千倍至数万倍。脉冲光中起杀菌作用的波段可能是紫外线,其他波段起协同作用。由于强光脉冲有一定的穿透性,当闪照时,强光脉冲作用于细菌、酵母菌等微生物的活性结构上,使蛋白质发生变性,从而使细胞失去生物活性,达到杀菌的目的。

三、微胶囊技术

微胶囊技术是一种保护技术,它采用成膜材料将一些具有反应活性、敏感性或挥发性的液体或固体包封形成微小粒子,微小粒子的粒径从纳米、微米到毫米不等。成膜材料一般称为壁材,壁材可以是天然物,也可以是合成物。被包封的材料称为芯材,也称为囊心。微胶囊技术的作用体现在:

① 由于微胶囊技术将芯材与周围环境隔开,避免了光、O_2、水、pH 等环境的影响,也避免了由于不同组分间相互作用而产生化学反应,失去其特有的性质而

导致产品的品质劣变，保护了芯材。

②经微胶囊化的食品配料和食品添加剂应用于食品加工中，赋予了各种食品独特的功能性质，满足消费者对色、香、味、质构以及营养的需求。食品工业中使用的越来越多的食品配料、食品添加剂以及具有生物活性功能的物质都是通过微胶囊技术加以包埋和加以保护才能达到性能稳定的目的。

③微胶囊化也可使食品配料、食品添加剂根据需求在恰当的时候和恰当的位置实现控制释放。近年来食品工业越来越重视各类生物活性物质，因而微胶囊技术也相应地受到更多的关注。

④微胶囊技术还可使液体转变成固体，便于加工运输。

⑤使芯材具有靶向性和控释性，例如经微胶囊化的风味物直到食用时才释放出来，不仅增加了口味，而且减少了在烘焙时挥发性风味的损失，可以大大减少风味物使用量，节约了成本，提高了附加值。又例如各类抗肿瘤药物、抗菌药、心血管药物、中枢神经系统药物、激素类药物等经微胶囊后，制成了具有靶向释放和具有生物活性功能的微粒或纳米粒剂型，大大提高了药物的生物利用率，减少药物用量，减少毒副作用，提高了患者的治疗效率和生活质量。

近20年来，新型壁材的开发大大提高了微胶囊化效率，并扩大了其应用范围。将一些多糖进行改性，如具有疏水性的改性淀粉（辛烯基琥珀酸酯淀粉）可以包埋50%的香精油；利用蛋白质和碳水化合物在高温相互作用产生美拉德反应，制成具有抗氧化作用的壁材，可以包埋氧敏感性的鱼油；改变壁材脂肪酸甘油酯的晶型结构，使之适用于喷雾冷却法制备的微胶囊；脂质体微胶囊的开发和应用，使药物和营养物达到靶向输送，大大提高了药物和营养物的利用率，减少毒副作用，使芯材保持持久的营养。

新型微胶囊技术的不断出现，使得它在食品中的应用不断增加、不断成熟。多种生物活性物质，如多不饱和脂肪酸、双歧杆菌、花青素、肉碱、大蒜素及多种活性肽等微胶囊包埋技术已经成功开发研制出来。多种营养强化剂（如维生素、矿物质、氨基酸）和食品添加剂（如香精油、香辛料、天然色素、酸味剂、膨松剂、甜味剂、防腐剂、酶制剂等）的微胶囊技术也不断被开发和改进，很多产品已经实现了商业化应用。一些常见的食品配料，如粉末油脂、粉末醋、粉末酒和多种固体饮料等也采用了微胶囊技术。

四、膜分离技术

膜分离技术是20世纪60年代后迅速崛起的一门新的分离技术，包括反渗透、超滤、微滤等（表5-6）。它是利用天然或人工合成的、具有选择透过性的薄膜，以外界能量或化学位差为推动力，对双组分或多组分的溶质和溶剂进行分离、分级、提纯和浓缩的技术。膜分离技术基本上不发生相变化，能耗低；一般在常温下进行，特别适用于热敏性物质的分离，且在闭合回路中运转，减少了材料与O_2接触；操作时只需简单加压输送，反复循环；工艺简单，操作方便；无需通过膜的迁移，不会发生性质改变。由于该过程具有分离效率高、能耗比较低以及操作比较简单等特点而被誉为"20世纪末到21世纪中期最有发展前途的高新技术之一"。在

表 5-6 膜分离技术的主要类型及基本特征

类型	分离目的	透过组分	截留组分	透过组分在料液中的含量	推动力	传质机制	膜类型
微滤	溶液脱粒子、气体脱粒子	溶液、气体	$0.2\sim10\mu m$ 粒子	大量溶剂、少量小分子溶质、大分子溶质	压力	筛分	多孔膜
超滤	溶液脱大分子、大分子溶液脱小分子、大分子分级	小分子溶液	$1\sim20nm$ 大分子溶质	大量溶剂、少量小分子溶质	压力	筛分	非对称膜
反渗透	溶剂脱溶质、含小分子溶质溶液浓缩	溶剂、可被电渗析截留组分	$0.1\sim1nm$ 小分子溶质	大量溶剂	压力	溶解-扩散	非对称膜或复合膜
渗析	大分子溶质溶液脱小分子、小分子溶质溶液脱大分子	小分子溶质的组分	$>0.02\mu m$ 截留,血液 $>0.05\mu m$ 截留	较少组分或溶剂	浓度差	筛分加上扩散浓度差	非对称膜或离子交换膜
电渗析	溶液脱小离子、小离子溶质溶液的浓缩、小离子分级	小离子的组分	同名离子、大离子和水	少量离子组分、少量水	电位差	离子迁移	离子交换膜
气体分离	气体混合物分离、富集或特殊组分脱除	气体、较小组分、膜中易溶解组分	较小组分、膜中溶解度高	两者都有	压力	溶解-扩散	均质膜、复合膜、非对称膜
渗透蒸发	挥发性液体混合物分离	膜中易溶解组分或易挥发物	不易溶解组分或较大、较难挥发物	少量组分	分压差	溶解-扩散	均质膜、复合膜、非对称膜

国际食品工业中，由于膜分离过程可以在常温下运行来高效地保留热敏性的营养物质等而受到了普遍重视和得到相当广泛的应用。

膜分离技术是一种使用半透膜的分离方法，在常温下以膜两侧的压力差或电位差为动力对溶质和溶剂进行分离、浓缩、纯化等的操作过程。膜分离技术的关键是膜，目前国际上呈现多样化的趋势，有中空纤维式、卷式、管式、回转平膜式、浸渍平膜式等（表5-7）。其品种和规格在不断增多，而且已经系列化。膜技术在脱盐、饮用水净化等领域已取得了成功。在食品工业推广使用膜技术的主要理由有以下三点：①提高产品质量；②降低生产成本；③开发新产品。目前我国研究比较多的是微滤、超滤、反渗透在饮料方面的应用。在发达国家，膜技术已用于食用色素的精制、调味液精制、脱色处理、牛奶浓缩杀菌及香气成分回收等。

表 5-7　各种膜组件性能的比较

型式	优　点	缺点
平板式	保留体积小,能量消耗介于管式和螺旋卷式之间	死体积较大
管式	易清洗、无死角,适宜于处理含固体较多的料液,单根管子可以调换	保留体积大,单位体积的过滤面积较小,压力降大
螺旋卷式	单位体积的过滤面积大,换新膜容易	料液需预处理,压力降大,易污染,清洗困难
中空纤维式	保留体积小,单位体积的过滤面积大,可逆洗,操作压力较低,动力消耗较低	料液需预处理,单根纤维损坏时,需调换整个模件

近年来，随着消费者对饮料品质和风味的不断追求，膜分离技术由于具有在低温下操作无相变、能较好地保持汁液风味及营养成分、降低能耗等优点，使得膜分离技术在食品行业中的应用不断扩大，虽然膜分离技术在目前还有很多地方不太成熟，诸如新型膜材料有待开发、新的膜分离技术及集成膜分离技术有待发展、膜的清洗方法有待改进提高及膜分离技术的产业化需要进一步完善等问题，但随着膜技术的不断发展，它在食品工业中的优越性必将日益显著。

1. 反渗透

20世纪60年代，反渗透技术在工业上重要的大规模用途是海水和苦咸水的脱盐，近年来，随着食品工业的发展，它在果蔬汁加工、酒类酿造、茶饮料、饮料用水处理和纯净水处理等领域得到了越来越广泛的应用。

将两种浓度不同的溶液置于同一种容器中，在其交界处以一薄膜隔开时，由于渗透压的作用，此时浓度低的溶液会向浓度高的一方流动，直到两侧浓度相同时，便维持一动态平衡。假设在高浓度溶液处给予一个大于渗透压的外压，则会有渗透逆行现象发生，而使得高浓度溶液浓度变得更高，这就是反渗透的原理。这会使溶液中的水分与溶质分离，溶液不断地变浓。利用反渗透原理就可将溶液中的不同组分分离。

反渗透技术在分离浓缩时不加热，高度保持了产品的色香味及各种营养成分；同时由于在闭合路中运转，减少了空气中氧的影响，减少了原料中的色素分解和褐变发生。在操作时，只有简单的加压输送、反复循环，工艺简单。在分离水分时，由于无相变所以能耗低，操作便利，它的费用大约为蒸发浓缩法或冷冻浓缩法的 1/5～1/2，同时减少了挥发性成分的损失。

2. 超滤

超滤是 20 世纪 60 年代初发展起来的新兴膜分离技术，具有常温低压、无相变、能耗低、快速简便等优点，受到世界各国和各个技术领域的普遍关注。一般认为超滤的分离机制为筛孔分离过程，在静压差为推动力的作用下，原料液中溶剂及小溶质粒子从高压的料液侧被透过膜到达低压侧，而大粒子组分被膜所阻挡，使它们在保留液中浓度增大。在我国超滤技术也广泛应用于食品工业的加工工艺中，如果蔬汁的澄清与灭菌、乳制品和豆制品的浓缩、调味品的精制等。超滤技术的应用不仅改革了传统的加工工艺，而且提高了产品的质量，增加了产品的品种。

3. 微滤

微滤是用膜将直径为 $0.1～10\mu m$ 的粒子与溶剂或其他低分子量组分分开的膜分离过程。所用的膜为对称的微孔膜，膜孔径范围为 $0.1～10\mu m$，所用静压差为 $0.01～0.2MPa$。微滤被大规模地用于啤酒、酒和软饮料的生产中。用孔径小于 $0.5\mu m$ 的微孔膜可有效除去酵母、霉菌和其他具有破坏性的生物体，代替原来高温瞬时灭菌和巴氏杀菌，保持酒和饮料的原有风味。

4. 纳滤

纳滤膜是 20 世纪 80 年代末问世的一种新型分离膜，其截留分子量介于反渗透膜和超滤膜之间，约为 200～2000。该膜存在纳米级细孔，截留率大于 95% 的最小分子的直径约为 1nm，所以近年来被命名为纳滤。纳滤是以压力差为推动力的膜分离过程，是一个不可逆过程，能截留有机小分子而使大部分无机盐通过。它独特的分离性能以及设备投资小、能耗低等特点已引起食品工业中研究人员的高度重视。在饮用水净化、乳清脱盐、分离游离脂肪酸以及果汁的高浓度浓缩等方面获得了广泛的应用。

纳滤类似于反渗透与超滤，均属压力驱动的膜过程，但其传质机制有所不同。一般认为，超滤膜由于孔径较大，传质过程主要为孔流形式，而反渗透膜通常属于无孔致密膜，溶解—扩散的传质机制能够满意地解释膜的截留性能。由于大部分纳滤膜为荷电型，其对无机盐的分离行为不仅受化学控制，同时也受到电势梯度的影响，其确切的传质机制至今尚无定论。但目前对荷电溶质和中性溶质在纳滤膜中传质的大部分研究工作还是利用较大孔径的宏观模型来分析纳滤膜的传质过程。

作为一种新兴的膜分离技术，纳滤膜独特的分离性能已引起国外膜界人士的极大兴趣。相比之下，国内在这方面的研究刚刚起步，有关纳滤膜研究的报道还不是很多。总体来看，目前国际上关于纳滤膜的研究多集中在应用方面，而有关纳滤膜的制备、性能表征、传质机制等的研究还不够系统、全面、深入，尚有待广大的膜科技工作者付出更多的努力。

五、超临界流体萃取技术

超临界流体是指处于超过物质本身的临界温度和临界压力状态时的流体。它同时拥有类似液体密度和气体黏度特性的流体，具有高扩散性、低黏性、无污染、不易燃等良好溶剂的优点。超临界流体萃取是以超临界流体为溶剂，利用其高渗透性和高溶解能力来提取分离混合物的过程。超临界流体的密度仅是温度和压力的函数，而其溶解能力在一定压力范围内与其密度成比例，故可通过对温度、压力的控制而改变物质的溶解度，特别是在临界点附近温度、压力的微小变化可导致溶质溶解度发生几个数量级的突变。超临界流体萃取技术就是建立在这个基础之上，即在超临界状态下，将超临界流体与待分离的物质接触，控制体系的压力和温度使其选择地萃取其中某一组分，然后通过温度或压力的变化，降低超临界流体的密度，对所萃取的物质进行分离，并让超临界流体循环使用。在食品工业领域，超临界流体萃取技术作为一种安全、卫生、高品质、高效率、节省能源的食品加工方法，越来越受到人们的重视。

其中，超临界 CO_2 在食品工业中的应用虽然仅有 20～30 年的历史，但发展十分迅速。超临界 CO_2 萃取技术，具有提取率高、产品纯度好、过程能耗低、后处理简单和无毒、无三废、无易燃易爆危险等诸多传统分离技术不可比拟的优势，近年来得到了广泛的应用（表5-8）。它既有从原料中提取和纯化少量有效成分的功能，还可以去除一些影响食品的风味和有碍人体健康的物质，非常适用于农产品的深加工，受到了各国食品和农产品加工研究人员的高度重视。

表 5-8   超临界 CO_2 萃取技术的应用

萃取对象	萃取工艺条件	应用范围
玉米胚芽油	萃取在 30MPa, 42℃, 粒度 0.8mm	食品、化妆品、保健药品
麦胚芽油	萃取在 35MPa, 水分含量 20.5%, 分离在 11MPa, 45℃, 60min	面粉厂的副产品加工
可可脂与可可色素	萃取, 40℃, 30MPa, 150min	香料工业
番茄红素	萃取在 15～25MPa, 20kg/L, 1～2h	番茄酱厂副产品加工, 功能性天然色素
辣椒色素	萃取 25MPa, 50℃, 2～6m³/h	食品、医药品、化妆品
茴香油	萃取 30MPa, 40℃, 两个串联分级分离器	饮料、冰淇淋、糖果、焙烤制品、调肉制品的加香
胡椒风味成分	萃取在 10～30MPa, 35～55℃, 分离在 6～7MPa, 20～50℃, 细度 60～80 目	香料、调味品
洋葱油	萃取在 10～15MPa, 35℃, 2～6h	调味、杀菌、医药
甜橙皮精油	35℃, 60min	饮料、啤酒、糖果、糕点、日用品、香精

超临界萃取技术在食品方面与常规分离方法相比，在保证产品的纯天然性、生产过程中没有污染物排放、能耗低等方面具有无法比拟的优点。随着对超临界流体性质及其混合物相平衡热力学的深入研究，特别是对高附加值天然产物和生理活性物质的提取和分离，超临界萃取技术有着独特的优势和广阔的应用前景。

六、挤压技术

20 世纪 30 年代开始应用于食品的挤压技术现在已经应用于豆、谷、薯及蔬菜和生产动物饲料、糖和巧克力等的加工生产，尤其是为粮食加工企业开发新产品开辟了新途径。目前国内外研究者开始把挤压技术应用于挤压快餐食品，用大豆蛋白制作挤压仿生食品（仿肉松、咸牛肉）和代乳饮料、速溶饮料、纤维保健食品、发酵制品。我国从 70 年代开始研究食品挤压技术，近几年已获得了迅速发展。目前，已研究开发出适应高蛋白、高油脂、高水分的挤压加工机械，用于生产各类工程肉、水产品、谷物早餐食品等。

食品挤压技术是指物料经预处理（粉碎、调湿、混合等）后，置于挤压机的高温高压状态下，然后突然释放至常温常压中，经机械作用使其通过一个专门的模具孔，使物料内部结构和性质发生变化以形成一定形状和组织状态的产品。该技术的应用，彻底改变了传统的食品加工方法，不仅简化了食品的加工工艺、缩短了生产周期、降低了生产成本和劳动强度，而且还丰富了产品的花色品种、改善了产品的组织状态和口感，从而提高了产品的质量。

七、超微粉碎技术

超微粉碎技术是近年来随着现代化工、电子、生物、材料及矿产开发等高新技术的不断发展而兴起的，是国内外食品加工的高科技尖端技术。在国外，美国、日本市售的果味凉茶、冻干水果粉、超低温速冻龟鳖粉、海带粉、花粉和胎盘粉等，多是采用超微粉碎技术加工而成。而我国也于 20 世纪 90 年代将此技术应用于花粉破壁，随后一些口感好、营养配比合理、易消化吸收的功能性食品（如山楂粉、魔芋粉、香菇粉等）应运而生。目前，食品超微粉虽然问世不久，却已经在调味品、饮料、罐头、冷食品、焙烤食品、保健食品等方面大显身手（表 5-9），且效果较佳。

表 5-9 七大类食品超微粉碎产品

种　　类	超微粉碎产品
水果蔬菜类	橘子粉、苹果粉、梨粉、胡萝卜粉、南瓜粉、芹菜粉、菠菜粉等
肉类	牛肉粉、鸡肉粉、猪肉粉、虾粉等
香料调味料类	姜粉、蒜粉、胡椒粉、辣椒粉、香菇粉等
粮食淀粉类	糯米粉、玉米淀粉、黄豆粉、绿豆粉、红豆粉、麦麸粉、花生粉等
营养强化类	骨粉、海带粉、胡萝卜粉、花粉等
叶类	茶叶粉、桑叶粉、银杏叶粉、绞股蓝粉等
药食兼用中药材保健食品类	甘草类、菊花粉、陈皮粉、麦冬粉、杏仁粉、首乌粉、当归粉等

超微粉碎技术是利用各种特殊的粉碎设备，通过一定的加工工艺流程，对物料进行碾磨、冲击、剪切等，将粒径在 3mm 以上的物料粉碎至粒径为 $10\sim25\mu m$ 以下的微细颗粒，从而使产品具有界面活性，呈现出特殊功能的过程。与传统的粉碎、破碎、碾碎等加工技术相比，超微粉碎产品的粒度更加微小。

超微粉碎是基于微米技术原理的。随着物质的超微化，其表面分子排列、电子分布结构及晶体结构均发生变化，产生块（粒）材料所不具备的表面效应、小尺寸效应、量子效应和宏观量子隧道效应,从而使得超微产品与宏观颗粒相比具有一系列优异的物理、化学及界面性质。在不破坏物质组织结构的前提下,使产品细度高达 2000 目,比表面积大,孔隙率高,包容性强,充分改善了其内在质量,自然风味得以进一步发挥,物料的溶解吸附性及原料的利用率也都得到大大提高。

将各类动植物、微生物等原料加工成超微粉,较大程度地保持了物料原有的生物活性和营养成分,改善了食品的口感;使得食品有很好的固香性、分散性和溶解性,利于营养物质的消化吸收;由于空隙增加,微粉孔腔中容纳一定量的 CO_2 和 N_2,可延长食品保鲜期;原来不能充分吸收或利用的原料被重新利用,节约了资源;配制和深加工成各种功能食品,增加了品种,提高了资源利用率。

目前超微粉碎技术有化学合成法和机械粉碎法两种:①化学合成法产量低,加工成本高,应用范围窄;②机械粉碎法成本低、产量大,是制备超微粉体的主要手段,现已大规模应用于工业生产。机械法超微粉碎可分为干法粉碎和湿法粉碎。根据粉碎过程中产生粉碎力的原理不同,干法粉碎有气流式、高频振动式、旋转球(棒)磨式、锤击式和自磨式等几种形式;湿法粉碎主要是胶体磨和均质机。

八、低温粉碎技术

低温粉碎技术产生于 20 世纪初,在橡胶及塑料行业已得到应用。自日本在 20 世纪 80 年代对食品的低温冷冻粉碎进行了研究后,美国、欧洲及我国也进行了一些开发研究。低温粉碎不但能保持粉碎产品的色、香、味及活性物质的性质不变,而且在保证产品微细程度方面具有无法比拟的优势。由于低温粉碎能最大程度地保存原有营养物质分子结构、成分及活性,所以提高了人体对各种营养成分和微量元素的吸收。因此,它符合目前人们追求"绿色食品"的要求,在食品加工行业将有很好的应用前景。

低温粉碎利用了物料在冷冻状态下的"低温脆性",即物料随着温度的降低,其硬度和脆性增加,而塑性及韧性降低,机械特性改变,在一定温度下,用一个很小的力就能将其粉碎。经冷冻粉碎的物料,其粒度可达到"超细微"的程度。

通过低温粉碎不仅可以提高物料的细度,而且可以使原来不易被机械粉碎的物料得以粉碎,其粉碎的细度能达 350 目以上。另外,由于物料在极低的温度下加工,物料原有的色香味特性得以充分保留。因此,这种先进的加工技术被广泛地应用于香辛料,如可可、杏仁、咖啡豆、调味品、中草药、人参、水产品、龟鳖丸等高档热敏性农产品的粉碎加工。

低温粉碎技术生产工艺简单,技术易掌握,原料来源广,价格低廉,生产成本低,附加值高,且与该工艺配套使用的设备的通用性好,且所得产品的口感纯正,富含多种活性物质,具有较好的保健功能,十分适合中小饮料加工企业因地制宜开发生产。

九、食用膜技术

食品食用膜技术来源于某些食品自身所具有的保护性膜物质,如水果和蔬菜表面的皮膜、农作物种子的表皮等。在最近 30 年中,由于多聚合物工业的发展,为食品提供了广泛的多种包装材料,影响了食用膜技术的发展。近年来,多聚合物包装对环境的危害日趋严重，安全而无污染的食用膜技术重新引起人们的关注。

食品食用膜技术就是利用可食用涂料，通过浸涂和喷涂等方法，在食品表面形成一层涂膜，实现储藏保鲜、改良品质、强化营养和表面装饰的目的。

由于人们对食用膜材料的构成、膜性质的定性分析以及涂敷方法研究的不断深入，食用膜技术日益成为食品工业研究的热点之一。可以预见，随着人们对食用膜成膜物质、成膜工艺和涂膜技术研究的不断深入，食用膜技术在食品加工中具有十分广阔的应用前景。

十、脂质体技术

脂质体是一种定向活性物质载体，脂质体可由磷脂、半合成的磷脂制备，由具有双层膜的磷脂组成。脂质体具有类细胞结构，进入体内主要被网状内皮系统吞噬而激活机体的自身免疫功能，并改变包封活性物质在体内分布，使活性物质主要在肝、脾、肺和骨髓等组织器官中蓄积，从而提高活性物质的生物利用率。脂质体可以包囊脂溶性和水溶性两种类型的物质，具有靶向性长效保护性等功能。脂质体与微囊技术、多孔聚合物系统同为近年来较为流行的包覆技术，已开始应用于食品工业，尤其是酶的包埋或固定化。

十一、纳米技术

纳米是长度单位，$1nm = 10^{-9}m$。从微观角度来看，$1nm$ 大约相当于 10 个氢原子的大小。研究表明，细微颗粒进入纳米量级（$1 \sim 100nm$）时，其本身则具有表面效应、体积效应、尺寸效应和量子隧道效应，导致纳米体系的光、电、热、磁等物理性质出现许多新奇特征。与更微观的原子、分子或更宏观的粉末、块状相比，纳米粒子展现出许多新的性能，纳米粒子研究领域成为人们尚未充分认识和开拓的中间领域。所谓纳米技术是指在纳米尺度（$10^{-9} \sim 10^{-7}m$）下对物质进行制备、研究和工业化以及利用纳米尺度物质进行交叉研究和工业化的一门综合性技术体系。通过操纵原子、分子或原子团、分子团，使它们重新排列组合，从而具有特定的功能。自 20 世纪 80 年代诞生以来，纳米技术在食品工业中的应用也为食品工业的发展带来了新的亮点。不少行业和领域已将纳米过滤器、纳米净化剂、纳米保鲜剂、纳米包装材料和各种新兴技术应用于食品行业，并取得了初步成果。在食品工业中运用纳米技术将可食的物质原料按照人们的指令对原子、分子重新组合、配制，从而生产出能够提供给人类有效、准确、适宜的健康食品。

纳米食品是利用纳米技术对食品进行加工和处理，使食品或其有效成分具有纳米粒子的特征。它应该包含两方面的含义：一是指食品或其主要成分的平均分散粒径介于 $1 \sim 100nm$，具有纳米粒子的明显特征；二是指食品中加入了纳米级的添加剂或功能元素，从而改变了食品的吸收、防腐、甚至功能等特性。食品纳米化以后，其口感、消化吸收性、生理功能、吸水性和流变学特性等都将发生巨大的变化。用纳米技术进行处理后的食品非常有利于人体的吸收。纳米食品具有预防疾病、调节机体、康复病体的功能，能降低保健食品的毒副作用，提高人体对矿质元素及有效成分的吸收利用率。纳米食品将药品与食品融为一体，给人类的饮食健康甚至生活方式带来根本性的改变，使人类生命活动进入新的发展阶段。

164

　　然而，纳米食品是近几年出现的一个极具吸引力的新生名词，随着它的诞生相应出现了纳米油、纳米水、纳米茶、纳米饼干等新鲜词汇。但是，国内关于纳米食品研制方面的相关报道相对较少，而真正符合纳米食品标准的产品更少。目前我国的纳米技术在食品科学领域还处于基础研究阶段，但是它已渗透到食品工业的某些领域。随着纳米技术的发展将会引发一场新的食品科学的革命，也会给人们的饮食结构和生活方式带来巨大的变化。纳米技术将给人们提供有效的、准确的、适宜于健康与生命的纳米食品。

参 考 文 献

[1]　O. R. Fennema 编著. 食品化学. 王璋等译. 第 3 版. 北京：中国轻工业出版社，2003.

[2]　N. N. Potter, J. H. Hotchkiss 编著。食品科学。王璋等译. 第 5 版. 北京：中国轻工业出版社，2001.

[3]　D. R. Heldman, R. W. Hartel 编著. 食品加工原理. 夏文水等译. 北京：中国轻工业出版社，2001

第六章 食品加工工艺

任何一种食品都是通过加工实现从原料到成品的转变的。正如前面章节中所述及的，食品的加工过程涉及许多单元操作，将这些单元操作根据需要有机地结合在一起就形成了食品的加工工艺。食品的加工工艺与食品原辅料的特性、最终产品的类型及特点、产品的包装形式、储藏条件等密切相关。不同的食品其加工工艺各不相同，甚至同种食品有时加工工艺也会有所不同。食品种类繁多，千变万化，要想掌握每一种食品的加工工艺是不可能，但是通常同一类产品的加工工艺都具有相似性，这就为我们了解和掌握食品的加工工艺提供了便利。

通常食品分类的方法很多，如可以按照原料分为乳制品、肉制品、果蔬制品、粮谷制品等，按照加工工艺可分为罐藏食品、冷冻（藏）食品、干制品、腌渍食品、烟熏食品等，当然也可以根据产品的特点或食用对象等进行分类。按原料进行分类的方法有利于行业的管理和生产的组织，同时也与消费者日常所食用的食物如肉、蛋、乳、果蔬等相对应，较容易被消费者所接受。因此在本章中将主要按照原料分类的方式介绍乳制品、肉禽蛋制品、果蔬制品、糖果巧克力制品、油脂及其加工产品等几大类产品的加工工艺。另外，近年来我国饮料制造行业发展迅速，已成为食品工业中规模最大的行业之一，因此，在本章中将饮料单独列为一章进行介绍。

第一节 乳与乳制品

乳是哺乳动物为哺育幼儿从乳腺中分泌的一种白色或略带黄色的不透明液体。它含有幼小动物生长发育所需的全部营养成分，是哺乳动物出生后最适于消化吸收的全价食物。用于加工的乳通常指牛乳，大约占总量的90％以上，其他家畜如驯鹿、马、山羊与绵羊等的乳在某些地方也是人类的重要食物，其名称通常是在"乳"字前冠以该动物的名称，以与牛乳相区别。

乳的加工利用历史悠久，南亚和欧洲人在公元前6000年就已饮用牛乳。中国在2000多年前就有"奶子酒"的记载。后魏贾思勰著《齐民要术》中汇集了"乳酪"、"干酪"和"马酪"等的加工方法。13世纪《马可·波罗游记》中也叙述过元代军队以干燥乳制品作军用食粮的情景。乳和乳制品生产现已成为世界上重要的产业之一，是食品工业的重要组成部分，已形成了巴氏杀菌乳、灭菌乳、酸奶、奶油、干酪、炼乳、奶粉、冰淇淋等乳制品品种。2006年世界原料乳产量6.44亿吨，年人均原料乳占有量 100kg 左右。近年来，我国乳品行业得到快速发展，每年均以 20％左右的速度增长。2006 年我国原料乳产量 3180 万吨，乳品加工企业共实现累计工业总产值 1074.22 亿元，仅次于印度和美国，位居世界第三。

一、液态乳

（一）液态乳的分类

液态乳一般可以分为巴氏杀菌乳和灭菌乳两大类。巴氏杀菌乳是以新鲜牛乳为原料，经有效的加热杀菌处理，以液体状态灌装，直接供给消费者饮用的商品乳。通常根据脂肪含量不同，可分为全脂乳、部分脱脂乳、脱脂乳。一般来说，灭菌乳可分为两类，即超高温灭菌乳和保持灭菌乳，灭菌乳的原料可以是新鲜牛乳也可以部分或全部用奶粉，但根据我国规定，如使用奶粉则必须在包装上标注"复原乳"字样。超高温灭菌乳（UHT 乳）是指物料在连续流动的状态下通过热交换器加热，经超高温瞬时灭菌（135℃以上 3～8s），以达到商业无菌水平，然后在无菌状态下灌装于无菌包装容器中的产品；保持灭菌乳（保久乳）是指物料在密封容器内被加热到至少 110℃，保持 15～40min，经冷却后制成的商业无菌产品。

（二）巴氏杀菌乳的加工

1. 巴氏杀菌乳的工艺流程

原料乳验收 → 预处理 →预热均质→巴氏杀菌→冷却→灌装→包装检验→成品。

2. 工艺要点

（1）原料乳的生产与验收　传统的挤乳方法是手工挤乳，目前大型的奶牛养殖厂则普遍采用真空原理的挤乳机挤乳。欲生产高质量的产品，必须选用质量优良的原料乳。乳品厂收购鲜乳时，对原料乳的质量应严格要求并做检验。检验的内容包括感官指标、理化指标、微生物指标等。常采用的验收方法主要有感官检验、酒精试验、滴定酸度、微生物检验、抗生素残留检验等。牛奶的酸度常用吉尔涅尔度（°T）表示，1 个°T 表示以酚酞为指示剂，滴定 100mL 牛奶所消耗的 0.1mol/L 的 NaOH 的体积（mL）。正常的新鲜牛奶的滴定酸度约为 14～20°T，一般为 16～18°T。

（2）预处理　预处理主要包括净乳、冷却、贮乳、标准化等步骤。

净乳的目的是去除乳中的机械杂质并减少微生物数量，常用的方法有过滤法及离心净乳法。简单的粗滤是在受奶槽上装过滤网并铺上多层纱布，也可在牛乳输送管路出口安放布袋进行过滤，进一步过滤则可使用双联过滤器。离心净乳是乳制品加工中最适宜采用也是最常用的方法，可显著提高净化效果，有利于提高制品质量，并能除去乳中的乳腺体细胞和某些微生物。离心净乳一般设在粗滤之后、冷却之前。净乳时乳温以 30～40℃为宜。

牛乳挤出后微生物的变化过程可分为四个阶段，即抗菌期、混合微生物期、乳酸菌繁殖期、酵母和霉菌期。因此，净化后的原料乳应立即冷却到 4～10℃，以抑制细菌的繁殖，保证加工之前原料乳的质量。乳品厂通常可以根据储存时间长短选择适宜的牛乳储存温度，两者的关系见表 6-1。冷却普遍采用板式热交换器。

表 6-1 乳的储存时间与冷却温度的关系

乳的储存时间/h	6~12	12~18	18~24	24~36
冷却后牛乳的温度/℃	10~8	8~6	6~5	5~4

　　为保证连续生产的需要，乳品厂必须有一定的原料储存量。储存量按工厂的具体条件来确定，一般为生产能力的 $50\%\sim100\%$。贮奶罐（贮奶缸）为不锈钢卧式、立式圆桶状，其容积为 $2000\sim200000L$。为防止乳在罐中升温，应有绝缘层或冷却夹套，并配有搅拌器、视孔、入孔及温度计、液位计等。贮乳罐的个数应由每天处理的乳量和罐的大小来决定，罐要装满，半罐易升温，影响乳的质量。

　　为了保证达到法定要求的脂肪含量，在部分脱脂乳和标准化乳生产中需要进行标准化。我国的国家标准规定全脂、部分脱脂和脱脂巴氏杀菌乳的脂肪含量分别为 $\geqslant3.1\%$、$1.0\%\sim2.0\%$、$\leqslant0.5\%$。原料乳中脂肪含量不足时，应添加稀奶油或除去一部分脱脂乳；当原料乳中脂肪含量过高时，则可添加脱脂乳或提取部分稀奶油。标准化工作是在贮乳罐的原料乳中进行或在标准化机中连续进行的。

　　（3）均质　未经处理的牛乳由于乳脂肪的相对密度小（0.945）、脂肪球直径大，容易聚结成团块，从而引起脂肪上浮，影响乳的感官质量。脂肪球的上浮速率与其半径成正比。均质是指对脂肪球进行适当的机械处理，使它们呈更细小的微粒均匀一致地分散在乳中。自然状态的牛乳，其脂肪球的大小不均匀，变动于 $1\sim5\mu m$，平均为 $3\mu m$，一般为 $2\sim5\mu m$。在均质过程中，脂肪球在机械力的作用下被打碎而变小，其直径可控制在 $1\sim2\mu m$ 左右，这时乳脂肪表面积增大，浮力下降，乳可长时间保持不分层，因此均质的产品很稳定。另一方面，经均质后的牛乳脂肪球直径减小，易于消化吸收。

　　较高的温度下均质效果较好，但温度过高会引起乳脂肪、乳蛋白质等变性。另一方面，温度与脂肪球的结晶有关，固态的脂肪球不能在均质机内被打碎。牛乳的均质温度一般控制 $50\sim65℃$。牛乳均质通常采用两级均质，二级均质使一级均质后重新结合在一起的小脂肪球分开，从而提高均质效果。使用两级均质时，一级均质压力为 $17\sim21MPa$，二级均质压力为 $3.5\sim5MPa$。

　　（4）杀菌　巴氏杀菌乳普遍采用高温短时杀菌法（$72\sim75℃/15\sim20s$），常采用板式换热器。

　　（5）冷却　杀菌后的牛乳应尽快冷却至 $4℃$，冷却速度越快越好。

　　（6）灌装　巴氏杀菌乳的包装形式主要有玻璃瓶、聚乙烯瓶、塑料袋和复合塑纸袋、纸盒等。

　　（7）储存和分销　巴氏杀菌产品在储存和分销过程中，必须保持在冷链下进行。

　　（三）灭菌乳的加工工艺

　　灭菌乳的生产主要包括原料乳的验收及预处理、超高温灭菌、冷却、无菌灌装等步骤。原料验收及预处理等步骤与巴氏杀菌乳类似，超高温灭菌条件为 $135℃$ 以上、3～8s，一般采用管式或板式杀菌装置，杀菌后经冷却送入无菌灌装机进行灌装。目前国内应用的主要是瑞典利乐公司的利乐包和瑞士 SIG 公司的康美包。

二、发酵乳

（一）酸乳的定义与分类

1. 酸乳的定义

联合国粮农组织（FAO）、世界卫生组织（WHO）与国际乳品联合会（IDF）于 1977 年对酸乳作出如下定义：酸乳就是在添加（或不添加）乳粉（或脱脂乳）的乳中（杀菌乳或浓缩乳），由于保加利亚乳杆菌和嗜热链球菌的作用进行乳酸发酵制成的凝乳状产品，成品中必须含有大量的、相应的活性微生物。与液态乳不同，酸乳制品在欧盟中并无统一规定。与酸乳相应的产品也因国家不同有所变化。

2. 酸乳的分类

根据不同的分类原则可以将酸乳分为不同的种类。通常按成品的组织状态可分为凝固型酸乳（set yoghurt）和搅拌型酸乳（stirred yoghurt）；按成品口味可分为天然纯酸乳（natural yoghurt）、加糖酸乳（sweeten yoghurt）、调味酸乳（flavored yoghurt）、果料酸乳（yoghurt with fruit）、复合型或营养健康型酸乳等；按原料中脂肪含量可分为全脂酸乳、部分脱脂酸乳和脱脂酸乳。

（二）发酵剂

根据 FAO 关于酸乳的定义，酸乳中的特征菌为嗜热乳酸链球菌（*Streptococcus thermophilus*）和保加利亚乳杆菌（*Lactobacillus bulgaricus*）。除此以外，根据不同的目的，还可添加嗜酸乳杆菌（*L. acidophilus*）和双歧杆菌（*Bifidobactertium*）等。

用于酸乳生产的发酵剂形式通常有三种：液态发酵剂、冷冻干燥发酵剂（粉末状或颗粒状）和冷冻发酵剂。工业上通常根据发酵剂的使用方法分为传代式发酵剂和直投式发酵剂。近几年来，直投式发酵剂因其使用方便日益受到生产厂家的欢迎，但发酵时间相对较长，价格也较贵。质量优良的发酵剂是生产优质酸乳不可缺少的，通常判断一个发酵剂的质量好坏需要考察以下几个方面：产酸能力、产香能力、产黏能力以及蛋白水解能力。

（三）酸乳的加工

1. 酸乳的基本工艺流程

酸乳的基本工艺流程见图 6-1。

2. 技术要点

（1）原料乳的质量要求　用于制造酸乳的原料乳质量比一般乳制品原料乳要求高。除按规定验收合格外，还必须满足以下要求：总乳固体不低于 11.5%，其中非脂乳固体不低于 8.5%；不得使用含有抗生素或残留有效氯等杀菌剂的鲜乳；不得使用患有乳房炎的牛乳，否则会影响酸乳的风味和蛋白质的凝胶力。另外，使用奶粉做原料时产品包装应标注"复原乳"字样。

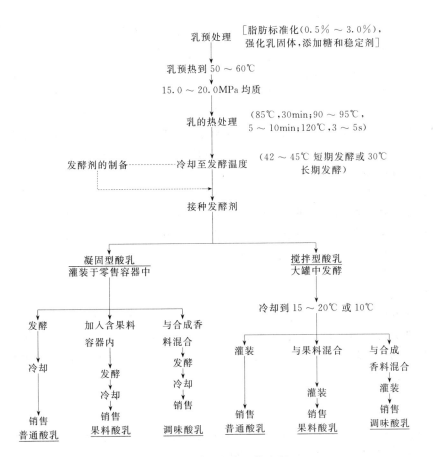

图 6-1 酸乳的基本工艺流程

（2）接种　接种是造成酸乳受微生物污染的主要环节之一，因此应严格注意操作卫生，防止霉菌、酵母、细菌噬菌体和其他有害微生物的污染，特别是在不采用发酵剂自动接种设备的情况下更应如此。发酵剂加入后，要充分搅拌 10min，使菌体能与杀菌冷却后的牛乳完全混匀。

（3）灌装　对于凝固型酸乳，牛乳接种后经充分搅拌，应立即连续地灌装到零售容器中。凝固型酸乳的容器主要有玻璃瓶、塑杯和纸盒等。搅拌型酸乳则在发酵后罐装。

（4）发酵　发酵温度一般在 42～43℃，这是嗜热乳酸链球菌和保加利亚乳杆菌最适生长温度的折中值。发酵时间一般在 2.5～4h 左右。

凝固型酸乳发酵一定时间后，抽样观察酸乳的凝乳情况，若已基本凝乳，立即测定酸度，酸度达到 70～90°T，则可终止发酵。搅拌型酸乳的发酵通常是在发酵罐中进行的，发酵罐设有温度计和 pH 计，生产中应注意控制保温夹层中热媒的温度，防止在罐内产生温度梯度，不利于酸乳的正常培养。

（5）冷藏后熟　冷藏后熟是凝固型酸乳的关键步骤之一，其目的首先是终止发酵过程，迅速而有效地抑制酸乳中乳酸菌的生长；其次促进香味物质产生、改善酸乳硬度的作用。香味物质的高峰期一般是在酸乳终止发酵后第 4 小时，而有人研究的结果是时间更长，特别是形成酸乳特征风味是多种风味物质相互平衡的结果，一般是 12～24h 完成，这段时间就是后熟期。

（6）冷却破乳　破乳是搅拌型酸乳生产中的关键步骤之一，通常发酵后的凝乳先冷却至 15～20℃，然后混入香味剂或果料后灌装，再冷却至 10℃ 以下，当生产批量大时，充填所需的时间长，应尽可能降低冷却温度。为避免泵对酸乳凝乳组织的影响，冷却之后在往包装机输送时，应利用重力而不使用容积泵。冷却方法通常有两种：间隙冷却和连续冷却。

（7）果料混合、调香　搅拌型酸乳加工中酸乳与果料的混合方式有两种：一种是间隙生产法，在罐中将酸乳与杀菌的果料（或果酱）混匀，此法用于生产规模较小的企业。另一种是连续混料法，用计量泵将杀菌的果料连续添加在内部流动线中与酸乳混合均匀。

三、乳粉

（一）乳粉的分类

乳粉的种类很多，根据原料组成、加工方法和辅料及添加剂的种类不同而异。主要的种类有全脂乳粉、脱脂乳粉、乳清粉、配制乳粉等。目前，配制乳粉已呈现出系列化的发展趋势，如婴幼儿乳粉、中小学生乳粉、中老年乳粉、降糖乳粉、孕妇乳粉等。

（二）全脂乳粉加工

1. 基本工艺流程

原料乳验收 → 预处理 → 预热、均质、杀菌 → 真空浓缩 → 喷雾干燥 → 出粉 → 晾粉、筛粉 → 包装 → 检验 → 成品。

2. 技术要点

原料乳的验收、预处理、预热、均质、杀菌等的要求与液态乳加工中基本相同。乳粉加工中杀菌的主要目的是杀灭各种致病菌和破坏各种酶的活力。喷雾干燥制造全脂乳粉，一般采用高温短时杀菌，其设备与浓缩设备相连。

（1）真空浓缩　工业上常用的浓缩设备主要为双效或多效膜式真空浓缩装置，我国的乳品厂以双效和三效居多。一般浓缩至乳固体含量约为 40%～45%，国外最高可达 52% 左右。真空浓缩是乳粉生产过程中重要的步骤，具有重要的意义：①原料乳在干燥前先经过真空浓缩，除去 70%～80% 的水分，可以节约加热蒸汽和动力消耗，相应地提高了干燥设备的生产能力，降低成本。②真空浓缩对乳粉颗粒的物理性状有显著的影响。浓缩乳喷雾干燥成乳粉后，其粒子粗大，具有良好的分散性、冲调性，能够迅速复水溶解。③真空浓缩可以改善乳粉的保藏性。由于真空浓缩排除了溶解在乳中的空气和氧气，使乳粉颗粒中的气泡大大减少。经过浓缩后喷雾干燥的乳粉，其颗粒致密、坚实、密度较大，对包装有利。

（2）干燥、冷却、包装　喷雾干燥是目前乳粉生产中最经典的干燥方法，同时也是最重要的环节，它直接关系到成品质量。目前我国主要采用压力喷雾干燥和离心喷雾干燥两种方式。

浓缩乳经夹套或列管加热然后由高压泵（压力喷雾）或奶泵（离心喷雾）送入喷雾干燥室中喷成雾状，与热风接触，瞬间被干燥。喷雾干燥机可以是离心转盘雾化或喷嘴雾化，进风温度控制在 $180\sim200℃$，当乳粉达到最终水分含量时，离开干燥室进入流化床冷却器，然后进行包装。

（三）速溶乳粉

速溶乳粉是以某种特殊工艺制得的乳粉，它具有良好的溶解性、可湿性、分散性和冲调性。此外，速溶乳粉中所含的乳糖呈水合结晶态，在保藏期间不易吸湿结块。目前，速溶乳粉已成为国际市场上的一种普通产品。

速溶乳粉的制造通常在喷雾干燥的基础上采用直通法或再润湿法从而实现奶粉的速溶化。直通法是在喷雾干燥室下部连接一个直通式速溶奶粉瞬时形成机，连续地进行吸潮并用流化床附聚造粒，再干燥而成速溶奶粉。再润湿法采用一般喷雾干燥的粉粒作为基粉，通过喷入湿空气或雾滴使其吸湿附聚成较大团粒，再行干燥、冷却形成速溶产品。全脂奶粉因脂肪含量较高，不宜达到速溶要求，通常采用附聚-喷涂卵磷脂工艺，即采用直通法附聚造粒后喷涂卵磷脂，增强乳粉颗粒的亲水性，改善其可湿性。乳粉中卵磷脂含量在 $0.2\%\sim0.3\%$ 左右。

四、冰淇淋

冰淇淋是以饮用水、乳品（乳蛋白的含量为原料的2%以上）、蛋品、甜味料、植物油脂等为主要原料，加入适量香料、稳定剂、乳化剂及着色剂等食品添加剂，经混合、灭菌、均质、老化、凝冻等工艺，或再经成型、硬化等工艺制成的体积膨胀的冷冻饮品。根据我国行业标准 SB/T 10013—1999，将冰淇淋分为全乳脂、半乳脂和植脂冰淇淋三类。

（一）冰淇淋的原料

（1）脂肪　冰淇淋通常含有 $6\%\sim12\%$ 的脂肪，其中最主要的是乳脂肪。乳脂肪的来源有稀奶油、奶油、牛乳、炼乳、全脂乳粉等。出于成本和满足健康消费观念的考虑，目前普遍使用人造奶油、棕榈油、椰子油等来代替乳脂肪，这类脂肪熔点类似于乳脂肪，在 $28\sim32℃$ 之间。

（2）非脂乳固体　包括蛋白质、乳糖、矿物质等，最常用的非脂乳固体的来源有鲜牛乳、脱脂乳、炼乳、乳粉、乳清粉、乳清蛋白浓缩物等。非脂乳固体的关键成分是蛋白质，蛋白质能满足营养要求，而且影响冰淇淋的搅打特性和其他物理和感官特性。

（3）甜味剂　冰淇淋生产中常用的甜味剂有蔗糖、果糖、淀粉糖浆及阿斯巴甜等。

（4）乳化剂与稳定剂　冰淇淋中常用的乳化剂包括蔗糖脂肪酸酯、单甘酯、山梨酸酯（Tween）、山梨糖醇酐脂肪酸酯（Span）、丙二醇脂肪酸酯（PG 酯）、卵磷脂等。它们在冰淇淋中的作用主要有：使均质后的脂肪球呈微细乳浊状态，并使之稳定化；提高混合料的起泡性和膨胀率；增强抗融性和抗收缩性；防止或控制粗大冰晶形成，使产品组织细腻。

冰淇淋中常用的稳定剂包括明胶、海藻酸钠、琼脂、CMC（羧甲基纤维素）、果胶、黄原胶、卡拉胶等。稳定剂具有亲水性，因此能提高冰淇淋的黏度和膨胀率，改善冰淇淋的形体，延缓或减少冰淇淋在储藏过程中遇温度变化时冰晶的生长，减少粗糙感，使产品质地润滑；其吸水性强，使产品具有一定的抗融性。

随着冰淇淋工业的发展，复配型冰淇淋乳化稳定剂越来越受到生产者的欢迎。常见的复配类型有：CMC＋明胶＋卡拉胶＋单甘酯；CMC＋卡拉胶＋角豆荚胶＋单甘酯；海藻酸钠＋明胶＋单甘酯等。

（5）香精和色素　在冰淇淋中所使用的主要是植物性香料如可可、咖啡、胡桃、草莓、桂花等。在冰淇淋制品中，香草和巧克力目前仍然是最常用的香料。在选择使用色素时，应首先考虑符合食品添加剂卫生标准。

（二）冰淇淋的加工

1. 工艺流程

混合料的配制→巴氏杀菌→均质→老化→凝冻→灌装成型→硬化→储藏。

2. 技术要点

（1）混合料的配制　原料混合的顺序宜从黏度低的液体原料（如牛乳等）开始，其次为黏度高的液体原料（如稀奶油、炼乳等），再次为固体原料，最后以水定容，混合溶解时的温度一般为 40~50℃。乳粉、砂糖应分别先加水溶解并过滤。如果脂肪来源是黄油、无水乳脂或植物油脂，则应先融化，再加热混合。为使复合乳化稳定剂充分溶解和分散，可将其与 5 倍量的砂糖拌匀后，在不断搅拌的情况下加入到混料缸中。

（2）杀菌　混合料必须经过巴氏杀菌，杀灭致病菌，将腐败菌的营养体及芽孢降低至极少数量，以保证产品的安全性，但过高的温度与过长时间的加热不但浪费能源，而且会使料液中的蛋白质凝固、产生蒸煮味和焦糖味、破坏维生素，从而影响产品的风味及营养价值。目前，冰淇淋混合料的杀菌普遍采用高温短时巴氏杀菌法（HTST），杀菌条件一般为 83~87℃、15~30s。

（3）均质　均质的目的是把脂肪分散成尽可能多的独立的小脂肪球，而且，所用的乳化剂应均匀地分布在新形成的脂肪球的表面上，从而使脂肪处在一种永久均匀的悬浮状态。另外，均质还能提高膨胀率、缩短老化期，从而使冰淇淋的质地更为光滑细腻，形体松软，增加稳定性和持久性。均质条件：60~70℃，压力 15~20MPa。

（4）冷却与老化　均质后的混合料温度较高，应迅速冷却至 0~5℃，防止脂肪球上浮。老化（aging）是将经均质、冷却后的混合料在 2~5℃ 的低温下放置一定的时间，使混合料进行物理成熟的过程，亦称为"成熟"。随着料液温度的降低，老化时间可缩短，如在 2~4℃，老化时间需 4h；而 0~1℃时，只需 2h。混合料总固形物含量越高、黏度越高，老化时间就越短。现在由于乳化稳定剂性能的提高，老化时间还可缩短。老化的实质是脂肪、蛋白质和稳定剂的水合作用，稳定剂充分吸收水分使料液黏度增加。老化期间的这些物理变化可促进空气的混入，并使气泡稳定，赋予冰淇淋细腻的质构，增加其抗融性。

（5）凝冻　凝冻就是将流体状的混合料在强制搅刮下进行冻结，使空气以极微小的气泡状态均匀分布于混合料中，在体积逐渐膨胀的同时，由于冷冻而成半固体状的过程。一般采用$-2\sim-5℃$。凝冻是冰淇淋产生最重要的步骤之一，是冰淇淋的质量、可口性、产量的决定因素。凝冻的目的是使混合料中的水变成细微的冰晶，获得合适的膨胀率，使混合料混合均匀。

冰淇淋在凝冻过程中约有50%的水分冻结成冰晶。冰晶的产生是不可避免的，关键在于冰晶的大小。为了获得细腻的组织，冰淇淋凝冻机提供的以下几点为形成细微的冰晶创造条件：冰晶形成要快；剧烈搅拌；不断添加细小的冰晶；保持一定的黏度。

（6）冰淇淋的膨胀率（overrun） 指冰淇淋混合料在凝冻时由于均匀混入许多细小的气泡，使制品体积增加的百分率。膨胀后的冰淇淋，内部含有大量细微的气泡，从而获得良好的组织和形体，使其品质好于不膨胀的或膨胀不够的冰淇淋，且更为柔润、松软。另一方面，因空气呈细微的气泡均匀地分布于冰淇淋组织中，起到稳定和阻止热传导的作用，从而增强产品的抗融性。膨胀率的计算有两种方法：体积法和质量法，其中以体积法更为常用。

体积法
$$B=\frac{V_2-V_1}{V_1}\times100\%$$

质量法
$$B=\frac{M_2-M_1}{M_1}\times100\%$$

式中，B为冰淇淋的膨胀率，$\%$；V_1为1kg冰淇淋的体积，L；V_2为1kg混合料的体积，L；M_1为1L冰淇淋的质量，kg；M_2为1L混合料的质量，kg。

（7）硬化 凝冻后的冰淇淋为半流体状，又称软质冰淇淋，一般是现制现售。而多数冰淇淋需通过硬化来维持其在凝冻中所形成的质构，成为硬质冰淇淋才进入市场。冰淇淋的硬化通常采用速冻隧道，速冻隧道的温度一般为$-35\sim-45℃$。通常以中心温度稳定在$-15℃$作为完全硬化的标准。凝冻后的冰淇淋必须迅速硬化，否则冰淇淋的表面部分易受热融化，再经冷冻，则易形成粗大的冰晶，从而降低品质。同样，硬化速度也有影响，硬化迅速则冰淇淋组织中的冰晶细，成品就细腻润滑；否则冰晶粗而多，成品组织粗糙，品质低劣。

（8）冰淇淋的储藏 硬化后的冰淇淋产品，在销售前应储存在低温冷库中。冷库的温度一般在$-25\sim-30℃$，储藏库温度应保持恒定，温度波动会导致冰淇淋中水分的再结晶，使制品质地粗糙，影响其品质。

五、干酪

1. 干酪的定义与分类

干酪是以牛乳、稀奶油、脱脂或部分脱脂乳、酪乳或其混合物为原料，经凝乳后通过排放乳清而得到的新鲜或发酵成熟的乳制品。制成后未经发酵的称新鲜干酪，经长时间发酵成熟的产品称成熟干酪。据文献记载，干酪品种大约有2000多种，比较著名的有400多种。我国通常按非脂成分中的水分含量分为软质干酪、半硬质干酪、硬质干酪和特硬质干酪；按脂肪含量分为高脂、全脂、中脂、部分脱脂和脱脂干酪。另外也可按凝乳方式分为酶凝干酪、酸凝干酪等；按成熟作用物可分为细菌成熟型、内源霉菌成熟型、表面霉菌成熟型和非成熟型等。

2003 年世界干酪年产量约 1580 万吨左右，是乳业发达国家乳制品的主要品种，在乳业发达国家约 35%～65% 的鲜乳用于干酪加工，而在中国还不到 0.3%，近年来，干酪加工在我国已有一定的发展，已有一些乳品企业如光明、三元、法国百吉福等开始生产、销售相关奶酪产品。

2. 干酪的基本生产工艺

不同类型的干酪，加工工艺是不同的，干酪的基本工艺如图 6-2。但总的来说，干酪的加工工艺包括以下三个基本操作：①通过凝乳酶和/或乳酸作用于酪蛋白形成凝乳；②排出乳清，分离凝乳；③对凝乳进行操作，形成最终产品所需的特征。

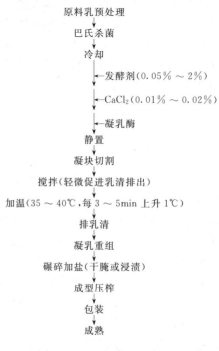

原料乳预处理

巴氏杀菌

冷却

←发酵剂(0.05% ～ 2%)

←CaCl$_2$(0.01% ～ 0.02%)

←凝乳酶

静置

凝块切割

搅拌(轻微促进乳清排出)

加温(35 ～ 40℃,每 3 ～ 5min 上升 1℃)

排乳清

凝乳重组

碾碎加盐(干腌或浸渍)

成型压榨

包装

成熟

图 6-2 干酪生产的基本工艺

对于任何特定的干酪，其生产过程可能只包括图中的一部分，在某些情况下，可能与图中所列的顺序不同。在传统制作中，许多操作都是手工完成的，但到了现代，尤其是在乳制品发达的国家，机械化程度极高，且大多采用自动控制。通过上述工艺得到的干酪通常称为天然干酪，天然干酪可以进一步加工成融化干酪和干酪食品。

第二节　肉、禽和蛋制品

肉、禽和蛋制品是人们日常生活中摄取蛋白质、脂肪等营养物质的重要来源，在人类的饮食中占有极其重要的地位。肉禽蛋的消费水平可以反映一个国家的生活水平和发达程度。近年来我国肉禽蛋产业得到了快速的发展。2006 年我国肉类总产量达到 8051 万吨，其中猪肉为 5197 万吨，牛羊肉为 1220 万吨，禽肉为 1509 万吨，禽蛋产量达到 2946 万吨。

一、肉禽的基础知识

肉类制品工业是食品工业的一个重要组成部分。目前我国肉制品行业已形成腌腊制品、酱卤制品、熏烧烤制品、干制品、油炸制品、香肠制品、火腿制品、罐头制品及其他制品等几大门类。国际上肉制品加工技术水平不断提高，机械化、自动化程度越来越高；肉制品也在向着低脂肪、低胆固醇、安全、卫生和方便的方向发展。

人类消费食用的畜禽种类很多，目前在我国用于肉制品加工的畜禽种类主要有猪、牛、羊、驴、兔、鸡、鸭、鹅、火鸡、鸽子、鹌鹑等。

（一）肉的形态学及特性

肉的营养价值和质量与肉的组成密切相关，从宏观上看，肉是由不同组织组成的；从微观上说，它含有各种化学成分。不同的组织具有不同的化学成分和物理性质，而原料肉的质量高低除了与动物本身生长的状况有关外，还与宰杀处理有关。如果宰杀处理得好，则肉的质量好；如处理不当则会使肉的质量下降，这样的肉对肉制品加工是不利的。同时肉又由于富含营养，在加工过程中极其容易腐败，这也是原料肉一个非常值得关注的特性。

1. 肉的形态结构

从食品加工的角度可将动物机体粗略地分为肌肉组织、脂肪组织、结缔组织和骨骼组织四部分。不同的组织部位直接影响产品的加工特性，因此了解肉的各部分的组成特性对于生产出合格的产品有着重要的意义。

一般来说，肌肉组织越多，含蛋白质越多，营养价值越高；而结缔组织数量越多，营养价值低；脂肪组织多，肉肥且产热大；骨骼组织数量少，则质量高。正常情况下四种组织的比例大致是：肌肉组织 50%～60%，脂肪组织 20%～30%，结缔组织 9%～14%，骨骼 15%～22%。

（1）肌肉组织　肌肉组织是构成肉的主要组成部分，是决定肉质量的重要成分。畜禽的肌肉有横纹肌、心肌、平滑肌三种。用于食用和肉制品加工的主要是横纹肌，约占动物机体的 30%～40%。

（2）结缔组织　结缔组织在动物体内分布极广，肉中的腱、韧带、肌束之间的纤维膜、血管、淋巴管、神经及皮均属结缔组织。它是机体的保护组织，并使机体有一定的韧性和伸缩能力。牲畜机体内的结缔组织的多少与许多因素有关，凡是役用、老龄的结缔组织就多。同一牲畜的部位不同也不一样。结缔组织可分为疏松结缔组织、致密结缔组织。结缔组织由胶原纤维、弹性纤维和网状纤维构成。其主要成分分别为胶原蛋白、弹性蛋白和网状蛋白，这些蛋白都缺少人体必需的氨基酸，由此可见，结缔组织多的部位，营养价值较低。

（3）脂肪组织　脂肪组织是结缔组织的变形，由脂肪细胞组成，动物消瘦时脂肪消失而恢复为原来的疏松状结缔组织。一般脂肪组织含水 8% 左右，含脂肪可达

90％以上。脂肪组织大多附着于皮下、脏器的周围和腹腔等处，具有储存脂肪、保持体温、保护脏器等作用。脂肪在肌纤维间沉着，对改善肉的感官性状、增加适口性、促进蛋白质的吸收有重要作用。

（4）骨骼组织　骨骼是构成肉的组分之一，目前市场上出售的肉类有的是带骨出售的，特别是猪肉。但由于牲畜的品种、肥瘦和部位不同，骨骼的数量是相差很大的。肉中骨骼占的比例大小是影响肉的质量和等级的重要因素之一。猪骨骼一般占 5％～9％，牛占 7.1％～32％，羊占 8％～17％。动物的骨骼通常分为躯干骨、前肢骨、后肢骨和头骨四部分。骨骼的构造一般包括骨膜、内部构造和骨髓三部分。骨骼的化学成分大致为：水分 50％，脂肪 15％，其他有机物 12.4％，无机物 21.8％。骨骼中含有许多钙质，沉积在骨板的胶原纤维上。钙盐只在硬骨中存在，而软骨中没有。骨骼中含有大量胶原纤维，约 10％～32％，所以工业上常用来生产明胶。

2. 肉的化学组成及性质

畜禽肉的化学组成包括水、蛋白质、脂肪、维生素、无机盐和少量碳水化合物等。这些成分的含量依动物的种类、品种、性别、体重、年龄和身体的部位不同而有所差异。各种畜禽的体重、脂肪储藏量等变化很大，因此肉中所含脂肪比例很不稳定，而且肉中脂肪的变动与肉中水分的含量密切相关。脂肪含量增高，水分相应减少。

（1）水分　水是肉中含量最多的组成成分，肌肉中含有 72％～80％的水分，皮肤中水分含量为 60％～70％，骨骼为 12％～15％。畜禽的肥瘦直接影响肉的水分含量，一般越肥，则肉含水量越少，老年动物比幼年动物含量少。肉中的水大致有自由水和结合水两种状态，其结合状态直接影响并决定了肉的加工和储藏特性。在肌肉中水与蛋白质呈凝胶状态存在，水的结合程度高，肉的持水性就高，产品就柔嫩多汁。

（2）蛋白质　肌肉的固体组分约有 80％是蛋白质。肌膜、肌浆、肌原纤维、肌细胞核以及肌细胞间质中均存在着不同种类的蛋白质。肌肉中的蛋白质一般分为三种：肌浆中的蛋白质、肌原纤维中的蛋白质、基质蛋白质。

（3）脂类　肉中脂肪分两类：一类是皮下脂肪、肾脂肪、网膜脂肪、肌肉间脂肪等，称为"蓄积脂肪"；另一类是肌肉组织内脂肪、神经组织脂肪、脏器脂肪等，称为"组织脂肪"。动物性脂类主要成分是甘油三酯，约占 96％～98％，还有少量的磷脂和胆固醇。一般随脂肪中不饱和脂肪酸的增多，各动物脂肪的熔点下降。脂肪在改善肉的适口性和味道方面起着重要的作用。在灌肠制作工艺中非常重视肉馅中脂肪的比例，一般认为最可口的脂肪比例为 35％，低于 20％则口感较差。

（4）碳水化合物　肌肉中的碳水化合物主要以糖原的形式存在，一般含量不足 1％。马肉可达 2％以上，家畜宰前饲养休息的好，肌肉中糖原含量就多。糖原在动物死后的肌肉中进行无氧酵解，生成乳酸，使肉的 pH 下降，促进肉的成熟，这对肉类的性质、加工储藏都有重要的意义。若肌肉中糖原不足会影响肉的成熟。此外肌肉中还含有少量其他碳水化合物如麦芽糖、葡萄糖、肌糖等，这些物质在肉的成熟和保藏过程中起有益作用。

(5) 矿物质 肌肉中矿物质含量约为1%，主要有硫、钾、磷、钠、氮、镁、钙、铁、锌，还有微量的铜、锰等。它们一部分以无机化合物的形式存在，另一部分存在于氨基酸、磷脂和血蛋白中，容易被人体消化吸收。

(6) 维生素 肉中脂溶性维生素较少，而B族维生素含量非常丰富。如猪肉中含有大量的维生素B_1。脏器中含维生素较多，尤其是肝脏，含有丰富的维生素A、维生素C、维生素B_6、维生素B_{12}等。

(7) 非蛋白质含氮化合物 肌肉中还含有约1.5%的游离氨基酸、肌酸、肌肽、磷酸肌酸、核苷酸及维生素等非蛋白氮，它们是肉汤鲜味的主要来源。

(8) 肉中的微生物 一般正常健康动物的肌肉和血液中没有微生物，但由于动物的上呼吸道、消化道及生殖器中常含有微生物，这些微生物在某些情况下进入动物活体中或宰杀后污染肉体从而造成肉品的污染。污染肉的有害微生物通常分为两类，即腐败菌和致病菌。引起肉腐败的主要是假单胞菌、小球菌、变形菌、梭菌和芽孢杆菌等属的菌，在高于10℃条件下应特别注意肉毒梭状芽孢杆菌的腐败。病原菌主要有沙门菌、炭疽杆菌、李斯特杆菌、布氏杆菌、结核杆菌、魏氏杆菌、口蹄疫病毒、猪瘟病毒等，其中对人类安全威胁最大的是炭疽杆菌。当然也存在一些有益菌，如硝酸盐还原菌，可将硝酸盐还原为亚硝酸盐，在腌制过程中可使肉产生腌制品特有的颜色；乳酸菌对腌制肉制品的保存和风味的形成起到重要作用。

(二) 肉的物理性状

肉的物理性状主要指肉的颜色、密度、比热容、气味、持水性、冰点以及导热性质等。这些性状随肉的形态结构、动物的种类、年龄、性别、肥瘦及屠宰前的状态有关。常被用于识别动物肉质的好坏。因此了解肉的物理性状对肉制品的质量是至关重要的。

1. 颜色

肉的颜色随动物的种类、品种、年龄及宰前状态和加工过程的变化而有所不同。一般家畜的肌肉为红色。猪肉为鲜红色、牛肉为深红色、羊肉为紫红色、兔肉为粉红色。禽类肉的颜色有红、白两种之分，腿肉为淡红色，胸脯肉为白色。鲜艳的红色是肌红蛋白与氧结合生成氧合肌红蛋白的结果，肌红蛋白的数量随动物生前组织活动的状况、动物的种类、年龄等不同而不同。

2. 风味

肉的风味是指生鲜肉的气味和加热后肉制品的香气和滋味，是判断肉质量的重要指标之一。肉的气味取决于其中所含特殊挥发性脂肪酸及芳香物质的含量和种类，其成分十分复杂，约有1000多种。影响肉的气味的因素很多，如牲畜的品种、宰前的喂饲情况、腐败及一些特殊反应。肉的气味大致分为两大类：一是生肉中所存在的香气；另一是由于加热肉产生的香气。若有葱、蒜等物质则有外加的气味。肉的滋味是由溶于水的可溶性呈味物质刺激人的舌面味蕾，通过神经传递到大脑而产生的味觉。成熟肉鲜味的增加主要是核苷酸类物质及氨基酸增加所致。

3. 肉的持水性

肉的持水性（water-holding capacity，WHC）是指肉在压榨、加热、切碎搅拌时保持水分的能力，或向其中添加水分时的水合能力。持水能力的好坏直接影响肉制品的品质和口感。持水性的实质是肉的蛋白质形成网状结构，单位空间以物理状态所束缚的水分含量的反映。束缚水分含量越大，持水性越好。各种肉的持水性按猪肉、牛肉、羊肉、禽肉的次序递减。

4. 肉的质构、嫩度和弹性

（1）肉的质构（texture）　是指用肉眼所观察到的，由结缔组织膜将肌肉分成纵向肌束的组织状态。一般认为，纹理细腻，断面为绸状光滑，脂肪细腻分散一致，即呈大理石纹状的肉为好。

（2）肉的嫩度（tenderness）　是指肉入口咀嚼时组织状态所产生的感觉，包括三方面。第一是入口开始咀嚼是否容易咬开；第二是是否容易被嚼碎；第三是咀嚼后口中的残渣量。肉的嫩度受动物品种、性别、年龄、使役情况、成熟作用的不同而不同。

（3）弹性　肉的弹性是指肉在被施加压力时变形，去压时又复原的能力。解冻后的肉往往失去弹性。

（三）肉的成熟

畜禽在宰杀后，生活时的正常生化平衡被打破，在动物体内组织酶的作用下，发生一系列的复杂的生化反应，结果产生外观上的僵硬状态（僵直），经过一段时间这种僵硬现象逐渐消失，肉变软，持水力和风味得到很大的改善，这一变化过程通常称为肉的成熟（aging）。通常可按成熟过程肉的性状和特点分为几个阶段：糖原的酵解、死后僵直、僵直的解除、成熟。

1. 糖原的酵解

动物死后，心脏停止跳动，对肌肉的氧气供给也随之中断，这促进了肉体中糖的酵解过程。糖原在一系列酶系的作用下，降解产生乳酸，使肉的 pH 呈酸性，直到抑制糖酵解的活性为止，这个 pH 称为极限 pH，哺乳动物的极限 pH 为 5.4～5.5 之间。各种畜肉往往在宰后 24h 达到这一值，这一阶段也称为僵直前期。影响 pH 下降的因素很多，凡是能影响酶活性的因素都会影响 pH 下降的速度，温度是影响 pH 下降一个重要的因素。另外，还与动物的种类、体内的不同部位、个体差异等因素有关。

2. 死后僵直

禽畜宰杀后开始很柔软，但是在宰后 8～10h 开始僵直（rigor），并且可持续15～20h。鱼类的僵直期较短，约在 1～7h 开始僵直，而家禽的更短。

动物死后的僵直过程大致可分为三个阶段：从屠宰后到开始出现僵直为止的肌肉弹性以非常缓慢速度进展的阶段，称为迟滞期；随后的迅速僵硬的阶段，称为急速期；最后形成延伸性非常小的一定状态而停止，称为僵直后期。

由于动物宰杀前的状态不同，因此宰后产生不同的僵直类型，通常分为三类：酸性僵直（acid rigor，pH 在 5.7 左右）、碱性僵直（alkline rigor，pH 在 7.2 左右）和中间型僵直（intermediate type rigor，pH 在 6.3～7.0 左右）。

3. 僵直的解除

动物死后僵直达到顶点后，并保持一段时间，其后肌肉又逐渐变软，解除僵直状态。解除僵直所需的时间由动物的种类、肌肉的部位及其他外加条件的不同而有所差异。在 2～4℃条件下僵直的解除，鸡肉需 2 天，猪、马肉需 3～5 天，牛肉则需 1 周到 10 天左右。未解僵的肉持水性差、口感不好，经解僵后肉的持水性提高，风味变佳。

4. 成熟

解僵后的肉置于低温下储藏，使其风味增加的过程称为肉的成熟。成熟过程中所发生的一系列变化事实上在解僵过程中已发生，因此，很难严格界定解僵期与成熟期，可以认为成熟是解僵的延续。在成熟过程中，肉的 pH 从最低点（5.4 左右）开始逐渐回升；持水性提高，结合水的数量增大；肉的柔软性提高，肉质变嫩。同时由于成熟过程组织蛋白酶的作用，使一些蛋白质分解产生一些非蛋白类含氮物质，其表现为游离氨基酸的含量增加。肉在成熟过程中产生的核苷酸、氨基酸、短肽、次黄嘌呤等物质构成肉的滋味和香味。

由上述可知，肉的成熟对于肉的品质有很大的影响，通过成熟过程，可以提高肉的嫩度、持水性以及改善肉的风味，为了更好的适应生产的需要，工业生产中常从以下三方面入手：阻止屠宰后僵直的发展；加快死后僵直的发展；加快解僵过程来加快肉的成熟。

（四）肉的腐败变质

肉的腐败变质（spoilage）是指肉受到外界因素的作用，特别是微生物污染的情况下，肉的成分和感官性状发生变化，并产生大量对人体有害物质的过程。常见的肉的腐败现象主要有色泽变化、发黏、霉斑、腐败味等。

肉的腐败主要由微生物的繁殖引起，肉组织中的各种酶也起到一定的催化作用。因此，肉腐败的控制，主要是抑制微生物的生长和降低酶活性。考虑到可加工性，采用的方法以避免引起原料肉理化性质的改变为宜，如蛋白质的变性等。

常见的控制肉腐败的方法有控制温度、添加食品防腐剂、辐射处理、加工过程的控制等。生产过程中应采用 HACCP 控制体系、GMP 体系等一系列确保肉品质量的管理方法。

二、肉类罐头

广义上讲，凡是用密封容器包装并经高温杀菌的食品均称为罐藏食品。常见的主要为马口铁罐或复合铝箔袋的软包装产品。我国的肉类罐头生产从 20 世纪 80 年代末期开始走下坡路，并长期处于低迷状态，近年来有所回升。一些传统的肉类罐头如午餐肉、扣肉、肉酱等，以其携带方便、营养价值高多年来一直深受部队喜爱而作为军工食品；另外，东南亚各国一直对中国的肉类罐头青睐有加。我国肉类罐头种类繁多，主要分为清蒸类、调味类、腌制类、烟熏类、香肠类、内脏类等产品。

（1）清蒸类罐头　将处理后原料加入食盐、胡椒、洋葱和月桂叶等直接装罐，经排气、密封、杀菌后制成，在装罐前不经过烹调，如清蒸猪肉、原汁猪肉等。

（2）调味类罐头　调味类罐头是指将经过处理、预煮或烹调的肉块或整体装罐后，加入调味汁液制成的罐头。其中按烹调方法不同，又可分为红烧、五香、浓汁、油炸、茄汁、咖喱、沙茶等类别，如红烧扣肉、茄汁猪肉、五香肉丁等。

（3）腌制类罐头　腌制类罐头是指肉类原料经过处理后，以混合盐进行腌制，然后制成的罐头，如火腿、午餐肉等。

（4）烟熏类罐头　烟熏类罐头是指肉类原料经腌制，然后烟熏而制成的罐头，如烟熏肋肉、火腿蛋等。

（5）香肠类罐头　香肠类罐头是指肉经过腌制后加香辛料斩拌后，制成肉糜直接装入肠衣中，经烟熏或不经烟熏制成的罐头。

（6）内脏类罐头　内脏类罐头是指采用猪、牛、羊等内脏为主要原料，经处理调味或腌制等各种方法进行加工制成的罐头，例如卤猪杂、猪肝酱等。

（一）午餐肉

1. 工艺流程

预处理→腌制→斩拌→真空搅拌→装罐→封口→杀菌冷却。

2. 工艺要点

（1）预处理　新鲜猪肉需经排酸后方可使用，冷冻肉需解冻。去皮去骨猪肉去净前后腿肥膘成为净瘦肉，肋条去除部分肥膘，使肥膘厚度不超过 2cm。要求加工后净瘦肉肥肉含量不超过 10%，肥瘦肉瘦肉含量不超过 60%，处理过程中肉温不应超过 15℃。

（2）腌制　将净瘦肉与肥瘦肉分开腌制，各切成 3~5cm 的小块，拌入 2.25% 的混合盐，其中食盐 98%，砂糖 1.5%，亚硝酸盐 0.5%。将肉与混合盐拌好后置于 0~2℃ 的冷库中腌制 24~36h。

（3）斩拌　先将瘦肉和冰、淀粉及辅料倒入斩拌锅中，先低速斩拌一两圈后升速斩拌 2.5min，再倒入剩下的肉，再斩拌 2.5min。

（4）真空搅拌　将斩拌好的肉馅转入料斗中，倒入真空搅拌机中，真空搅拌 2min，真空度 0.067~0.080MPa，然后取出肉馅。

（5）装罐、封口　选用氧化锌脱膜涂料铁罐，洗净后沸水烫罐，倒置备用，按罐型设定好装罐量即可装罐。封罐真空度为 0.040MPa。

（6）杀菌冷却　杀菌公式依罐型不同而不同，采用反压冷却，962 号罐（净重 397g）的杀菌公式为：25-70min-反压冷却/121℃（反压 0.15MPa）。

（二）红烧扣肉

1. 工艺流程

猪肉预处理→分割预煮→后处理→切片→油炸→装罐→浇灌→封口→杀菌冷却。

2. 工艺要点

（1）猪肉预处理　选用带皮去骨肋条肉，去除筋、膜、软骨、淋巴等杂物。

（2）分割预煮　将肉切成 10cm 左右宽的长条，置于沸水锅中煮约 40min，至内部刚好无血色为好。

（3）后处理　取出后立即趁热拔尽皮上残存的毛。然后用毛刷在肉皮表面均匀地涂上一层焦糖色。

（4）切片　上色后切成 15mm 左右厚的薄片。

（5）油炸　切片后置于油锅中油炸，油炸温度 170～180℃，3～5min 后取出沥油 20s，立即置于冷水中过水 1min，取出沥干备用；也可用 200～220℃左右高温油炸 30～45s，或采用两次油炸工艺。

红烧扣肉的装罐采用人工装罐，杀菌冷却与午餐肉类似。

（三）火腿肠

1. 工艺流程

原料肉→解冻→绞碎→搅拌→腌制→斩拌→灌肠→蒸煮杀菌→冷却→检验贴标→入库。

2. 工艺要点

（1）解冻　解冻前解冻室应严格消毒，解冻过程应维持温度 0～4℃，并始终保持干净卫生。将原料冻肉拆去外包装，用胶盆盛装，置于解冻室的铁架或直接放在不锈钢的操作台上，自然解冻约 24h。

（2）绞碎　解冻后的肉置于绞肉机中绞碎，绞碎过程应特别注意肉温不应高于 10℃。最好在绞碎前将原料肉和脂肪切碎，分别控制它们的温度在 3～5℃。绞碎过程不得过量投放，肉粒要求直径 6mm。

（3）腌制　将绞碎的肉放入搅拌机中，然后加入食盐、亚硝酸盐、复合磷酸盐、异抗坏血酸钠、各种香辛料和调味料，搅拌 5～10min，搅拌过程应注意肉温不得超过 10℃。然后肉糜用胶盆盛放，排净表面气泡，用保鲜膜盖严，置于腌制间腌制。腌制间温度 0～4℃，相对湿度 85%～90%，腌制 24h。

（4）斩拌　斩拌机预先用冰水冷却至 10℃左右，然后加入腌制好的肉糜及冰片、糖、胡椒粉，斩拌约 3min 左右。然后加入玉米淀粉和大豆分离蛋白继续斩拌 5～8min，斩拌过的肉馅应呈乳白色、黏性好、油光发亮。

（5）灌肠　采用连续真空灌肠机进行灌肠。使用前将灌肠机料斗用冰水降温，并排除机中空气，然后将斩拌好的肉馅倒入料斗进行灌肠。灌肠后用铝线结扎，肠衣为高阻隔性的聚偏二氯乙烯（PVDC）。灌制的肉馅应紧密无间隙，防止装得过紧或过松，胀度要适中，以两手指压肠子两边能相碰为宜。

（6）蒸煮杀菌及冷却　灌制好的肠要在 30min 内进行蒸煮杀菌。杀菌分升温、恒温、降温三个阶段。具体杀菌条件如下：45g、60g、75g 重 120℃、20min；135g、200g 重 120℃、30min。

（7）检验　对产品进行检验，确保符合国家卫生法和有关部门颁布的质量标准或要求。检验合格的产品入库保藏。

三、肉类干制品

近年来，肉类干制品作为一种休闲、旅游食品越来越受到消费者的欢迎。目前这类产品主要有肉干、肉松、肉脯、肉粒等。比较著名的产品如靖江猪肉脯、汕头猪肉脯、湖南猪肉脯、厦门黄金香猪肉脯、太仓肉松、福建肉松等。

（一）肉干

肉干是猪、牛的瘦肉经切片（条丁）、煮制调味、脱水干燥制成的干肉制品，市场上常见的产品有牛肉干、猪肉干、兔肉干以及鱼肉干。常见的风味主要有五香、咖喱、麻辣、孜然和果汁等风味。传统的牛肉干加工如下。

1. 生产工艺

原料预处理→预煮→切块→复煮→烘烤→包装→成品。

2. 工艺要点

（1）切块　预煮后，将肉置于筛子或带孔塑料盆中冷却，待不烫手后进行切割。要求切成 3.5cm×2.5cm×0.5cm 的薄片，片型应整齐，厚薄均匀，肉片长度方向应顺着牛肉纤维的方向。

（2）复煮　将预煮肉用的肉汤用四层纱布过滤，然后重新倒入锅中，加入白糖、酱油和五香粉以及肉片，继续煮制。煮沸后宜用小火，并不断搅拌肉块，但不可太剧烈，以免破坏肉块结构。煮至中途可加入白酒，最后放入味精搅拌均匀即可出锅。出锅时最好肉汤基本耗尽。

（3）烘烤　复煮结束后，将肉片均匀摊在烘筛上，冷却。事先将烘房温度调好，待肉片晾干后立即送入烘房进行烘烤。烘烤条件为 55～60℃、6～8h，其间应定时调动烘筛位置，以保证烘烤均匀。待肉片干燥后即可取出，置于干净卫生的冷却间晾凉后即为成品。

（4）包装、成品　待肉片冷却后用塑料袋进行真空包装，经检验合格后即为成品。

（二）肉脯

肉脯是指经切片、调味、摊筛、烘干和烤制等工艺加工而成的干熟薄片状肉制品，一般包括肉脯和肉泥脯两种，近年来重组肉脯的研究日益受到重视。国内比较著名的肉脯有靖江猪肉脯、汕头猪肉脯、湖南猪肉脯及厦门黄金香猪肉脯等。传统肉脯的加工如下。

1. 生产工艺

原料选择→预处理→拌料、腌制→摊筛→烘干→烘烤→压平、切割→包装→成品。

2. 工艺要点

（1）预处理　剔除筋膜等杂物后顺着肌肉纤维方向将肉切成 2mm 左右厚的薄片，有条件的也可用切片机切片。将肉片用温水进行清洗，以除去残余的血和油污，然后迅速装入特制的肉模内，送入冷库进行速冻，使之在短时内中心温度达到 -2℃。

（2）拌料、腌制　按配方比例将配料混合，并加适量水溶解，然后拌入肉片，搅拌均匀，但不可过度剧烈搅拌，以防破坏肉片。将肉片在配料中腌制 1h 左右，腌制过程应注意腌制温度低于 10℃。

（3）摊筛　使用特制的不锈钢筛或竹筛，首先在筛网上涂一层熟植物油，再将腌制好的肉片摊在筛上，摊筛应均匀一致，从筛中心一圈一圈往外进行，肉片间及圈间应适当留有空隙。

（4）烘干　将摊好肉片的筛子送入蒸汽烘房中进行烘干。烘干条件为温度65℃左右，时间5～6h。待肉片基本脱水，形成干胚后，从烘干房中移出，从筛上小心取下，自然冷却备用。

（5）烘烤　将烘干的半成品肉片送入远红外高温空心烘炉中进行熟化烘烤。烘烤温度200～350℃，烘烤时间1min左右。烤至肉质出油、呈红棕色即可。

（6）压平、切割　烘烤结束后，立即取出，放入压平机中压平，然后再转入切片机切成要求的形状。

（7）包装、成品　采用塑料袋真空包装，包装规格视市场及相关要求而定。经检验合格后即为成品。

（三）肉松

肉松是我国著名的特产，是精肉经煮肉、炒松等工艺精制而成的絮状干肉制品，猪肉、牛肉和鸡肉等均可加工肉松，也有用鱼肉加工肉松的报道。传统的肉松加工如下。

1. 生产工艺

原料预处理→煮肉→撇油→收汤→炒松→擦松→拣松→包装→成品。

2. 工艺要点

（1）原料预处理　基本同肉脯，切成大小适宜的肉块。

（2）煮肉　大约煮2～3h。煮制过程要注意适当加水。

（3）撇油　肉煮好后揭开锅盖，停止加热，将锅内肉汤全部舀出，用铲子将肉块顺肌肉纤维铲开成细长的纤维束状，然后将先前的肉汤再倒入锅中，视水多少适当添加。大火烧煮至沸腾，然后改用小火，当表面浮油与水分清时进行撇油。撇油过程应随时加水，以保证肉汤总量基本不变。当大部分油撇去后（约需1h），将酱油、食盐放入，并随时撇油，基本无油时可加入糖。

（4）收汤　当油撇干净后可以开始收汤，收汤应用大火，待汤收缩至大约一半时可加入黄酒、味精等，收汤过程中应不断用铲子翻炒以免粘锅。待水分大部分蒸发完毕时，可停止加热，利用余热使肉将汤全部吸完。

（5）炒松　将收好汤的肉送入炒松机进行炒松，事前应保证机器清洁卫生。用文火炒40～50min左右，当肉松的水分达到17％左右即可进行擦松。

（6）擦松　炒好后的肉松立即送入滚筒式擦松机内进行擦松，据肉丝的情况可擦几次松。

（7）拣松　将擦好的肉松放入盘子中，去除成块、炒焦的肉松即可。

（8）包装、成品　产品用塑料袋真空包装，经检验合格后即为成品。

四、发酵肉制品

发酵肉制品是指经过自然发酵或人工接种发酵并经干燥等工艺加工而成的一类肉制品。发酵肉制品主要有发酵香肠和发酵干火腿两大类。

1. 发酵香肠

发酵香肠是指将绞碎的肉和动物脂肪同盐、糖、香辛料（接种或不接种发酵剂）等混合后灌入肠衣，经发酵、成熟干燥（或不经成熟干燥）而制成的具有稳定的微生物特性和发酵香味的肉制品。发酵香肠通常按产地命名如萨拉米香肠、黎巴嫩大香肠、塞尔维拉特香肠等，另外也可按脱水程度分为干发酵香肠（失水量＞30％）、半干发酵香肠（失水量＞20％）和非干发酵香肠（失水量＜10％）；也可按发酵程度和加工过程的状况进行分类。

某些好的发酵香肠很少添加发酵剂，但在半干发酵香肠生产中几乎普遍使用微生物发酵剂。目前用于肉类发酵的微生物主要有有害片球菌（*Pediococcus damnosus*）、植物乳杆菌（*Lactobacillus plantarum*）、易变微球菌（*Micrococcus varians*）、汉逊氏德巴利酵母（*Debaryomyces hansenii*）、产黄青霉（*Penicillium chrysogenum*）和纳地青霉（*Penicillium nalgiovensis*）等。工业上使用的发酵剂一般都是冻干型的，在使用前须先使其复水活化，发酵香肠的接种量一般要达到 $10^6 \sim 10^8$ cfu/g。

2. 火腿

发酵火腿根据习惯通常可分为中式和西式发酵火腿两种。我国以前有四大名腿，即金华火腿、如皋火腿、宣威火腿和恩施火腿。目前恩施火腿已很少见，而金华火腿、如皋火腿、宣威火腿因口味好而深受广大消费者的喜爱，并享有很高的声誉。它们分别是南腿、北腿和云腿的代表。西式发酵火腿由于在加工过程中对原料肉的选择、处理、腌制及成品的包装形式不同，品种较多，主要包括带骨火腿、去骨火腿等。著名的发酵火腿有帕尔玛火腿（Parma ham）、田园火腿（Country cured ham）等。我国金华火腿的加工工艺如图 6-3 所示。

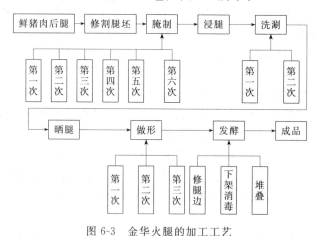

图 6-3　金华火腿的加工工艺

五、其他肉制品

（一）腌腊肉制品

腌腊肉制品是我国的传统肉制品，主要的加工工序为腌制，通过低温条件下食盐、硝酸盐等对原料肉作用，产生独特的产品风味，由于多在腊月开始加工，因此统称为腌腊制品。常见的有咸猪肉、咸水鸭、腌鸡、戎腿以及中式腊肠、香肚、腊猪肉、板鸭、腊兔、腊鱼等。南京板鸭的加工如下。

1. 工艺流程

选料→宰杀→修整→腌制→叠胚→排胚→晾挂→包装→成品。

2. 工艺要点

（1）选料　腌制板鸭的原料首先应是检疫合格的，鸭子应体长、身宽，胸、腿部肌肉发达，两翼下有核桃肉，体重在 1.5～2.0kg。

（2）宰杀　宰前断食 18～24h，于下颈部开刀，放血充分。宰杀后立即用 65～68℃的热水烫毛，以利于拔毛。鸭毛拔完后将鸭体在冷水中浸泡三次。时间分别为 10min、20min、60min。在浸泡过程中洗去皮上残留的污物，并借用水的漂浮作用，拔去残留的小毛，从刀口中浸出残留的淤血。

（3）修整　鸭脚和鸭翅先除去，在右翅下开口，长度大约 6cm（与鸭体平行），然后拉出食管、心、肝、肺等内脏。用冷水浸泡鸭体以浸出残余的血液，浸泡过程可换水几次，至水基本澄清为止。将鸭体取出悬挂沥干水分备用。

（4）腌制　腌制过程分为腌制剂的配制、擦盐、抠卤、复卤等几步。

（5）叠胚　腌制结束后，将鸭体取出再次抠卤，沥干卤水，然后将鸭体放在案板上，压前胸人字形骨，将鸭体压成扁平，逐只按鸭头指向缸中心的方式堆叠在缸内，一般堆叠 2～4 天即可进行下一道工序。

（6）排胚、晾挂　用清水洗净鸭体，挂于木档的挡钉上，将木档搁于两木架上，用手拉开颈部，拍平胸部，将腹肌挑起成球型。挂阴凉通风处阴干。鸭皮干后再排胚一次，然后加盖印章后即可转移至仓库进行晾挂处理。仓库应通风良好，不漏雨。吊挂时应按鸭体的大小分类吊挂。晾挂架之间以及鸭体之间应保持一定间距，通常木档间距保持 50cm，档钉间距 15cm，以保证通风良好。通常晾挂 15～20 天左右即可。

（7）包装、成品　晾挂结束后可进行包装，一般采用塑料袋真空包装，一只一袋。经检验合格后即为成品，置于 0℃左右冷库储藏。

（二）熏烤制品

熏烤肉制品是指原料肉经腌制、煮制后，再以烟气、高温空气、明火或高温固体为介质干热加工而成的肉制品，通常分为熏制品和烤制品两大类。常见的产品主要有北京熏肉、广东叉烧肉、北京烤鸭等。北京熏肉的加工如下。

1. 工艺流程

鲜肉→洗净→煮制→捞出→清洗→加盐→煮制→加入调味料→熏制→产品。

2. 工艺要点

选用皮薄肉嫩的生猪，取其前后腿的新鲜瘦肉，用刀去毛，刮净杂质，切成肉块，用清水泡洗干净，或者入冷库中用食盐腌一夜。将肉块放入开水锅中煮10min，捞出后用清水洗净。原汤中加盐，清汤后再把肉块放入锅中，加入花椒、八角茴香、桂皮、葱、姜，用大火烧开后加料酒、红曲，煮 1h 后加白糖。改用小火，煮至肉烂汤黏出锅，这时添加味精拌匀。把煮好的肉块放入熏屉中，用锯末熏制 10min 左右，出屉即为"熏肉"。

（三）酱卤制品

酱卤制品是我国传统的一大类肉制品，其主要特点是成品都是熟的，可以直接食用，产品酥润，有的带有卤汁，不易包装和储藏。由于各地的消费习惯和加工过程中所用的配料、操作技术不同，形成了许多具有地方特色的肉制品。包括白煮肉类、酱卤肉类、糟肉类等。比较出名的产品有苏州酱肉、北京月盛斋酱牛肉、太原六味斋酱猪肉、镇江肴肉、北京天福号酱肘子、粉蒸肉等。

酱卤肉制品的加工的两个主要的过程是调味和煮制。调味大致可分为基本调味、定性调味和辅助调味。加热前，经加盐、酱油或其他配料腌制，形成产品的咸味，称基本调味；加热煮制或红烧时，在原料下锅的同时加入酱油、盐、酒、香米等配料，称为定性调味；加热煮熟后或将出锅时加入糖、味精等增加产品的色泽、鲜味，称辅助调味。随着软罐头的发展，目前很多传统的酱卤制品经复合铝箔袋真空包装后，再经杀菌冷却制成了可常温保藏的工业化产品。

六、蛋及蛋制品加工

（一）蛋的相关知识

各种禽蛋皆可食用，烹饪中常用的蛋有鸡蛋、鸭蛋、鹅蛋、鹌鹑蛋等，其中以鸡蛋的用量最大。蛋通常可分为蛋壳、蛋白、蛋黄三部分。蛋的营养丰富，以鸡蛋为例，约含12％的蛋白质和11％的脂肪。蛋清中固形物主要是蛋白质。几乎所有的脂肪都在蛋黄里，蛋黄富含脂溶性维生素 A、维生素 D、维生素 E 和维生素 K 及卵磷脂。从营养上讲，蛋是脂肪、蛋白质、维生素和矿物质的一个很好的来源。每只鸡蛋中含有约240mg胆固醇，均存在于蛋黄里。

蛋的质量因产蛋禽类的种类不同而不同。一般鸡蛋 40～75g，鸭蛋 60～100g，鹅蛋 160～245g。蛋的相对密度随蛋的种类、新鲜程度以及不同部位而有差异，如新鲜鸡蛋为 1.080～1.090，鸭蛋、火鸡蛋、鹅蛋为 1.085。而陈蛋的相对密度较低，为 1.025～1.060，常可利用蛋的相对密度判断蛋的新鲜程度。

蛋类常用的储藏方法有冷藏法、石灰水储藏法、水玻璃储藏法、涂布法等。工厂里对蛋类的检验常采用感官检验、灯光透视、理化检验等方法。

在我国，蛋的加工较肉禽而言相对比较薄弱，目前市场上常见的主要是一些传统的再制蛋品如皮蛋、咸蛋和糟蛋以及冰蛋、蛋粉等蛋制品。

（二）再制蛋品加工

再制蛋是指蛋加工过程中不去壳、不改变蛋形的制成品，包括皮蛋、咸蛋、糟蛋等。

1. 松花蛋

松花蛋又名皮蛋、变蛋、彩蛋或泥蛋。早在 300 多年前我国劳动人民就熟练地掌握了这种再制蛋的加工技术。松花蛋的蛋白为茶色的胶冻状，蛋白内及表面常有松针状的结晶或美观的花纹，状如松花，故名松花蛋。松花蛋目前主要有溏心（汤心）皮蛋（俗称京彩蛋）和硬心皮蛋（俗称湖彩蛋）两大类。松花蛋加工的原辅材料有鲜蛋、生石灰（CaO）、纯碱（Na_2CO_3）、食盐、茶叶、黄丹粉（PbO）、草木灰、松柏枝、包泥等。松花蛋的加工方法主要包括浸泡法（加工溏心皮蛋）、包泥法（加工硬心皮蛋）以及浸泡包泥法。浸泡包泥法的工艺流程如图 6-4。

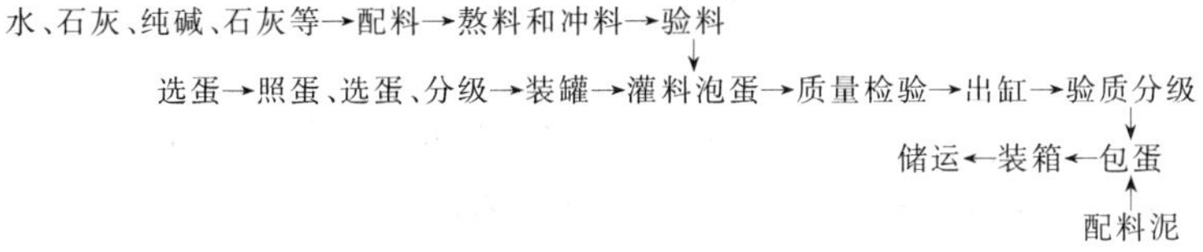

水、石灰、纯碱、石灰等→配料→熬料和冲料→验料

选蛋→照蛋、选蛋、分级→装罐→灌料泡蛋→质量检验→出缸→验质分级

储运←装箱←包蛋

配料泥

图 6-4 浸泡包泥法的工艺流程

2. 咸蛋

又名腌蛋、盐蛋、味蛋，江苏高邮咸蛋最为著名，具有"鲜、细、嫩、松、沙、油"六大特点。咸蛋的加工方法主要有草灰法、盐泥涂布法、包泥法、泥浸法、盐水浸渍法等。咸蛋加工的原辅料主要包括新鲜鸭蛋、食盐、草木灰、包泥等。草灰法加工时应先将草灰及盐、水等先打浆，并将灰浆搅熟备用，然后经原料蛋选择、照蛋、敲蛋、分级、提浆裹灰、点数入缸、储存等步骤加工而成。一般夏季腌制 20～30 天，春秋季 30～40 天即可成熟。

3. 糟蛋

糟蛋是用优质的鲜鸭蛋经优良的糯米酒糟糟渍而成的一种再制蛋。糟蛋的蛋壳全部或部分脱落，仅剩壳下膜包裹着蛋的内容物，如同软壳蛋似的一种蛋制品，故人们又称之为软壳糟蛋。我国著名的糟蛋是浙江平湖糟蛋和四川叙府糟蛋。平湖糟蛋有 200 余年历史，清朝曾作为贡品。糟蛋的加工首先要利用糯米制备酒糟，然后经过原料的选择、照蛋、洗蛋、晾蛋、敲蛋、装坛糟制、封坛成熟等步骤加工而成。糟蛋加工的原辅料主要包括鸭蛋、糯米、酒药（绍药、甜药、糖药）、食盐、红砂糖等。

（三）蛋制品加工

通常按照蛋制品的形态将蛋制品分为三大类，即冰蛋品、干蛋品、湿蛋品。冰蛋品包括冰全蛋、冰蛋黄、冰冻蛋白等；干蛋品包括干蛋白、干蛋粉（全蛋粉、蛋黄粉、蛋白粉）、干蛋片等；湿蛋品包括湿全蛋、湿蛋黄、湿蛋白等。冰蛋是蛋液经搅拌、过滤、杀菌、预冷、装罐、速冻、包装、冻藏等步骤加工而成的蛋制品；蛋粉是由蛋液经搅拌、过滤、喷雾干燥、过筛、包装加工而成的。此外关于蛋的综合利用与深加工也有相关研究与工业化生产，如蛋壳的利用、蛋黄中卵磷脂及免疫球蛋白的提取等。

第三节 果 蔬 制 品

果蔬是水果和蔬菜的简称，属于植物性食品。在植物学上果蔬食品则是指植物体上可供食用的部分。果蔬是人类食物中所需矿物质和维生素等的主要来源。我国大部分地区处于亚热带和温带，非常适宜果蔬的生产与栽培。我国果蔬原料资源丰富，种类繁多。根据农业生物学分类法，蔬菜通常可分为根菜类、白菜类、茄根类、瓜类、豆类、葱蒜类、薯芋类、绿叶菜类、多年生蔬菜类、水生蔬菜类、菌藻类等十多个门类。水果类根据其生物学特性，特别是它们在生长发育过程中生理、生化性质的不同，通常可分为仁果类、核果类、浆果类、坚果类、柿果类、柑橘类等。

果蔬制品工业是我国食品工业中的重要组成部分，现已形成了果蔬罐头、果蔬汁、果蔬干制品、果蔬腌制品、速冻果蔬等几大门类。

一、果蔬的组成

果蔬的成分不仅取决于植物品种、栽培方法及气候，而且与采摘前的成熟度及采后继续成熟情况有关。果蔬中的主要成分包括水分、碳水化合物、有机酸、含氮化合物、脂肪、单宁、糖苷类、色素、维生素、矿物质等。果蔬的成分直接决定了果蔬的营养价值以及加工特性。

1. 水分

水分是果蔬的主要成分，其含量一般高于 70%，平均为 80%～90%。黄瓜、萝卜、莴苣可达 93%～97%，而板栗等相对较少。

2. 碳水化合物

果蔬中的碳水化合物主要有糖、淀粉、纤维素、半纤维素、果胶物质等，是果蔬干物质的主要成分。果蔬中的碳水化合物的量因果蔬成熟程度的不同而有所不同。

3. 有机酸

果蔬中有机酸主要有柠檬酸、苹果酸、酒石酸，一般称之为"果酸"。此外还含有其他少量的有机酸，如草酸、水杨酸、琥珀酸等。

4. 含氮物质

果蔬的含氮物质种类较多但含量较少，一般在 0.2%～1.2%，其中主要是蛋白质和氨基酸，此外还有酰胺、铵盐、某些糖苷及硝酸盐等。

5. 脂肪

在植物体中，脂肪主要存在于种子和部分果实（如油梨、油橄榄等）中，根、茎、叶中含量很少。不同种子脂肪含量差别很大，如核桃 65%，花生 45%，西瓜籽 19%，冬瓜籽 29%，南瓜籽 35%。脂肪含量高的种子是植物油脂的极好原料。

6. 单宁物质

单宁又称鞣质，属多酚类物质，在水果中普遍存在，在蔬菜中含量较少。一般未熟果的单宁含量多于成熟果。

7. 糖苷类

果蔬组织中常含有某些糖苷，如苦杏仁苷、茄碱苷、黑芥子苷和橘皮苷等。大多数都具有苦味或特殊的香味，其中一些苷类不仅是果蔬独特风味的来源，也是食品工业中主要的香料和调味料。而其中部分苷类则有剧毒，如苦杏仁苷和茄碱苷等，在食用时应予以注意。

8. 色素物质

色素物质为表现果蔬色彩物质的总称，依其溶解性及在植物中存在状态分为两类。叶绿素及类胡萝卜素等为脂溶性色素。花青素、花黄素等为水溶性色素。

9. 芳香物质

各种果蔬都含有其特有的芳香物质，一般含量极微，从万分之几到十万分之几，只有少数果蔬，如柑橘类、芹菜、洋葱中的含量较多。芳香物质的种类很多，是油状的挥发性物质，且含量极少，故又称为挥发油或精油。它的主要成分一般为醇、酯、醛、酮、烃、萜和烯等。有些植物的芳香物质不是以精油的状态存在，而是以糖苷或氨基酸状态存在，必须借助酶的作用进行分解，生成精油才有香气，如苦杏仁油、芥子油及蒜油等。

10. 维生素

果蔬是人体营养中维生素最重要的直接来源，果蔬中所含的维生素种类很多，可分为水溶性和脂溶性两类。水溶性维生素如维生素 C、维生素 B_1、维生素 B_2 等；脂溶性维生素如维生素 A 原（β-胡萝卜素）、维生素 E、维生素 K 等。

11. 矿物质

果蔬中含有多种矿物质，如钙、磷、铁、镁、钾、钠、碘、铝、铜等，它们以硫酸盐、磷酸盐、碳酸盐或与有机酸结合的盐类存在。其中与人体营养关系最密切的矿物质有钙、磷、铁等。

二、果蔬的采收和预处理

（一）果蔬原料的采收

果蔬原料的采收时间和采收方法都应考虑到加工的目的、储运的方法和设备条件。由于果蔬供食用的器官不同，加工储运对原料成熟度的要求和标准也不同。一般要求品质达到最高标准，但也适当照顾产量。

1. 水果

根据果实的成熟特征一般可分为采收成熟度、加工成熟度和生理成熟度三个阶段。

（1）采收成熟度　果实到了这个时期，母株不再向果实输送养分，果实已充分膨大长成，绿色减退或全退，种子已经发育成熟。这时采收的果实，适宜长期储藏和长途运输以及作为果脯类产品的原料。此时果实的风味还未发展到顶点，需经过一段时间的储藏后熟，风味呈现出来，便可达到正常的加工要求。

（2）加工成熟度　这时果实已经部分或全部显色，虽未充分成熟，但已充分表现出本品种特有的外形、色泽、风味和芳香，在化学成分和营养价值上也达到最高点。当地销售、加工及近距离运输的果实，此时采收质量最佳。制作罐头、果汁、果酒等均宜此时采收。

（3）生理成熟度　也称为过熟。此时果实在生理上已达到充分成熟的阶段，果肉中风味物质消失，变得淡而无味，质地松散，营养价值也大大降低。过熟的果实不适宜储藏加工，一般只适于采种。而以种子供食用的栗子、核桃等干果则需要在此时或接近过熟时采收。

2. 蔬菜

蔬菜一般多采用以下方法来判断其成熟度。

（1）蔬菜表面色泽的显现和变化　长距离运输或储藏番茄时，应在绿熟即果顶显示奶油色时采收。如在当地销售可在破色期采收，罐藏、制酱或制干的辣椒应表现充分的红色。茄子采收应在明亮而有光泽色彩时，黄瓜应为深绿色尚未变黄时采收。甜瓜色泽从绿到斑绿和稍黄表示成熟。其他如豌豆应从暗绿变为亮绿，四季豆是绿色而不是白色时为成熟。

（2）坚实度　由于蔬菜供食用部分不同，成熟度的要求不一，番茄、辣椒等要求有一定的硬度没有过熟变软时采收，耐储藏；甘蓝叶球、花椰菜花球都应充实坚硬，表示蔬菜发育良好，充分成熟，这时采收耐藏性强；莴苣、芥菜采收应在叶变坚硬之前，凉薯、豌豆、四季豆、甜玉米等都应在幼嫩时采收，不希望硬度高。

（3）糖和淀粉含量　甜玉米、豌豆、凉薯、菜豆以食用幼嫩组织为主的，糖多、淀粉少则质地脆嫩，风味良好，否则组织粗硬，品质下降。而马铃薯、芋头的淀粉含量多是采收成熟的标志，应在变为粉质时采收，此时产量高，营养丰富，耐储藏，制淀粉时出粉率高。

（4）其他品种采收成熟度标准　甜玉米在籽粒有乳汁、穗丝变为褐色时采收。黄瓜、丝瓜、茄子、菜豆应在种子膨大硬化之前采收，这时鲜食、加工品质好。南瓜、冬瓜如需长期储藏则应充分成熟，大蒜头早收减产而不耐储藏，应在叶枯断、蒜头顶部开裂之前采收。做鲜食腌渍用的应采嫩姜，老姜则耐藏。

（二）采后的生理特性

收获后的果蔬，仍然是有生命的活体，但是脱离了母株之后组织中所进行的生化、生理过程，不完全相同于生长期中所进行的过程。收获后的果蔬所进行的生命活动，主要方向是分解高分子化合物，形成简单分子并放出能量。其中一些中间产物和能量用于合成新的物质，另一些则消耗于呼吸作用或部分地累积在果蔬组织中，从而使果蔬营养成分、风味、质地等发生变化。

1. 呼吸作用

果蔬收获后，光合作用停止，呼吸作用成为新陈代谢的主导过程。呼吸与各种生理过程有着密切的联系，从而影响到果蔬在储藏中的品质变化，也影响到耐储藏性和抗病性。

不同类型的果蔬呼吸状态不同，果蔬以其呼吸状态可分为两类：高峰呼吸型和非高峰呼吸型。高峰呼吸型也叫呼吸跃变型，苹果、梨、桃、木瓜、香蕉、草莓等属于此类。这类果蔬生长过程与成熟过程明显，呼吸高峰标志着果蔬开始进入衰老期；催熟剂对其呼吸影响明显，催熟剂可使果蔬的呼吸高峰提前出现；在高峰期之前收获的果蔬，通过冷藏、气调、涂膜等方法可使呼吸高峰期推迟。非高峰呼吸型也称无呼吸跃变型，柑橘、菠萝、柿子、柠檬、樱桃等属于此类。这类果蔬生长与成熟过程不明显，生长发育期较长；多在植株上成熟收获，无后熟现象，催熟剂作用不明显。

呼吸作用分为有氧呼吸和无氧呼吸。果蔬呼吸作用强弱的指标是呼吸强度，通常以1kg果蔬1h所放出的二氧化碳质量（mg）来表示，也可以用吸入氧的体积（mL）来表示。影响呼吸强度的因素有果蔬种类、品种的差异、外界条件（温度、湿度、气体成分、冻伤等）及成熟度等。果蔬在呼吸过程中，除了放出二氧化碳外，还不断放出某些生理刺激物质，如乙烯、醇、醛等。其中乙烯对果蔬的呼吸有显著的促进作用，故应做好储藏库的通风换气，防止乙烯等过量积累。

2. 果蔬的后熟

一些果菜类和水果，由于受气候条件的限制，或为了便于运输和调剂市场的需要，必须在果实还没有充分成熟时采收，再经过后熟，供食用和加工。

所谓后熟通常是指果实离开植株后的成熟现象，是由采收成熟度向食用成熟度过度的过程。果实的后熟作用是在各种酶的参与下进行的极其复杂的生理生化过程。在这个过程中，酶的活动方向趋向水解，各种成分都在变化，如淀粉分解为糖，果实变甜；可溶性单宁凝固，果实涩味消失；原果胶水解为果胶，果实变软；同时果实色泽加深，香味增加。在这个过程中还由于果实呼吸作用产生了乙醇、乙醛、乙烯等产物，促进了后熟过程。

（三）采收后的处理与包装

1. 预冷

蔬菜采收后，高温对保持品质是有损害的，特别是在热天采收的时候。所有蔬菜采收后要经过预冷以除去田间热，减少水分的损失。

预冷的方法很多，最方便的就是放在阴凉通风的地方，使其自然散热。叶菜类用水喷淋冷却是有利的，降温速度快，还可保持组织的新鲜度。用高速鼓风机吹冷风也可很快降温。

2. 果蔬的分级

果蔬分级的主要目的是为便于储藏、销售和包装，使之达到商品标准化。分级后的果蔬其品质、色泽、大小、成熟度、风味、营养成分、清洁度、损伤程度等基本一致，更便于加工工艺的确定和保证加工产品的质量。

果品的分级标准因品种不同而不同。我国目前一般是在果形、新鲜度、颜色、病虫害和机械损伤等方面符合要求的基础上，再按大小进行分级。在包装和验收过程中，要按实际情况将碰压伤、雹伤、刺伤、磨伤以及有病虫害及其他不合格果另行处理，否则伤处会在运输和储藏过程中不断发展加深，严重时会造成腐烂，影响整体的储藏寿命和加工质量。

3. 特殊处理

（1）涂膜　经用涂料处理后在果实表面形成一层薄膜，抑制了果实内外的气体交换，降低呼吸强度，从而减少营养物质的消耗，并且减少水分的蒸发损失，保持果实饱满新鲜，增加光泽，改善外观，延长果实的储藏寿命，提高果实的商品价值。由于果实有一层薄膜保护，也可以减少因微生物污染而造成的腐烂损失，但必须注意涂料层的厚度和均匀度。涂料处理只不过是在一定的期限内起一种辅助作用，不能忽视果实的成熟度、机械伤、储藏环境条件等对延长储藏寿命和保持品质所起的决定性作用。选择适当的涂料，使之在果蔬表面形成一层保鲜膜的涂膜保藏法已广为使用。

（2）愈伤　根茎类蔬菜在采收过程中，很难避免各种机械损伤，即使有微小的、不易发觉的伤口，也会招致微生物的侵入而引起腐烂。如马铃薯、洋葱、蒜、芋头、山药等采收后在储藏前进行愈伤处理是十分重要的。适当的愈伤处理可使马铃薯的储藏期延长 50%，也可减少腐烂，如可将采收后的马铃薯块茎保持在 18.5℃以上 2 天，而后在 7.5～10℃ 和相对湿度 90%～95% 保持 15～20 天。

（3）其他处理　用化学或植物激素处理也可促进、延迟蔬菜的成熟和衰老，以适应加工的需要。

4. 催熟

某些果蔬如番茄，为了提早应市或远销，或在夏季温度过高时，果实在植株上很难变红，或秋季为了避免冷害，都要在绿熟期采收。加工前要进行人工催熟，催熟后不但色泽变红，而且品质也有一定的改进，但不能达到植株上成熟那样的风味。催熟最好用乙烯或具有相同作用的催熟剂处理，在一定的温度和湿度的室内进行。加温处理亦可催熟，但这种催熟时间长，而且果实容易萎缩。乙烯催熟的最佳条件：温度 18～20℃，相对湿度 80%～90%，乙烯含量为催熟室体积的 0.05%～0.1%。

5. 果蔬的包装

果蔬包装是标准化、商品化、保证安全运输和储藏的重要措施。合理的包装可以减少运输中相互摩擦、碰撞、挤压而造成机械损失；减少病害蔓延和水分蒸发；也可避免蔬菜散堆发热而引起腐烂变质。

用于果蔬销售包装的主要材料有塑料薄膜，如玻璃纸、涂 PVDC 玻璃纸、PVC、PE、PS、PP 膜，采用袋装或收缩薄膜包装。依透气率要求选择透气膜或在膜上适当打孔，以满足果蔬呼吸的需要。用纸浆或纸板的成型品，塑料片热成型，泡沫塑料制成的有缓冲作用的浅盘也常用于外形较一致的果蔬包装，再覆盖收缩薄膜，或将托盘和食品一起装入塑料袋或纸盒套内。木箱、纸浆模塑品、塑料筐（箱）、瓦楞纸箱用于水果及蔬菜的运输或储藏包装。

包装果品时，一般在包装里衬垫缓冲材料，或逐果包装以减少由于果与果、果与容器之间的摩擦而引起的损伤。包裹材料应是坚韧细软、不易破裂，用防腐剂处理过的包裹纸还有防治病害的效果。

三、果蔬的加工处理

果蔬制品根据不同的要求可以加工成不同的产品，虽然果蔬原料种类多，但在加工成不同产品时一般都要经过下列加工处理过程。

1. 原料的分选与洗涤

原料的分选包括选择和分级。原料在投产前须先进行选择，剔除不合格的和虫害、腐烂、霉变的原料，再按原料的大小、色泽和成熟度进行分级。

原料的大小分级多采用分级机，常用的有振动式和滚筒式两种。振动式分级机适合于体积较小、质量较小的果蔬的分级。滚筒式分级机有单级式和多级式的两种。色泽和成熟度的分级国内目前主要用人工来进行。

果蔬原料在加工前必须经过洗涤，以除去其表面附着的尘土、泥沙、部分微生物及可能残留的农药等。洗涤果蔬可采用漂洗法，一般在水槽或水池中用流动水漂洗或用喷洗，也可用滚筒式洗涤机清洗。对于杨梅、草莓等浆果类原料应小批淘洗或在水槽中通入空气翻洗，防止机械损伤及在水中浸泡过久而影响色泽和风味。采收前喷洒过农药的果蔬，应先用 0.5％～1.0％ 的稀盐酸浸泡后再用流动水洗涤。

2. 原料的去皮与修整

果蔬特别是水果在生产罐头时因品种不同，其表皮状况各不一样，有的表皮粗厚、坚硬，不能食用；有的具有不良风味或在加工中容易引起不良后果，因而加工时必须去除表皮。

去皮的基本要求是去净皮而不伤及果肉，同时要求去皮速度快，效率高，费用少。去皮的方法主要有机械去皮、化学去皮、热力去皮和手工去皮四种。

机械去皮机械主要有靠机械转动削去表皮的旋皮机和借摩擦作用擦除表皮的擦皮机，机械去皮通常还需要人工修整。去除的果皮中还带有一定的果肉，因而原料消耗较高。皮薄肉质软的果蔬不适合使用。

化学去皮即用 NaOH、KOH 或两者的混合物，或用 HCl 处理果蔬而去掉表皮。使用此法时，要控制好浓度、温度和作用时间这三要素。碱液处理后的果蔬应立即投入流动水中彻底漂洗，漂净果蔬表面的余碱，必要时可用 0.1％～0.3％ 的盐酸中和，以防果蔬变色。

热力去皮一般用高压蒸汽或沸水将原料短时加热后迅速冷却，果蔬表皮因突然受热软化膨胀与果肉组织分离而去除。此法适用于成熟度高的桃、杏、番茄等。

手工去皮目前仍被不少工厂使用。另外，手工去皮也是机械去皮后补充修整的主要方法。

除了上述四种去皮方法外，还有红外线去皮、火焰去皮、冷冻去皮、酶法去皮及微生物去皮等方法。

去皮后的果蔬要注意护色，否则一些去皮果蔬直接暴露在空气中会迅速褐变或红变。一般采用稀盐或柠檬酸溶液等护色。

3. 原料的护色处理

护色是果蔬制品加工过程中常用的加工步骤，主要是控制非酶褐变和避免酶促褐变，对于制品的色泽和外观品质有重要影响，对保持产品的营养价值也有重要的作用。主要有漂烫、酸处理、硫处理等方法。

(1) 漂烫与冷却　漂烫也叫预煮、热烫、杀青等，原料热烫的方法有热水处理和蒸汽处理两种。热烫的温度、时间视果蔬的种类、块形大小及工艺要求等因素而定，通常温度 95～100℃，一般整形蔬菜（竹笋、豆角、豌豆等）为 3～8min，经切分的蔬菜组织或叶菜类时间较短，为 1～3min，有的数十秒即可。热烫的终点通常以果蔬中的过氧化物酶完全失活为准，过氧化物酶的活性可用 1.5％ 的愈疮木酚酒精溶液和 3％ H_2O_2 等量混合液检查。果蔬热烫后必须急速冷却，以保持果蔬的脆嫩度，一般采用流动水漂洗冷却。热烫、漂洗用水必须符合罐头生产用水要求，尤其是水的硬度更要严格控制，否则会使果蔬组织坚硬、粗糙。某些果蔬如青豆、笋等热烫后需要进行漂洗，以除去淀粉、酪氨酸等对制品质量有影响的成分。热烫时常根据果蔬品种不同加入一些食品添加剂，如 0.1％ $CaCl_2$、0.05％～0.1％柠檬酸、0.1％～0.3％ $NaHCO_3$、0.1％～0.3％ Na_2SO_3 等，起到辅助的护色作用。另外热烫也起到软化组织、脱除部分水分、排除原料组织内部的空气和杀灭部分附着于原料表面的微生物等作用。

（2）酸处理法 酸处理是常用的化学护色法，常用的酸有柠檬酸、苹果酸、磷酸以及抗坏血酸等。

（3）硫处理 干制蔬菜类除葱蒜不宜使用硫处理外，其他均可采用熏蒸或浸渍的办法护色。一般使用亚硫酸盐或酸性硫酸盐溶液的含量为 $0.03\% \sim 0.5\%$，浸渍时间 $10 \sim 15 min$，应严格控制其使用浓度，防止亚硫酸盐残留超标，特别是对于出口产品应特别注意。

（4）其他护色方法 对于含叶绿素的蔬菜如菠菜、芹菜等，常将蔬菜在 Na_2CO_3 热溶液中浸泡或煮沸护绿。或先将蔬菜以酸热处理，再用 $CuSO_4$ 溶液或 $CuCO_3$ 溶液处理，形成稳定的叶绿素铜盐。

4. 原料的抽空处理

果蔬组织内部均含有一定的空气，含量依品种、栽培条件、成熟度等的不同而不同。某些果实的含气量较高，如苹果含气量为 $12.2\% \sim 29.7\%$（以体积计）。这些空气的存在会影响成品的质量，如使成品变色，组织疏松，装罐困难而造成开罐固形物不足，加速罐内壁的腐蚀速度，降低罐头真空度等。

抽空处理就是利用真空泵等机械造成真空状态，使水果中的空气释放出来，代之以抽空液。抽空液可以是糖水、盐水或护色液，根据被抽果实确定抽空液的种类及浓度。抽空设备比较简单，主要由真空泵、气液分离器、抽空锅三部分组成。

抽空的方法有干抽和湿抽两种。干抽就是将处理好的果块置于有一定真空度的抽空锅内抽空，抽去果块组织内部的空气，然后吸入抽空液。湿抽是将处理好的果块淹没于抽空液中进行抽空，在抽去果块组织中的空气的同时渗入抽空液。抽空温度一般控制在 $50℃$ 以下，真空度在 $90 kPa$ 以上，抽空液与果块之比一般为 $1:1.2$，抽空的时间一般为 $5 \sim 50 min$。抽空液应及时补充、调整与更换，以确保果肉品质和抽空效果。

四、典型果蔬制品加工工艺

（一）果蔬罐头

果蔬罐头是目前果蔬的主要加工品种之一。常见的果蔬罐头主要包括糖水水果类罐头、果酱类罐头及蔬菜罐头等。

1. 糖水水果罐头

常见的糖水水果罐头有糖水橘子、糖水菠萝、糖水龙眼、糖水枇杷、糖水荔枝、糖水葡萄、糖水染色樱桃、糖水桃、糖水洋梨、糖水草莓、什锦水果、糖水哈密瓜、干装苹果等，通常以玻璃瓶、马口铁罐包装，近年来，也有用塑杯容器包装的产品，其基本工艺流程如图 6-5。

```
                    空罐处理
                      ↓
原料→原料处理→装罐→排气密封→杀菌冷却→检验→包装→成品
                      ↑
                    糖水配制
```

图 6-5 糖水水果罐头的基本工艺流程

（1）原料　原料必需符合相关收购标准，如规定原料的具体品种、大小、色泽、成熟度、病虫害及微生物等，原料进厂后应按标准进行验收。

（2）原料处理　包括分选清洗、去皮、修整、热烫、护色、抽真空等操作，具体根据加工原料及产品而略有差异。

（3）糖水配制　糖水的浓度根据下式估算：

$$m_1 w_1 + m_2 w_2 = m_3 w_3$$

式中，m_1 为每罐装入果肉的质量，g；m_2 为每罐装入糖液的质量，g；m_3 为每罐净含量，g；w_1 为装罐前果肉的可溶性固形物含量，%；w_2 为装罐用糖水的含量，%；w_3 为产品的平衡糖液含量，%。

糖液的配制方法可采用直接法或稀释法。糖液浓度测定常用折光法。

（4）装罐　糖水水果罐头常采用玻璃瓶或素铁罐。按成品标准要求装罐，剔除变色、软烂、斑点、病虫害、切削不良等不合格果，按大小和成熟度分开装罐，有个数要求的要控制装罐个数。考虑到杀菌后果肉的失水问题，一般实际果肉装罐量要略大于装罐要求中的果肉量。

（5）排气与密封　加热排气，排气温度95℃以上，罐中心温度75～80℃。真空密封排气，真空度53.0～67.1kPa。排气后立即密封。

（6）杀菌和冷却　采用常压杀菌，杀菌完毕必须立即冷却至38～40℃。杀菌时间过长和不迅速冷却，会使果肉软烂，汁液浑浊，色泽、风味恶化。

2. 蔬菜罐头

常见蔬菜罐头有清渍类、醋渍类、调味类、盐渍类、番茄制品等。典型工艺流程如下。

（1）清渍类　新鲜或冷藏良好的原料→加工处理→预煮（或不预煮）→冷却漂洗→分选→装罐→加汤汁→排气密封→杀菌冷却（10-30-10min/118℃）→揩罐入库

（2）酸渍类　鲜嫩或盐渍的蔬菜原料→加工整理或切块→装罐→加香辛料和醋酸及食盐混合液→排气密封→杀菌冷却（常压杀菌）→揩罐入库

（3）调味类　新鲜蔬菜→加工整理、切块（片）→油炸（或不油炸）→焖煮调味→装罐→排气密封→杀菌冷却→揩罐入库

（4）盐渍类　鲜嫩原料→盐渍、切块、漂洗→调味→装罐→排气密封→杀菌冷却→揩罐入库

3. 果酱类罐头

果酱是将果蔬打浆经浓缩或加糖熬煮至可溶性固形物含量达65%～70%的产品，而果冻类制品是果胶或果胶加糖形成的凝胶物质。这两种产品从本质上就是利用果胶、糖和酸在一定比例条件下由溶胶形成凝胶的过程。通常包括原料拣选、去皮、去核、加热软化、打浆（泥状酱）或取汁澄清（果冻）、配料浓缩、装罐密封、杀菌冷却、检验、包装等步骤。

（二）果蔬汁

果蔬汁是果蔬深加工的一个重要的途径。特别是浓缩果汁已成为我国果蔬加工品出口的主要产品。下面以果汁的加工为例简单介绍，工艺流程如图6-6，原料不

同时工艺略有差异。

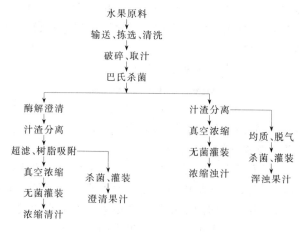

图 6-6　果汁加工工艺流程

（1）原料的输送、拣选、清洗　通常采用流送槽输送到车间外，然后提升至拣选平台上进行拣选，然后经毛刷机后送入鼓风清洗机进行清洗。

（2）破碎、取汁　为了提高出汁率，取汁前通常进行破碎处理，一般常用机械破碎法。有时为了控制褐变及提高出汁率，破碎后也会进行预煮及酶解处理。取汁通常根据水果的不同而采用不同的工艺，苹果等通常采用榨汁工艺，而山楂、酸枣、梅子等含水量少，难以用压榨法取汁的原料需要用浸提法取汁。

（3）澄清、过滤　对于生产澄清果汁来说，通过澄清和过滤，不仅要除去新鲜榨出汁中的全部悬浮物，而且还需除去容易产生沉淀的胶粒。澄清的方法很多，有自然沉降澄清法、加热凝聚澄清法、明胶单宁澄清法、加酶澄清法、冷冻澄清法等，目前多用酶法澄清。过滤通常分为两步，首先通过离心过滤或其他过滤方法除去大多数颗粒物质，然后进行超滤处理，去除一些容易沉淀的大分子物质。

（4）真空浓缩　对于浓缩果汁则需要真空浓缩，清汁浓缩到可溶性固形物70%～71%左右，浊汁浓缩到可溶性固形物 40%～41%左右。浓缩时通常对香气成分进行回收。

（5）无菌灌装　对于浓缩果汁，通常采用内衬复合铝箔袋的 200L 铁桶包装，灌装在无菌环境中进行。而对于不浓缩的果汁则与果汁饮料的包装类似。

（三）果蔬干制品

果蔬干制是果蔬加工保藏的主要方法之一。常见的果蔬干制品主要有葡萄干、苹果干、梨干、桃干、香蕉干、柿饼、枣干、李干、杏干、樱桃干、桂圆干、干胡萝卜丁、干洋葱片、干西兰花丁等。高品质的干制品通常采用人工干制。常用的人工干燥方法有空气对流干燥（隧道式、喷雾干燥等）、热传导干燥、辐射干燥、冷冻干燥、真空干燥等。

1. 脱水蔬菜

脱水蔬菜的加工通常包括原料挑选、清洗、修整（去皮）、分割、漂烫、冷却、沥水、干燥、拣选、包装、金属探测等步骤，原料不同，加工步骤及工艺条件会略有差异。目前蔬菜脱水干制应用较多的是热风干燥和冷冻干燥，冷冻干燥是一种先进的蔬菜脱水干制法，产品既可保留新鲜蔬菜原有的色、香、味、形，又具有理想的快速复水性。现将冷冻干燥脱水蔬菜加工的主要工艺介绍如下。

（1）原料挑选 叶菜类蔬菜从采收到加工不应超过24h，人工挑选出发黄、腐烂部分。根茎类蔬菜人工挑选出等外品、腐烂部分，并分级。

（2）清洗 去除蔬菜表面泥土及其他杂质。为去除农药残留，一般需用0.5%～1%盐酸溶液或0.05%～0.1%高锰酸钾浸泡数分钟进行杀菌，再用净水漂洗。

（3）去皮 根茎类蔬菜应去皮处理。化学去皮原料损耗率低，但出口产品一般要求人工去皮或机械去皮，去皮后必须立即投入清水中或护色液中，以防褐变。

（4）切分 将蔬菜切成规定的形状（粒、片状），切分后易褐变的蔬菜应浸入护色液中。

（5）烫漂、冷却、沥干 一般采用热水烫漂，水温随蔬菜品种变化，一般为80～100℃；时间为几秒到数分钟不等。烫漂结束后应立即快速冷却，冷却后，沥干蔬菜表面滞留的水滴，一般采用离心甩干法。

（6）冻结 沥干后进行速冻，冻结温度一般在−30℃以下。

（7）真空干燥 预冻后的蔬菜送入冻干机中干燥，控制干燥条件，直到干燥至水分终点为止。

（8）分检计量 冷冻干燥后的产品应立即分检，剔除杂质及等外品，并按包装要求准确称量，入袋待封口。

（9）包装 用双层塑料袋真空包装或可用充氮包装，包后放入纸箱中入库储存。应注意保持分检及包装环境的温湿度的控制，防止产品吸湿。通常包装后要经金属探测确保产品中未混入金属杂质。

2. 果蔬脆片

果蔬脆片是近年来开发的一种果蔬风味食品。它以新鲜果蔬为原料，采用真空低温油炸技术或微波膨化技术和速冻干燥技术等加工而成。由于其保持了果蔬原有的色、香、味，并有松脆的口感，富含维生素和多种矿物质，携带方便、保存期长等，深受广大消费者喜爱。目前已有胡萝卜、甘薯、红豆、芹菜、洋葱、苹果、南瓜、香蕉、木瓜、凤梨、桃子等几十种果蔬脆片生产。

果蔬脆片的加工工艺通常包括原料处理（清洗、修整、切片、护色、漂烫）、浸渍、冷冻、脱水干燥（自然干燥、人工干燥、真空低温油炸、微波膨化）、离心脱油、调味、冷却、包装等。因原料及产品要求不同，加工工艺会略有差异。

（四）果蔬腌制品

水果的腌制产品主要是糖制品，如各种蜜饯，个别的品种采用盐渍的方法如橄榄。蔬菜腌制品是我国最普遍、最传统、产量最大的一类蔬菜制品，如榨菜、泡菜、盐渍藕等。

1. 果脯蜜饯

果脯蜜饯的加工通常包括原料预处理、预煮、糖煮、烘晒与挂糖衣、整理与包装等步骤，其主要加工工艺如下。

（1）原料预处理　根据水果原料的不同原料预处理有所差异。通常包括原料的选择、清洗、去皮、切分、去核、切缝和刺孔等处理方法。如枣、李、梅果实小，小红橘、金橘以食果皮为主，不去皮、切分，但要切缝或刺孔。此外，有些水果腌制品还需进行果坯腌制、硬化与保脆、硫处理、染色等处理。

（2）预煮　预煮可适度软化肉质坚硬的果肉，利于糖分的渗透，这对于真空渗糖尤为重要。同时可以起到灭酶、杀菌的作用，对于腌坯及亚硫酸保藏的原料有助于脱硫和脱盐。

（3）糖煮（渗糖）　渗糖分为常压渗糖和真空渗糖两种方法。常压渗糖又分为一次渗糖和多次渗糖，真空渗糖分为多次抽空和抽空与糖水热烫结合法等。渗糖前先配制 75%～80% 的糖液，并加柠檬酸调节 pH 至 2.0，加热煮沸 1～3min，使蔗糖部分变成转化糖，避免出现"返砂"现象，用时适当稀释。

（4）烘晒与挂糖衣　渗糖后，果实捞出沥干，铺于浅盘中烘干或晒干，烘干温度宜在 50～60℃，以免过高糖分结块和焦化。如加工糖衣蜜饯果脯，可在干燥后"上糖衣"，即用过饱和糖液（3 份蔗糖、1 份淀粉糖浆、2 份水，加热煮沸到 113～114.5℃，冷却到 93℃ 使用）处理干态蜜饯，使干燥后表面形成一层透明的糖质薄膜。通常干燥后糖含量接近 72%，水分不超过 20%。

（5）整理与包装　干态蜜饯加工过程往往收缩变形，需要整形，整理后的蜜饯要求整齐一致、利于包装。一般先用塑料食品袋包装或透明塑料盒包装，再进行装箱。

2. 榨菜

榨菜的加工通常包括原料选择、晾晒脱水、初腌、复腌、修剪整形、淘洗、配料装坛、存放后熟、坛装榨菜、成品检验等步骤，其主要工艺要点如下。

（1）原料选择　选用组织细嫩致密、皮薄纤维少、突起瘤状物圆钝、凹沟浅小、呈圆球形或椭圆形的原料，含水低于 94%，可溶性固形物在 5% 以上，单个菜头重大于 150g，无棉花包及腐烂。剥去菜头基部的粗皮老筋，不伤到上面的青皮。单个重较大的可划成 150～250g 的菜块，划块时要求大小均匀、老嫩兼顾。

（2）晾晒脱水　脱水方法有自然风干、人工热风干燥、利用食盐脱水等三种方法。

（3）初腌　将完成脱水的物料入槽盐腌，按每 100kg 菜块用盐 5～6kg，一层菜一层盐，交替重叠，紧紧压实，进行腌渍。每层菜厚度不超过 20cm，预备留 10% 食盐作盖面用。经 72h 即可起池上囤。经上囤 24h 得半熟菜块。

（4）复腌　操作方法与初腌相同。按 100kg 半熟菜块加盐 7kg，经 7 天按上法起池上囤，经上囤 24h 得毛熟菜块，然后转入下道工序。

（5）修剪整形　修去废皮，抽出老筋，去净黑斑烂点。修剪合格的菜块，以只重 85g、60g、30g 为界限分为 4 个等级（85g 以上、60～85g、30～60g、30g 以下）。

（6）淘洗　将修剪整形的菜块按级分别在澄清的咸卤水中淘洗，淘洗后如前再上囤一次。

（7）配料装坛　按每 100kg 淘洗上囤后的菜块分级用盐，甲级以上 6kg、乙级 5kg、小块菜 4kg，辣椒末 1.1kg，花椒 0.03kg，混合香料末 0.12kg。层层压紧，装至坛口 2cm 时放盖面红盐（100kg 食盐加辣椒面 2.5kg 拌和）50g，用晒干的成榨菜叶塞紧坛口，随后入库后熟发酵。

（8）存放后熟　装坛后宜放在阴凉干燥的地方储存后熟，隔 1 个月要进行敞口清理检查，后熟期约需 2 个月以上，时间越长品质越好。

整坛榨菜再经切分、拌料、装袋、脱气密封、杀菌、检验等步骤，制成风味不同的方便即食型榨菜。

（五）速冻果蔬加工

速冻果蔬是果蔬加工的重要品种之一，常见的产品如速冻苹果条、速冻草莓粒、速冻黄桃以及速冻胡萝卜丁、速冻青豆、速冻马蹄等。速冻果蔬的加工主要包括原料选择、预冷、清洗、修整、切分、漂烫、冷却、沥水、速冻、包装及冻藏等步骤。果蔬速冻制品的加工工艺与冻干法生产脱水蔬菜类似，这里不再详细叙述。漂烫和速冻是决定产品品质的关键，但并不是所有品种都要烫漂，要根据不同品种区别对待。一般含纤维素较多或习惯于炖、焖等方式烹调的蔬菜，如豆角、菜花、蘑菇等，经过烫漂后食用效果较好。有些品种如青椒、黄瓜、菠菜、番茄等，含纤维较少，质地脆嫩，则不宜烫漂，否则会使菜体软化，失去脆性，口感不佳。应尽量快速的冻结并以防止在果蔬内部产生大的冰晶影响产品品质，并应保持冻藏温度的稳定。

第四节　饮　　料

饮料是指以水为基本原料，由不同的配方和制造工艺生产出来，供人们直接饮用的液体食品。饮料一般可分为含酒精饮料和无酒精饮料。酒精饮料或称饮料酒是指乙醇含量在 0.5％～60.0％（体积分数）的饮料。无酒精饮料又称软饮料，是指乙醇含量低于 0.5％（体积分数）的饮料。在我国通常所说的饮料主要指软饮料，因此本节主要对软饮料作较详细的介绍。

软饮料在整个食品行业中占有重要的地位，主要包括：碳酸饮料、果汁（浆）及果汁饮料、蔬菜汁及蔬菜汁饮料、含乳饮料、植物蛋白饮料、瓶装饮用水、茶饮料、固体饮料、特殊用途饮料、其他饮料等。

一、碳酸饮料

碳酸饮料是指在一定条件下充入二氧化碳的制品。不包括由发酵法自身产生二氧化碳的饮料。成品中二氧化碳气的含量（20℃时体积倍数）不低于 2.0 倍。碳酸饮料俗称汽水，通常由水、甜味剂、酸味剂、香精香料、色素、二氧化碳及其他原料组成。在我国根据国家标准通常将碳酸饮料分为果汁型（原果汁含量不低于 2.5％的碳酸饮料）、果味型（原果汁含量低于 2.5％的碳酸饮料）、可乐型、低热量型（成品热量低于 75kJ/100mL）及其他型等五类。

1. 碳酸饮料的工艺流程

碳酸饮料生产的工艺流程有两种（图 6-7、图 6-8），一种是配好调味糖浆后，将其灌入包装容器，再灌装碳酸水，称现调式；另一种是将调味糖浆和碳酸水定量混合后，再灌入包装容器中，称预调式。

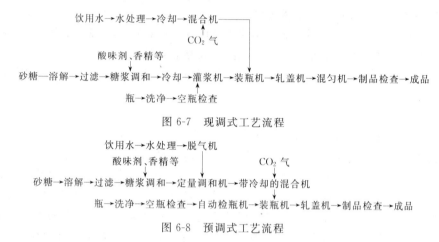

图 6-7　现调式工艺流程

图 6-8　预调式工艺流程

2. 工艺要点

（1）糖的溶解与过滤　糖的溶解通常有间歇式和连续式两种，而根据溶解水的温度又可分为冷溶法和热溶法。间歇式溶解通常在夹层锅中进行。目前一些先进的工厂大多采用连续式的水粉混合机或用高速乳化机等快速溶糖设备，并结合热水溶解，溶解速度快，效果好。溶解后通常要进行过滤，除去杂质，现代化的工厂中多采用双联过滤器。

（2）调味糖浆的配合　调味糖浆是由制备好的原糖浆加入香精和色素等物料而制成的可以灌装的糖浆。在调配调味糖浆时，应根据配方要求，正确计量每次配料所需的原糖浆、香料、色素和水，将各种物料溶于水后分别加入原糖浆中。糖浆配合的顺序依次是原糖浆、防腐剂溶液、甜味剂溶液、酸溶液、果汁、香精、色素，最后加水至规定体积。

（3）调和与碳酸化　调和通常分为现调式和预调式两种。现调式是指水先经冷却和碳酸化，然后再与调味糖浆分别灌入容器中调和成汽水的方式，也叫"二次灌装法"；预调式是指水与调味糖浆按一定比例先调好，再经冷却混合，将达到一定含气量的成品灌入容器中的方式，也叫"一次灌装法"。

根据我国规定软饮料用二氧化碳纯度≥99.5%，所以 CO_2 需进行净化。碳酸化系统一般是由二氧化碳气调压站、水冷却器和混合机组成。要提高二氧化碳在液体中的溶解度，应使水或糖浆冷却降温后再与二氧化碳气体接触进行碳酸化，液体温度一般控制在 4℃ 以下。常用的混合机有薄膜式混合机、喷雾式混合机、喷射式碳酸化器、填料塔式混合机以及大型饮料厂混合系统。

二、果蔬汁饮料

果蔬汁饮料是指在果汁（浆）或蔬菜汁加入水、糖液、酸味剂等调制而成的制品。一般果蔬汁饮料都对原果（蔬）汁的含量提出了具体的要求。

1. 工艺流程

果蔬汁饮料一般工艺流程见图 6-9。

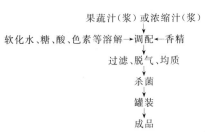

果蔬汁(浆)或浓缩汁(浆)

软化水、糖、酸、色素等溶解→调配←香精

过滤、脱气、均质

杀菌

罐装

成品

图 6-9　果蔬汁饮料一般工艺流程

2. 工艺要点

（1）原辅料　按配方要求计算并称好各种原辅料，通常先将果蔬汁（浆）或浓缩果蔬汁（浆）等按比例事先泵入调配罐中，等待调配。

（2）调配　调配步骤中关键是化糖，其过程与方法与前面碳酸饮料中的类似。糖、酸等完全溶解后立即经过滤泵入调配罐调配。补齐剩余的水后加入香精，搅拌 20～30min，经检验符合质量指标后可进行下一工序。在一些浑浊型果汁饮料或果肉果汁饮料需要添加增稠剂，通常将增稠剂与糖按一定比例干法混合后溶解。

（3）过滤、脱气、均质　果汁调配好后经过滤后送入杀菌机。果蔬汁中通常含有大量空气会影响杀菌效果并可能影响产品的品质，因此通常也需进行脱气。果蔬汁先泵入杀菌机中预热，然后送入真空脱气罐中脱气，脱气罐顶部装有冷凝装置，可以使抽出的香气成分等冷凝回加到产品中。对于浑浊及果肉型的果汁通常杀菌前需进行均质处理，一般脱气后进行均质，通常均质压力 20MPa 左右，温度 60～70℃。

（4）杀菌　根据果蔬汁饮料的类型不同采取的杀菌工艺也不同。果汁饮料大多为酸性饮料，通常采用高温短时杀菌，一般采用 91～95℃、15～30s，特殊情况下也采用 120℃以上、3～10s。对于某些蔬菜汁饮料 pH＞4.6，则应采用高温杀菌，以杀灭芽孢。

（5）罐装　果蔬汁饮料的包装形式多样，主要有两大类：纸质容器和塑料容器。纸质容器主要是无菌灌装，常见的主要是利乐包和康美包。无菌灌装是冷灌装，通常灌装时饮料温度不应高于 35℃。塑料容器包装通常根据工艺及材料的需求分高温热灌装、中温灌装和冷灌装等。采用热灌装的产品灌装完毕后通常应在输送带上倒瓶对瓶盖进行杀菌，然后冷却。

（6）成品　冷却后的产品经喷码、贴标、贴吸管（纸盒）、装箱等步骤后即为成品。

三、瓶装饮用水

瓶装饮用水主要指矿泉水、纯净水等两大类。根据我国国家标准的规定，饮用天然矿泉水是指"从地下深处自然涌出的或经人工揭露的、未经污染的地下矿水；含有一定量的矿物盐、微量元素或二氧化碳气体；在通常情况下，其化学成分、流量、水温等在天然波动范围内相对稳定。"饮用纯净水（pure water）是指："以符合生活饮用水卫生标准的水为水源，通过蒸馏法、电渗析法、离子交换法、反渗透法及其他适当的加工方法制得的，密封于容器中，且不含任何添加物，可直接饮用的水。"目前市场上矿泉水相关的产品主要有天然饮用矿泉水、矿泉饮料、人工矿化水及饮料（如矿物质水等）；目前市场上的蒸馏水、超纯水、太空水等均属于纯净水。

1. 矿泉水

矿泉水的生产工艺流程如下：

水源→抽水→曝气装置→过滤→灭菌→储罐→灌装→封盖→产品水。

天然矿泉水应在原水卫生细菌学指标安全的条件下开采和灌装，并在不改变饮用天然矿泉水的特性物主要成分的条件下曝气、过滤、灭菌。

引水过程一般分为地下部分和地表部分。地下部分主要引自矿泉水的天然露出口，通过对矿泉水的加固，避免地表水的混入。现多采用打井引水法，此法对某些类型的矿泉水最为适当。地表部分是把矿泉水从最适当的深度引到最适当的地表。在地表引水工程中，应防止水温和水中气体的散失，并防止周围地表水的渗入，防止空气的冷却和氧化作用，防止污染引起的矿泉水变质。

将引出的矿泉水通入曝气罐中曝气，脱除水中的天然气体（二氧化碳及硫化氢），使水原来的酸性变为碱性，超过一定量的金属会产生多种形式的沉淀，然后经过过滤并补充二氧化碳以后，矿泉水硬度下降，达到饮用水水质标准。

矿泉水过滤的对象主要为泥沙、细菌、霉菌、藻类及一些微生物的营养物。一般矿泉水的过滤分三步，即粗滤、精滤、超滤。过滤后进行杀菌处理，杀菌方法除普通的热杀菌外，有氯杀菌、紫外线杀菌、臭氧杀菌、超滤除菌等，目前多采用紫外线灭菌和臭氧灭菌。

2. 纯净水的生产

纯净水的生产常见的工艺流程主要有以下三种：①反渗透法，原水→预处理→反渗透→灭菌→产品；②反渗透-离子交换法，原水→预处理→反渗透→离子交换→灭菌→产品；③电渗析法，原水→预处理→电渗析→（反渗透）→灭菌→产品。

纯净水的制备主要由预处理、脱盐和后处理三大部分组成。预处理包括砂滤、微孔过滤、活性炭过滤等；脱盐工序包括电渗析、反渗透、离子交换等；后处理工序包括超滤、杀菌。在实际生产中，具体工艺流程的确定要视水质、水源和厂家的实际情况而定。

四、茶饮料

茶饮料是用水浸泡茶叶，经抽提、过滤、澄清等工艺制成的茶汤或茶汤中加水、糖液、酸味剂、食用香精、果汁或植（谷）物提取液等调制而成的制品。根据国家标准 GB/T 10789—1996 及行业标准 QB 2499—2000，茶饮料分为六类：茶汤饮料、果汁茶饮料、果味茶饮料、碳酸茶饮料、奶味茶饮料、其他茶饮料等。

1. 茶汤饮料

（1）工艺流程

茶叶→热浸提→过滤→茶浸提液→调和→过滤→加热→罐装→充氮→密封→灭菌→冷却→检验→成品。

（2）工艺要点　茶汤饮料的主要成分是茶叶浸出汁或其浓缩液或速溶茶粉，用于茶饮料的茶叶原料主要是红茶、乌龙茶和绿茶，其中以红茶居多，其次为乌龙茶。茶叶原料的颗粒大小、浸提温度、浸提时间、茶水比例以及浸提方式（设备）均直接影响茶中可溶性物质的浸提率及提取液的品质，从而影响茶饮料的香味和有效成分的浓度。浸提后在调配前茶汁一般经过两次过滤，先粗滤将茶汁与茶渣分离，然后精滤去除茶汁中的细小微粒，也可以使用离心分离机分离。

由于茶汤极易氧化褐变，影响茶饮料的风味，因此需要加入一些抗氧化剂。常用的抗氧化剂是抗坏血酸和异抗坏血酸及其钠盐。如果茶饮料偏酸，则需调整pH，一般常用 $NaHCO_3$ 调节 pH 至 6～6.5。调制好后的茶汤原液须经进一步过滤处理以除去沉淀，然后加热到 90～95℃，趁热进行热灌装，然后充氮、密封，用氮气除去罐内氧气，防止氧化。茶汤饮料的 pH 在 4.5 以上，采用高压杀菌，一般采用 115～121℃、7～20min，可有效杀灭茶饮料中的肉毒杆菌芽孢，达到预期的杀菌效果。若采用无菌包装，则杀菌冷却后再进行无菌灌装及密封。

2. 冰茶生产工艺

（1）工艺流程　冰茶原指加冰或冷冻处理的清凉茶饮料，现已泛指冷热均可的调味茶饮料。冰茶一般以茶为主料，佐以天然果汁、食用香料等调味物料配制加工而成。有些种类的冰茶还适量充入了 CO_2 气体，使其具有碳酸饮料的长处。冰茶的问世拓宽了茶叶的消费内涵，适应了现代人的快节奏生活和回归自然的消费心态，因而很容易为消费者所接受，如今已成为风靡全球的饮料，在我国主要有冰红茶、冰绿茶等。冰茶生产的工艺流程如图 6-10 所示。

```
                水处理→加热      过滤←溶糖
茶叶→轧碎→萃取→过滤→调配→过滤→杀菌→灌装→检验→成品
                         酸、香精等
```

图 6-10　冰茶生产的工艺流程

（2）工艺要点　茶叶经轧碎后用水萃取，水茶比 20∶1 左右，一般绿茶萃取条件为 60℃、10min；红茶浸提条件为 85℃左右、7min。茶叶的轧碎程度应掌握在40～60 目，以确保良好的萃取效果，萃取用水应用去离子水。萃取的茶汁经过滤后冷却备用，通常先粗滤再精滤。根据配方要求需要，添加水、果汁、食用香料、酸味剂、甜味剂等辅料进行调配，即可制备成不同风味特色的冰茶。调配后需进行过滤以除去料液中的小颗粒杂质和不溶性物质，可采用精滤和超滤两级过滤。冰茶为酸性食品，过滤后进行巴氏杀菌即可，一般杀菌条件为 85℃、10min。灌装采用易拉罐、PET 瓶、利乐包、玻璃瓶等容器，PET 瓶灌装加盖后，需倒瓶然后冷却，而采用利乐包无菌包装需冷却后进行灌装。在料液中添加 0.03%～0.05% 的异抗坏血酸钠，可增强抗氧化性，防止冰茶饮料在高温杀菌和储藏过程中的氧化褐变。添加适量 β-环糊精可有效抑制杀菌时产生的"熟汤味"。

五、其他软饮料

1. 含乳饮（品）料

是以鲜乳或乳制品为原料（经发酵或未经发酵），经加工制成的制品。含乳饮料通常根据是否经过发酵分为配制型含乳饮料（formulated milk）与发酵型含乳饮料（fermented milk）。

配制型含乳饮料是以鲜乳或乳制品为原料，加入水、糖液、酸味剂等调制而成的制品。成品中蛋白质含量不低于 1.0g/100mL 称乳饮料，蛋白质含量不低于 0.7% 称为乳酸饮料。

发酵型含乳饮料是以鲜乳或乳制品为原料经乳酸菌类培养发酵制得的乳液中加入水糖液等调制而制得的制品。成品中蛋白质含量不低于 1.0g/100mL 称乳酸菌乳饮料，蛋白质含量不低于 0.7% 称乳酸菌饮料。

2. 植物蛋白饮料

用蛋白质含量较高的植物的果实种子，或核果类坚果类的果仁等为原料经加工制成的制品。成品中蛋白质含量不低于 0.5g/100mL。分为豆乳类饮料、椰子汁饮料、杏仁乳露饮料及其他植物蛋白饮料（如核桃、花生、南瓜籽、葵花籽等）。

3. 固体饮料

以糖、食品添加剂、果汁或植物抽提物等为原料加工制成粉末状颗粒状或块状的制品。成品水分不高于 5%。包括果香型固体饮料、蛋白型固体饮料及其他型固体饮料，常见的产品如果珍、高乐高、速溶咖啡等。

4. 特殊用途饮料（品）类

通过调整饮料中天然营养素的成分和含量比例，以适应某些特殊人群营养需要的制品。包括运动饮料、营养素饮料、低热量饮料等。

六、饮料酒

在我国，饮料酒通常分为发酵酒、蒸馏酒与配制酒三大类。

（一）发酵酒

发酵酒是指以粮谷、水果、乳类等为原料，主要经酵母发酵等工艺制成的、酒精含量小于 24%（体积分数）的饮料酒。主要包括啤酒、葡萄酒、黄酒、果酒及其他发酵酒等五类。

1. 啤酒

啤酒是以麦芽（包括特种麦芽）为主要原料，加酒花，经酵母发酵酿制而成的，含二氧化碳的、起泡的、2.5%～7.5%（体积分数）低酒精度的发酵酒（低醇啤酒酒精度除外）。啤酒生产过程分为麦芽制造、麦芽汁制造、前发酵、后发酵、过滤灭菌、包装等几道工序。

啤酒是当今世界各国销量最大的低酒精度的饮料，品种很多，一般可根据生产方式、产品浓度、啤酒的色泽、啤酒的消费对象、啤酒的包装容器、啤酒发酵所用的酵母菌的种类来分类。通常按照杀菌与否可分为熟啤酒、鲜啤酒和生啤酒三大类。熟啤酒即经过巴氏杀菌的啤酒；鲜啤酒是不经过巴氏杀菌的啤酒；而生啤酒则是指不经巴氏灭菌，而采用其他方式除菌达到一定生物稳定性的啤酒，如利用超滤技术除菌。另外根据产品的特色又可分为淡色啤酒（色度 3～14EBC）、浓色啤酒（色度 15～40EBC）、黑啤酒（色度 ≥41EBC）以及特种啤酒等。特种啤酒又分为干啤酒（实际发酵度 >72%）、低醇啤酒（酒精度 0.6%～2.5%）、小麦啤酒、浑浊啤酒以及冰啤酒等。

2. 葡萄酒

指以新鲜葡萄或葡萄汁为原料，经全部或部分发酵酿制而成的、酒精度等于或大于 7%（体积分数）的发酵酒。葡萄酒种类很多，各国分类方法也各不相同。通常按照色泽可分为白葡萄酒、红葡萄酒、桃红葡萄酒；按照含糖量分为干葡萄酒、半干葡萄酒、半甜葡萄酒、甜葡萄酒；按 CO_2 含量又分为平静葡萄酒、起泡葡萄酒、低泡葡萄酒、高泡葡萄酒等。

3. 黄酒

以稻米、黍米、玉米、小米、小麦等为主要原料，经蒸煮、加油、糖化、发酵、压榨、过滤、煎酒、储存、勾兑而成的酿造酒。通常按照含糖量分为：干黄酒，总糖含量 ≤15.0g/L，如元红酒；半干黄酒，总糖含量 15.1～40.0g/L，如加饭酒；半甜黄酒，总糖含量在 40.1～100g/L，如善酿酒；甜黄酒，总糖含量 >100g/L，如香雪酒。

4. 果酒

以新鲜水果或果汁为原料，经全部或部分发酵酿制而成的、酒精度在 7%～18%（体积分数）的发酵酒。

（二）蒸馏酒

1. 白酒

是以高粱等粮谷为主要原料，以大曲、小曲或麸曲及酒母等为糖化发酵剂，经蒸煮、糖化、发酵、蒸馏、陈酿、勾兑而制成的蒸馏酒。

现代将白酒分为固态法白酒、固液结合法白酒和液态法白酒三类。固态法白酒主要分为：大曲酒、小曲酒、麸曲酒、混曲法白酒及其他糖化剂法白酒。固液结合法白酒主要有：半固、半液发酵法白酒、串香白酒、勾兑白酒。液态发酵法白酒，又称"一步法"白酒，生产工艺类似于酒精生产，但在工艺上吸取了白酒的一些传统工艺，酒质一般较为淡泊，有的工艺采用生香酵母加以弥补。

在国家级评酒中，往往按酒的主体香气成分的特征分类，即按酒的香型分类。常分为酱香型白酒，以茅台酒为代表；浓香型白酒，以泸州老窖特曲、五粮液、洋河大曲等酒为代表；清香型白酒，以汾酒为代表；米香型白酒，以桂林三花酒为代表；其他香型白酒，这类酒的主要代表有西凤酒、董酒、白沙液等。

2. 白兰地

是以新鲜水果或果汁为原料，经发酵、蒸馏、储存、调配而成的、酒精度为 38%～44%（体积分数）的蒸馏酒。通常按照原料不同分为葡萄白兰地和水果白兰地（如苹果白兰地）。

在国际上，白兰地的分级一般是根据酒龄划分的。具体的等级界定方法，不同的国家有不同的规定。在法国，三星级白兰地酒龄在四年半以下，桶贮期要超过两年半；V.O 和 V.S.O.P. 酒龄不低于四年半；拿破仑酒龄不低于五年半。而对于干邑白兰地的 X.O.、EXTRA、路易十三等只是酿藏期更长，政府对于酒龄并无严格规定。我国则借鉴了法国等白兰地生产发达国家的相关标准，在白兰地国家标准 GB 11856—1997 中将白兰地分为四个等级，即特级（X.O）、优级（V.S.O.P）、一级（V.O）和二级（三星和 V.S）。其中，X.O 最低酒龄为 6 年，V.S.O.P 最低酒龄为 4 年，VO 最低酒龄为 3 年，二级最低酒龄为 2 年。

3. 威士忌

是以麦芽、谷物为原料，经糖化、发酵、蒸馏、储存、调配而成的，酒精度为 $40\% \sim 44\%$（体积分数）的蒸馏酒。世界上许多国家和地区都有生产威士忌的酒厂。但最著名最具代表性的威士忌是苏格兰威士忌、爱尔兰威士忌、美国威士忌和加拿大威士忌四大类。其酿制经六道工序，即将大麦浸水发芽、烘干、粉碎麦芽、入槽加水糖化、入桶加入酵母发酵、蒸馏两次、陈酿、混合。

4. 伏特加

是以谷物、薯类或糖蜜等为原料，经发酵、蒸馏制成食用酒精，再经过特殊工艺精制加工制成的，酒精度为 $38\% \sim 40\%$（体积分数）的蒸馏酒。

5. 朗姆酒

是以甘蔗汁或糖蜜为原料，经发酵、蒸馏，在橡木桶储存陈酿至少 2 年，酒精度为 $45\% \sim 55\%$（体积分数）的蒸馏酒。

（三）配制酒

是以发酵酒、蒸馏酒或食用酒精为酒基，加入可食用的辅料或食品添加剂，进行调配、混合或再加工制成的，已改变了其原酒基风格的饮料酒。按生产工艺分为直接浸泡、复蒸馏两类。按香源物质分为植物、动物、动植物混合及其他四类。

第五节　糖果、巧克力制品

糖果与巧克力制品是食品工业中的重要产品之一，也是大众化的"休闲"食品之一。我国为全球第二大糖果市场，所占份额仅次于美国，糖果行业在我国食品工业中占有重要的地位。

糖果是指以白砂糖、淀粉糖浆（或其他食糖）或允许使用的甜味剂为主要原料制成的固态或半固态甜味食品。糖果通常可分为：硬质糖果、硬质夹心糖果、乳脂糖果（焦香糖果）、凝胶糖果、抛光糖果、胶基糖果、充气糖果和压片糖果等。

巧克力是以可可制品（可可脂、可可液块或可可粉）、白砂糖和/或甜味剂为主要原料，添加或不添加乳制品、食品添加剂，经特定工艺制成的固体食品。巧克力制品是指巧克力与其他食品按一定比例加工制成的固体食品。巧克力通常分为黑巧克力、牛奶巧克力和白巧克力三类；巧克力制品分为混合型（如榛仁巧克力）、涂层型（如威化巧克力）、糖衣型（如巧克力豆）及其他类型四类。糖果产业的巧克力化是近几年来我国糖果产业呈现的新趋势，巧克力及其制品正逐渐被消费者特别是青年消费者所接受和喜爱，在世界糖果市场上，巧克力制品的份额已占到43%。

一、糖果

(一) 硬质糖果

硬质糖果是以白砂糖、淀粉糖浆为主料的一类口感硬、脆的糖果；硬质糖果通常按照原料的不同分为砂糖型，淀粉糖浆型，砂糖、淀粉糖浆型及其他型四大类。

所有的硬糖基本上是由两部分组成，即甜体和香味体。两者结合起来就形成具有不同特色的熬煮糖果即硬糖。甜体糖类包含砂糖和各种糖浆，由此产生一个甜的基体。包括：蔗糖50%~80%，麦芽糖，葡萄糖，果糖，转化糖10%~25%，糊精10%~25%等。香味体包括香料、调味料和辅料。大部分硬糖是以添加不同的香料来提高增香效果的，尤其是液态香料更有助于香气挥发性物质均匀地分散到硬糖甜体的各个部分。甜度与酸度有最合适的比值，即糖酸比（brix acid ratio）。在接近这个平衡点时，不仅香气得到加强，而且可以掩盖稍有过量的甜度和酸度。硬糖一般添加不同的有机酸类来调节其风味，常用的有柠檬酸、酒石酸和乳酸等。

硬糖的质构随工艺条件变化可形成透明状态（clear）、丝光状态（pulled）、结晶状态（grained）、膨松状态（brittle）等不同的物理状态。不同质构状态使硬糖产生不同的物理和口感特性。硬糖是密度最高的糖果，可溶性干物质含量可达95%以上，残留水分一般在3%以下。随着质构状态的不同，硬糖密度也随着改变，透明硬糖和结晶硬糖的密度最大，密度一般在1.5~1.6g/cm³。丝光硬糖、膨松硬糖的密度相对较小。

发烊（stickness）和返砂（grained）是糖果的主要质量变化问题，这两种现象常常是交替进行的，尤其是硬糖。几乎所有的硬糖在其保藏或流通过程中都会不同程度出现这类品质变化，并不同程度地影响或降低其商品价值。

1. 硬糖生产工艺

硬糖的生产随着糖果工业的发展和糖果机械的进步，先后出现了三种变化，因而生产工艺流程亦相应有所变化，典型的工艺流程如图6-11、图6-12、图6-13所示。

图 6-11 常压熬煮硬糖工艺流程

图 6-12 硬糖的真空熬糖工艺流程

图 6-13　硬糖的连续注模成型工艺流程

2. 工艺要点

（1）溶糖　溶糖是指砂糖的溶化。硬糖生产中的加水量一般为配方物料总干固物的 30%～35%。在实际生产中，加水量往往低于这一比例，因为加水量过多，势必延长熬糖时间，增加还原糖含量，加深颜色，消耗能源。因此，常常采用提高溶糖温度，以缩短熬糖时间与减少加水量。但若加水量过少常常带来溶化不完全的现象，产品透明度降低甚至浑浊，严重的后果是在加工过程中由于蔗糖微小晶粒的存在，造成大面积的返砂。

溶糖操作时应考虑溶化的速度和方式，溶化速度要求糖在完全溶化后的 20min 内及时将物料传递给下一工序。溶化方式则要求设备能保证物料在最短的时间内溶化完全。同时要考虑在将物料传递给下一工序中，应使用筛网进行过滤以除去各种原料可能带来的杂物，一般要求筛孔不低于 80 目。溶糖的设备主要有两种，即明火加热的化糖锅和蒸汽加热的夹层锅，相比较而言，后者受热均匀，不易产生滞留结焦现象，因此，目前工业化的生产大多采用夹层锅。

（2）熬糖　熬糖是硬糖生产的关键工序，溶化后的糖液含水量在 20% 以上，要使糖液达到硬糖规定的浓度变成糖膏，就必须脱除糖液中残留的绝大部分水分。通过不断加热，蒸发水分直至最后将糖液浓缩至规定的浓度，这一过程在糖果制造中称熬糖。一般按熬糖设备不同，可分为常压熬糖、连续真空熬糖和连续真空薄膜熬糖。

饱和的蔗糖溶液约在 105℃ 沸腾。如果大气压强条件不变，要提高蔗糖溶液的浓度，就必须提高蔗糖溶液的沸腾温度。常压熬糖在 108～160℃ 的温度条件下进行，在此温度范围内，糖液不可避免会发生转化、分解、聚合等化学反应。特别是熬糖后期，较高的温度加速了这些化学反应。因此，在常压下熬糖应严格控制引起蔗糖分解的各种条件，特别是糖液的 pH、熬煮温度和熬煮时间。

真空熬糖也称减压熬糖。为了避免在高温、长时间条件下熬煮带来的不利于硬糖品质的化学变化，采用真空熬糖可降低糖液的沸点，减少受热。真空熬糖锅是目前广泛采用的熬糖设备。真空熬糖一般分为三个阶段，即预热、真空蒸发和浓缩。

连续真空薄膜熬糖是糖果生产中的一种新工艺，其设备体积较小，产品质量好，熬煮周期短，仅需 8～10s，生产能力大，为连续化生产提供了有利的条件，是一新型且效率很高的熬糖设备（图 6-14）。

（3）混合与冷却　经熬煮的糖液在还未失去流动性时，将所有的着色剂、香料、酸及其他添加物及时添加进糖体，并使其分散均匀的过程，在糖果制作过程中称为混合。

糖膏温度若太高，会使香气成分挥发；而温度若太低，糖膏黏度太高，不易调

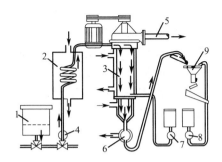

图 6-14 连续真空薄膜熬糖装置系统

1—糖浆贮槽；2—加热器；3—薄膜熬糖机；4—糖浆泵；

5—连续真空泵；6—卸料泵；7—糖浆泵；8—香料计量泵；9—混合器

和均匀，为了保证硬糖最终品质，往往将糖液适度冷却，一般在温度降至110℃左右时添加。

（4）成型 硬糖的成型工艺可分为连续冲压成型和连续浇模成型两种。连续冲压成型过程包括整形、匀条与塑压等程序（图6-15）。连续浇模成型是近年发展起来的一种糖果成型新工艺，它不仅适用于硬糖生产，也适用于软糖生产。将温度较高，流动性较好的糖膏注入特定的模型中，使其成为所需的形状，再加以冷却固定，成为符合要求的糖块（图6-16）。

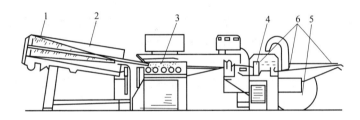

图 6-15 硬糖的冲压成型过程

1—硬糖膏；2—整形机；3—匀条机；4—成型机；5—鼓风系统；6—糖粒

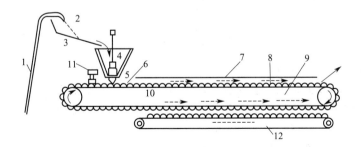

图 6-16 硬糖的连续浇模成型过程

1—管道入口；2—出口；3—斜板；4—料斗；5—浇注头；6—模型盘；7—上方气流；

8—传送带；9—下方气流；10—脱模区；11—喷雾器；12—传送带

（5）包装　硬糖是一类含水量低并很容易吸湿的糖果，吸湿后产品发烊、返砂，因而降低或丧失了商品价值。因此，给予硬质糖果以密封性包装是必需的。采用金属罐或玻璃瓶密封包装能使硬糖久藏不变，使用其他保护性较强的包装形式如薄膜塑料袋、透明纸、涂蜡层的纸等，也能在一定时间内延缓硬糖的变质，但不能久藏。糖果一般都采用机械包装机代替繁重的人工操作。包装应在一定的温湿度下进行。实践表明，包装室应保持在温度 25℃、相对湿度 50％以下，才能使包装机械化顺利进行。

（二）凝胶糖果

凝胶糖果是以食用胶（或淀粉）、白砂糖和淀粉糖浆（或其他食糖）为主料制成的质地柔软的糖果。凝胶糖果通常按所用胶的不同又分为淀粉型、植物胶型、动物胶型、混合胶型四类。

1. 淀粉型凝胶糖果

淀粉型凝胶糖果的工艺流程如图 6-17，主要工艺要点如下。

（1）熬糖　按配方规定将变性淀粉调成浆，加水量为干变性淀粉的 8～10 倍。将砂糖和淀粉糖浆置于带有搅拌器的熬糖锅内加热熬煮，搅拌速度为 26r/min，当含量达到 72％时即可停止。

（2）浇模成型　先用淀粉制成模型，制模型用的淀粉水分含量为 5％～8％，温度保持在 37～49℃。当物料熬至含量为 72％～78％时，加入色素、香精和调味料时的物料温度为 90～93℃，浇模时物料温度控制在 82～93℃。

（3）干燥　浇模成型的糖，含有大量水分，需要经过干燥除去部分水分。干燥温度与通风条件是影响干燥速度和糖品质的重要因素。

（4）拌砂　将干燥到一定程度的软糖，取出后消除表面的余粉，拌砂糖颗粒。拌砂后的软糖再经干燥，脱去多余的水分和拌砂过程中带来的水汽，以防止糖粒的粘连。最终水分不超过 8％，还原糖含量为 30％～40％。

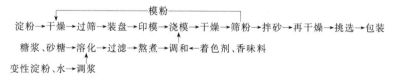

图 6-17　淀粉型凝胶糖果生产工艺流程

2. 植物胶型凝胶糖果

植物胶型凝胶糖果的工艺流程如图 6-18，主要工艺要点如下。

（1）浸泡琼脂　将选好的琼脂浸泡于 20 倍于琼脂质量的水中，为了加快溶解，可将水加热至 85～90℃。

（2）熬糖　先将砂糖加水溶解，加入已溶解的琼脂，控制温度在 105～106℃，加入淀粉糖浆。浇模成型的糖出锅含量应在 78％～79％，切块成型的出锅浓度可以略低些。

（3）调和　当糖液温度降至 76℃以下时加入柠檬酸。为了保护琼脂不受酸的影响，可在加酸前加入相当于加酸量的 1/5 的柠檬酸钠作为缓冲剂。pH 应控制在 4.5～5.0 为宜。

（4）成型 在切块成型之前，需将糖液在冷却台上凝结，凝结时间约为 0.5～1h，而后切块。对于浇模成型，粉模温度应保持在 32～35℃，糖浆温度不低于 65℃，浇注后需经 3h 以上的凝结时间，凝结温度应保持在 38℃左右。

（5）干燥和包装 成型后的糖果，还需干燥以脱去部分水分。温度不宜过高，速度不宜太快，否则会使糖粒表面结皮，糖内水分不易挥发，而影响糖的外形，以 26～43℃为宜。干燥后的水分应不超过 20%。为了防霉，必须严密包装。

```
                          淀粉糖浆
琼脂、砂糖、水→溶化→过滤→熬糖→调和→冷却→凝结→切块成型→上架→干燥→包装
                    着色剂、香味料、酸味剂
```

图 6-18 植物胶型凝胶糖果生产工艺流程

3. 动物胶型凝胶糖果

动物胶型凝胶糖果的工艺流程如图 6-19，主要工艺要点如下。

（1）熬糖 将白砂糖、淀粉糖浆加水溶化（水量为白砂糖的 30%），并用 80 目筛过滤，熬煮至 115～120℃后，冷却到 80℃左右，将制备好的明胶溶液加入并混合均匀，依次加入预先配制好的果泥、果酱或豆沙、酸液、色素和香精等配料，混合均匀。

（2）静置 糖浆和明胶等其他原料调和时，糖体中生成了不同程度的小气泡，同时由于体系黏度的增加，产生了一种阻碍水汽散发的力量，会把水汽包住又变成了大小不一的气泡。因此静置一定时间，让气泡集聚到表层，然后撇除，直到混合糖液澄清为止。

（3）干燥 由于明胶胶体极易受热而破坏，所以常采用两种方法：一种是提高糖浆浓度，成型后不再干燥；另一种是成型后在低温下干燥。干燥温度一般不超过 40℃，明胶软糖成品的含水率为 15% 左右。

除上述三种胶体外，还有其他的胶体也可作为软糖组分来添加，如果胶、卡拉胶等。

```
                        模粉
淀粉→干燥→过筛→装盘→印模→浇模→干燥→筛粉→拌砂→再干燥→挑选→包装
                      静置
糖浆、砂糖→溶化→过滤→熬煮→调和←着色剂、香味料
     干明胶、水→溶化→热溶胶（或冻胶）
```

图 6-19 动物胶型凝胶糖果生产工艺流程

（三）其他糖果简介

1. 焦香糖果

乳脂（焦香）糖果是以白砂糖、淀粉糖浆（或其他食糖）、油脂和乳制品为主料制成的，蛋白质不低于 1.5%，脂肪不低于 3.0%，具有特殊乳脂香味和焦香味

的糖果，其代表性产品如太妃糖（Toffees）、卡拉蜜尔糖（Caramels）、福奇糖（Fudges）。焦香糖果按其基本质构可分为胶质型和砂质型，工艺流程如图 6-20、图 6-21 所示。胶质型的质构比较坚韧致密，有一定咀嚼性；砂质型的质构细致而略带疏松，缺少咀嚼性，不粘牙，不易变形。焦香糖果的基本组成通常包括蔗糖、淀粉糖浆、非脂乳固体、乳脂肪、植物脂肪等。

砂糖、水　　油脂、炼乳、乳化剂　　　　　　　　　　着色剂、香味料
淀粉糖浆→溶糖→过滤→混合与乳化→熬煮(焦香化)→冷却→调和→冷却→成形→拣选→包装

图 6-20　胶质型焦香糖果工艺流程

砂糖、水　　油脂、炼乳、乳化剂　　　　　　　着色剂、香味料
淀粉糖浆→溶糖→过滤→混合与乳化→熬煮(焦香化)→混合(砂质化)→冷却→成形→拣选→包装
砂糖、淀粉糖浆→溶化→过滤→熬煮→搅擦→方登糖基

图 6-21　砂质型焦香糖果工艺流程

从上述两个工艺流程来看，焦香糖果的生产实际上主要是要完成三个工艺目标：混合与乳化、焦香化和砂质化。焦香糖果的乳化通常分为直接乳化和间接乳化两种方法。直接乳化就是将甜味料、油脂、乳品等物质混合加热或添加一定量的乳化剂，在加热搅拌的熬煮过程中，进行乳化，直到油脂分散为极小的球体，均匀地分布到糖液中去。间接乳化是把油脂、乳制品（根据需要可以加入一定量的乳化剂）与水按一定比例混合，通过高压均质机将各种物质分散和充分地混合，其乳化的效果较好。焦香化过程主要是在熬煮过程中完成的，焦香糖果化学反应的全部过程，至今还不很清楚，但焦糖化反应和美拉德反应可能是主要的反应。砂质化是砂质型糖果生产工艺中的一个特有工序，常采用直接返砂法或间接返砂法。

2. 充气糖果

充气糖果是糖体内部有细密、均匀气泡的糖果，代表性的充气糖果如牛轧糖（nougat）、马希马洛糖、奶糖和求是糖等。通常按充入气体的多少，可将充气糖果分为高度充气糖果、中度充气糖果、低度充气糖果三类。充气糖果的生产工艺较为复杂，不同类型的充气糖果，生产工艺也不尽相同，但其中具有共性的也是最重要的工序便是充气作业。充气作业要解决的问题主要是气泡体的产生、形成和稳定。气泡体的产生与形成是靠机械搅擦作用与表面活性剂共同作用的结果。气泡体的制作主要有四种方式，即一步充气法、两步充气法、分步组合充气法和连续充气法。

3. 胶基糖果

胶基糖果一般可分为两大类：一类是吹泡型的泡泡糖，经咀嚼后口可将胶基吹成泡；另一类是咀嚼型的口香糖。同时，若在糖体内加入了某种药物，经咀嚼后，还可起到清洁和保护牙齿的作用。

胶基糖的主要原辅料有胶基、甜味料、柠檬酸、香味料和着色剂等。同时，还有根据胶基的不同适量添加乳化剂和软化剂等。此外，对于球形等需要表面光亮的产品，还要使用抛光剂。胶基的种类虽然很多，但就其主体原料而言，一般以高分

子橡胶状物质为基础，添加软化性树脂、石蜡、无机盐、乳化剂等配合而成。胶基糖中用的甜味料主要是白砂糖和葡萄糖浆，此外，葡萄糖、乳糖、麦芽糖、山梨醇、甘露醇等也有使用。

4. 无糖型糖果

目前，无糖型糖果已形成独立的品系，其加工方法与技术条件基本与原有糖果工艺相似，只是其甜体由不会导致龋齿的非糖甜味料（如糖醇）与强力甜味剂所取代，且相对应的熬煮温度要更高些。

二、巧克力及其制品

（一）巧克力的主要成分

巧克力的基本原料包括可可制品、白砂糖、乳制品、香料和表面活性剂等。

新鲜的可可豆含水量达 35%～40%，并带有明显的苦涩味。只有在经过发酵和干燥处理后的可可豆，才具有实用工业生产价值。可可豆经焙烤去壳后的豆肉，经研磨成酱状，冷却后即凝结成棕褐色带有香气和苦涩味的块状物体即为可可液块，也称可可料或苦料；从可可液块中榨取所得到的一种黄色的硬性天然植物油脂，即为可可脂，它具有优美而独特的芳香，入口易溶且没有油腻感；从可可液块中压榨去油脂后所留存的可可饼粕经粉碎、磨细、筛选处理后的制成品即为可可粉。

生产巧克力的乳制品包括全脂奶粉、脱脂奶粉、炼乳、奶油和牛奶等。它不但是配方中的重要组成部分，而且变化乳制品的种类和数量，还可以制成不同品质等级和风味特色的产品。

香料是改善和提高巧克力制品品质的一种重要原料。正确和合理的使用某些种类的香料可以掩饰某些情况下在香味上的弱点和不足，还可以进一步突出和提高可可与奶的应有风味。常用的有香兰素、乙基香兰素和麦芽酚等。

表面活性剂在巧克力中的功能有两方面：一是在加工过程中降低浆液黏度，便于注模；二是改善成品巧克力的口感、外观及保存期。常用的表面活性剂主要是乳化剂和分散剂，它包括卵磷脂、单甘酯、吐温（Tween）、司盘（Span）等。

（二）纯巧克力

1. 工艺流程

纯巧克力工艺流程见图 6-22。

2. 工艺要点

（1）可可豆的预处理　可可豆在收获后需经过发酵赋予可可豆浓郁而独特的芳香前体，并使组织结构趋于成熟。发酵后的可可豆经干燥、分级和清理后，进行焙炒处理。经焙炒后的可可豆内部组织结构、物化性质发生相应的变化，有利于后续的加工处理。焙炒脱除了部分水分，使豆壳变脆干裂，便于除掉外壳；并使暗棕色的可可豆变为紫红色；使部分油脂从细胞中渗透出来，豆肉变得明亮；使淀粉糊化为可溶性微粒；使酸类、醇类和酯类等芳香物质增多。

（2）研磨　可可豆肉是一种很难磨细的物质。豆肉大小不等，且豆肉所含相当数量的纤维素和夹带进去的少量壳皮使物料难于磨细。因此，可可豆的研磨一般分初磨和精磨两阶段进行。

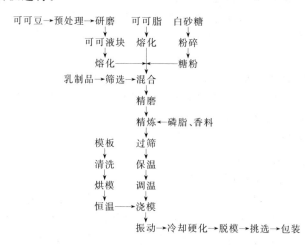

图 6-22　纯巧克力工艺流程

　　将可可豆肉单独磨成初浆料，冷却后成为可可液块，这个磨碎过程称为初粉碎，或称初磨。初磨后，所得浆料颗粒的粒度一般在 $50\sim120\mu m$ 之间。初磨设备有辊磨、盘磨、球磨机和胶体磨等。精磨（超微粉碎）是将初磨制成的可可液块加一定量的可可脂、奶粉、调味料、表面活性剂和香料等，进一步磨细至巧克力所需要的精细程度。通常配料的平均粒度在 $25\mu m$ 左右，且其中大部分质粒的粒径在 $15\sim20\mu m$，就会具有很好的细腻润滑的口感特性，当平均粒度超过 $40\mu m$ 时，就有明显的粗糙感，巧克力的品质就明显下降。

　　（3）精炼　精炼操作是在专用的精炼机上进行的，主要的作用方式是摩擦、冲压和搓捏等。精磨后的巧克力浆料质粒多数呈不规则形状，边缘锋利而多棱角，舌感缺乏光滑感。在精炼过程中，质粒的晶体棱角会被磨圆，变成光滑的球体，使产品口感柔滑、外观光亮。精炼过程一般要加入表面活性剂和香料等，可使浆料变得较为稀薄而便于流散，黏度降低，物料含水量减少。此外，精炼过程还伴随发生氧化作用与美拉德反应，可除去浆料中原有的不愉快风味，同时增加一些新的香味成分，使得产品的香味效果更趋完善。

　　（4）调温　巧克力调温工艺就是通过温度变化和机械处理，使巧克力中可可脂能在恰当时间内形成具有恰当数目、大小的稳定晶型（β 型）的晶体，以使后续冷却固化中可可脂能以稳定晶型快速结晶。调温过程包含晶核形成和晶体成长两个方面，是一种细致的工艺过程，对温度的调节和变化控制要求十分严格和准确。目前多采用连续调温方式，连续调温是分阶段进行的。在起始阶段，巧克力浆料从 $45℃$ 左右降到 $29℃$ 左右，在此温度下，巧克力浆料开始形成结晶，出现大量微小晶核。在调温中期，温度继续降到 $27℃$ 左右，脂肪晶型从介稳定转变到稳定的状态，脂肪结晶大量形成，物料黏度增加。在调温末期，温度回升到 $29\sim30℃$，其目的在于去除熔点较低的不稳定结晶，从而使巧克力品质稳定。

（5）注模成型　注模是使巧克力浆料从流体很快地转变为稳定的固体，得到最终具有所要求的光泽、香味与质构的产品的过程。要达到注模成型的工艺要求，巧克力的浆料必须有良好的流动性，以便于输送和正确的注模；要选择符合浇注要求的模盘和性能良好的浇注器，保持浆料分配的正确性和保证巧克力的正常凝固与脱模；选择适当的冷却温度，从而有效冷却巧克力浆料。由于在注模过程中会混入空气，所以注入模盘后应立即采用机械振动将气泡排出。实验表明，振动频率1000次/分，振幅5mm，脱气效果最佳。

（6）包装　包装要能经久保持巧克力应有的外观、质构和香味特征，起到防热、防水汽侵袭、防香气逸失、防油脂析出、防霉和防虫蛀、防一切污染等作用。巧克力常用的包装材料有铝箔、聚乙烯、聚丙烯等，也可采用金属与塑料复合的薄膜材料。根据巧克力的不同质构和形态等方面的要求可选用不同类型的包装机进行包装。巧克力包装室温度应控制在17~19℃，相对湿度不超过50%。

（三）巧克力制品

1. 夹心巧克力

夹心巧克力的生产有吊排涂层和注模成型两种方法。吊排成型工艺是先制成心体，然后在外覆盖一层巧克力外衣。注模成型工艺中心体和外衣是在同一模具内完成的，先利用巧克力物料在模内形成一层坚实壳体，随后将心体料定量注入壳体内，再将巧克力底覆盖其上，密封凝固后从模内脱出，即成为形态精美的夹心巧克力。为了与纯巧克力注模工艺加以区别，这种工艺过程被称为壳模成型。连续自动壳模成型过程一般分为三个阶段：巧克力壳层制作和形成，心体加注和凝固，巧克力底的覆盖、定型和脱模。

夹心巧克力的壳模成型过程中物料冷热变化反复多次，每次都由液态转变为固态或凝固状态。因此，夹心巧克力成型浇注，控制温度极为重要，尤其是心体料温度，若控制不当，将影响全过程的平衡操作和最终产品的品质。

2. 抛光巧克力

抛光巧克力由抛光心、巧克力外衣和上光层三部分组成，品种有纯巧克力抛光心如蛋形巧克力、纽扣形抛光巧克力如聪明豆和米面制品抛光巧克力。

抛光巧克力的制作，首先是制作好抛光心，然后在荸荠式糖衣机中用喷枪将巧克力浆料喷涂到心体上，经10~13℃的冷风冷却，并利用抛光方法使表面光洁平整，制成的半成品在12℃左右贮放1天，使巧克力结晶更稳定，提高巧克力硬度。

抛光工序首先是在荸荠式糖衣机中用高糊精糖浆对半成品进行涂布，干燥成薄膜层后，经滚动、摩擦，表面逐渐产生光亮。随后加入适量阿拉伯胶液，在表面再添一薄膜层，最后加入一定浓度的虫胶酒精溶液进行上光。这样的制品对环境不良条件的抵御能力强，光泽优良，而且不会在短时间内退化。

3. 果仁巧克力

果仁巧克力是将部分果仁和巧克力浆混合后，按照纯巧克力的调温工艺要求正确调温，然后注模凝固。果仁巧克力的特点是组织坚脆，形态多样，风味独特。常用的果仁有杏仁、核桃仁、花生仁、瓜籽仁以及葡萄干等。

第六节　油脂加工制品

油脂及其加工产品是人类膳食中脂肪的主要来源，这类产品主要包括传统的食用油脂如大豆油、花生油、菜籽油、芝麻油等，以及起酥油、人造奶油和调和油等产品。

一、植物油脂

可供人类食用的动、植物油称为食用油脂，简称油脂。在食品中使用的油脂是油和脂的总称。常温下呈液态的称油，呈固态的称脂。油脂的化学名称叫甘油三酯，由甘油和脂肪酸组成。油脂的性质和用途很大程度上是由脂肪酸所决定的。日常食用的油脂主要是植物油，因此本节主要介绍植物油脂的加工。

通常将含油率高于 10% 的植物性原料均称为油料。我国油料资源极为丰富，主要有大豆、油菜籽、花生、芝麻、棉籽、米糠、油茶籽、油桐籽、乌桕籽、油棕以及多种野生油料等。另外，在地中海沿岸各国油橄榄也是重要的油料。

（一）油料的预处理

油料在提取植物油前都要经过预处理，以便于油脂的提取。油料的预处理包括油料清理、剥壳、破碎、软化与轧坯和油料的蒸炒等。

油料清理的目的是去除油料中的砂土、铁片、石子、草等杂质。常用的方法主要有筛选、风选、磁选和重力分选等。剥壳常用机械法，常用的设备主要有圆盘剥壳机、刀板剥壳机、刀笼剥壳机、离心剥壳机、壳仁分离组合机和壳仁分离筛等。油料的软化是调节油料的水分和湿度，改变其硬度和脆性，使之具有可塑性，有利于轧坯和蒸炒。此工序一般用于含水量低的大豆和油菜籽。轧坯就是将粒状油料压成薄片状，轧后的坯料称为生坯，经蒸炒后的坯料称为熟坯。油料的蒸炒是使生坯成为熟坯的过程。蒸炒效果的好坏直接影响出油率的高低和油、粕的质量。生坯经蒸炒后压榨取油称热榨，不经蒸炒直接取油称为冷榨，大多数油料都采用热榨。

（二）植物油的提取

植物油的提取方法有三种：压榨法、浸出法、水代法。压榨法是使用压力将油料细胞壁压破而挤出油脂的方法，这是一种应用广泛且历史悠久的加工法。浸出法是利用轻汽油、四氯己烷、正己烷等有机溶剂，溶解抽出油脂再回收溶剂，从而得到成品油的方法。水代法是利用热水将油料细胞内的油脂取代出来的加工法，小磨麻油的制取是这种方法的典型代表，它的优点是出油率较高（仅次于浸出法）、设备简单，缺点是出油太慢、油中水分及杂质较多、保存期短。

1. 压榨法制油

压榨所用的设备可分为土榨、液压榨油机和螺旋榨油机三种类型。目前广泛使用螺旋榨油机。油料作物的原料不同，压榨法取油时的工艺条件也不相同，下面简单介绍几种主要油料的榨油工艺。

（1）大豆榨油工艺　大豆经清理后破碎成 4～6 瓣，然后在温度 45～50℃下软化至水分含量 10%～12%，再轧成 0.4～0.5mm 厚的坯，然后在 70℃下蒸炒至水分含量 7％～9％，压榨即得毛油。

（2）花生榨油工艺　花生经清理后剥壳，破碎后轧成小于 0.5mm 厚的坯，在 130℃下蒸炒至水分含量 1％～3％，然后经压榨即得毛油。

（3）油菜籽榨油工艺　油菜籽经清理后轧成 0.3mm 厚的生坯，在 130℃下蒸炒至水分含量 1％～1.5％，然后经脱绒、压榨即得毛油。

2.浸出法取油

浸出法取油是目前采用的一种先进的取油方法。该法出油率高，粕的质量好，但毛油质量较差，溶剂易燃易爆，且有一定毒性。按操作方式，浸出法制油工艺可分成间歇式浸出和连续式浸出。按接触方式，可分成浸泡式浸出、喷淋式浸出和混合式浸出。按生产方法，可分成直接浸出和预榨浸出。通常根据原料的品种和性质、对产品和副产品的要求及生产能力选择浸出制油工艺。油脂浸出工艺过程主要包括以下五个部分：油料预处理与预榨工序，浸出工序，湿粕脱溶工序，混合油蒸发与汽提工序，溶剂回收工序等。

（三）植物油的精炼

用压榨法或浸出法制得的植物油，由于含有水分、机械杂质、游离脂肪酸、胶质、蜡分、色素等，故称为毛油。为了得到品质优良的食用植物油，必须将这些杂质除去，这一过程就是植物油的精炼。根据操作特点和所选用的原料，植物油精炼的方法大致可分为三类：物理精炼、化学精炼和物理化学精炼。物理精炼又称机械精炼，即通过沉淀、过滤和离心分离的方法将毛油中的水分和机械杂质去掉。化学精炼包括碱炼、酸炼。物理化学精炼包括水化、吸附和蒸馏等。

碱炼又称脱酸，它是用碱液中和毛油中的游离脂肪酸并同时除去部分其他杂质的一种精炼方法。所用的碱有石灰、有机碱、纯碱和烧碱等，国内应用最广泛的是烧碱。按设备来分，有间歇式和连续式两种碱炼法，前者又可分为低温和高温两种操作方法。

水化又称脱磷、脱胶，是指用一定数量的热水或稀碱、盐及其他电解质溶液，加入毛油中，使水溶性杂质凝聚沉淀而与油脂分离的去杂方法。常用的水化方法有高温水化、中温水化、低温水化法等。

油脂脱色的方法有日光脱色法（亦称氧化法）、化学药剂脱色法、加热法和吸附法。一般是采用吸附脱色法，它是利用活性白土或活性炭等具有吸附作用的物质，在一定温度下吸除油脂中的色素和其他杂质的方法。

脱臭的方法有真空蒸汽脱臭法、气体吹入法、加氢法和聚合法等。目前国内外应用最广、效果最好的是真空蒸汽脱臭法。目前采用的脱臭工艺主要有间歇式和半连续式脱臭工艺。

脱除油中蜡的工艺过程称为"脱蜡"。目前脱蜡的方法有三种：压滤机过滤法、布袋吊滤法和离心分离法。

二、人造奶油

人造奶油又称麦淇淋，是精制食用油添加水及其他辅料，经乳化、急冷捏合成具有天然奶油特色的可塑性制品。通常按照用途可分为餐用和食品加工用两种。餐用人造奶油是在就餐时涂抹在面包等上直接食用或用于烹调的人造奶油。食品加工用人造奶油是用于加工面包、点心、冰淇淋等产品的人造奶油。

1. 基本加工工艺

人造奶油发展至今，尽管产品已经多种多样，各具特色，但其生产的基本过程主要包括原辅料的调和、乳化、急冷、捏合和包装熟成五个阶段，如图 6-23 所示。人造奶油的生产如今多采用连续生产工艺。

图 6-23　人造奶油生产的基本过程

2. 工艺要点

（1）调和乳化　调和乳化的主要目的是将油和油溶性的添加剂、水和水溶性的添加剂分别溶解形成均匀的溶液后，充分混合形成乳化液，两步操作可以按间歇程序操作，都在乳化罐中完成。在间歇式调和乳化装置中，生产普通的 W/O 型人造奶油，原料油按比例计量后进入乳化罐，油溶性添加物用油溶解后加入，充分搅拌形成均匀的油相溶液后，升温到 60℃，加入计量好的含水溶性添加剂的均匀水相，迅速搅拌形成乳状液。也可以通过严格定量、连续混合、连续乳化的装置，分别采用高压混合泵和静态混合器，完成混合与乳化工序。

（2）急冷　乳状液由高压泵以 2.1～2.8MPa 的压力输入急冷机（也称 A 单元）进行急速冷却以形成尽可能多的晶核。急冷机为一管式刮板换热器，人造奶油乳化液在冷却内壁上冷冻析出结晶。结晶不断被刮刀快速地从筒壁上刮下，并与温度更高的产品重新混合。

物料通过 A 单元，温度降至 10℃，此时料液已降到油脂熔点以下，析出晶核。由于 A 单元较高的转速，强烈的搅拌作用使物料不致大量结晶，而成为含有微细晶核的过冷液。

（3）捏合　从 A 单元出来的过冷液，只是部分结晶，还需要一段时间使晶核成长。如果让过冷液在静止的状态下完成结晶，会形成硬度很大的整体，没有可塑性。要得到有塑性的产品，避免形成整体结构，则必须进行机械捏合。不同的人造奶油产品及基料油相的结晶特性不同，在急冷和捏合的组合以及捏合的程度上，工艺参数各有不同。工业用人造奶油和软质人造奶油一般须通过捏合机（B 单元），采用剧烈的搅拌捏合，使微细脂晶成长、转型，重新构成塑性结构，以拓展稠度范围。由于脂晶转型会放出结晶热和机械剪切热，故捏合过程中物料温度有所上升，常为 20～25℃，此时结晶完成了约 70%，但仍呈柔软状态。餐用人造奶油比软质人造奶油有更高的脂肪含量，过强的捏合作用可能使产品具有不良的油腻稠度而影响风味，太油腻的稠度还可能使包装材料与产品互相黏结。因此一般不经过捏合机，而进入滞留管（或静止管）或混合罐内进行适度的捏合。

（4）包装、熟成　从捏合机出来的人造奶油为半流体，要送往包装机进行充填包装。有些需成型的制品则先经成型机成型后再包装。包装好的人造奶油，通常还须置于低于熔点10℃的环境中保存2～5日，以完成晶型转化，使产品得到适宜的稠度，此过程称为熟成。

三、起酥油

起酥油是指动、植物油脂的食用氢化油、高级精制油或上述油脂的混合物，经过速冷捏合制造的固状油脂，或不经速冷捏合制造的固状、半固体状或流动状的具有良好起酥性能的油脂制品。起酥油具有可塑性和乳化性等加工性能，一般不宜直接食用，而是用于加工糕点、面包或煎炸食品，所以必须具有良好的加工性能。

1. 可塑性起酥油

可塑性起酥油的加工过程与人造奶油相近，而且主要设备也通用，具体包括基料配比混合、急冷捏合、充填包装和熟成调质等。

原料油和事先用油溶解的添加物，按配方比例进入调和罐，充分混合，然后预冷到49℃。用齿轮泵将混合物与导入的氮气一起送到A单元急冷，迅速冷却到过冷状态25℃，部分油脂开始结晶。然后通过B单元连续捏合进行结晶，出口温度在30℃左右。A单元和B单元都是在2.1～2.8MPa下操作，当起酥油通过最后的背压阀时压强突然降到大气压，充入的氮气膨胀，使起酥油获得光滑的奶油状组织和白色的外观。刚生产出来的起酥油是流态的，当充填到容器后不久就呈半固体状。若刚开始生产时，B单元出来的起酥油质量不合格或包装设备有故障时，可通过回收油槽回去重新调和。生产起酥油，在B单元所需捏合的时间一般比生产人造奶油要长（2～3min），转速可以稍低。

2. 液体起酥油

液体起酥油因品种不同，制法也不完全一样，主要有三种：①最普通的方法是把原料油脂及辅料调和后用A单元进行急冷，然后在储存罐中存放16h以上，搅拌使之流动化，然后装入容器；②将硬脂或乳化剂磨碎成细微粉末，添加到作为基料的油脂中，用搅拌机搅拌均匀；③将配好的原料加热到65℃使之熔化，缓慢搅拌，徐徐冷却使形成β型结晶，直到温度下降至装罐温度26℃左右。

3. 粉末起酥油

粉末起酥油的生产方法有多种，目前大多用喷雾干燥法生产。将油脂、壁材、乳化剂和水一起乳化，然后喷雾干燥，使之成为粉末状态。使用的油脂通常是熔点为30～35℃的氢化植物油，也有使用部分猪油等动物油脂和液体油脂。使用的壁材包括蛋白质和碳水化合物。

四、调和油

调和油是用两种或两种以上的食用油脂，根据某种需要，以适当比例调配成的一类新型的食用油产品。

1. 调和油的种类

调和油的品种很多，根据我国人民的食用习惯和市场需要，可以生产出多种调和油。主要有三大类：①风味调和油，以香味浓郁的花生油或芝麻油与其他油脂按一定比例调和；②营养调和油，利用玉米胚油、葵花籽油、红花籽油、米糠油、茶籽油和大豆油配制富含亚油酸和维生素 E 且比例合理的营养保健油，供高血压、高血脂、冠心病以及必需脂肪酸缺乏症患者食用；③煎炸调和油，用氢化油和经全精炼的棉籽油、菜籽油、猪油或其他油脂可调配成脂肪酸组成平衡、起酥性能好和烟点高的煎炸用油脂。

2. 调和油的生产

调和油的加工较简便，在一般的全精炼车间均可调制，不需添置特殊设备。调制风味调和油时，将全精炼的油脂称好后，在搅拌的情况下升温到 $35\sim40℃$，按比例加入浓香味的油脂或其他油脂，继续搅拌 30min，即可储藏或包装。如调制高亚油酸营养油，则在常温下进行，并加入一定量的维生素 E；如调制饱和程度较高的煎炸油，则调和时温度要高些，一般为 $50\sim60℃$，最好再按规定加入一定量的抗氧化剂，如 0.02% 的特丁基对苯二酚（TBHQ）。营养型调和油的配比原则：要求其脂肪酸成分基本均衡。中国营养学会推荐的油脂中饱和脂肪酸（S）：单不饱和脂肪酸（M）：多不饱和脂肪酸（P）的科学比例的参考供给量是 1:1:1。

五、可可脂及代用品

可可脂是深受人们喜爱的巧克力糖果产品的主要原料，是由可可豆经预处理、压榨获得的，具有独特的浓郁风味和口感特性。由于受到地域与气候等因素的影响，可可脂产量有限，远远不能满足巧克力制品生产发展的需要，市场价格昂贵。为了满足人们的需求，降低成本，众多科技工作者为此付出了艰辛的努力，利用较普遍、便宜的油脂原料，采用各种改性技术如氢化、酯交换、分提等制作出了具有与天然可可脂物理性质相似的替代品。目前，世界上可可脂替代品种类繁多，概括起来可分为两类：类可可酯和代可可酯。

类可可脂是指甘油三酯组成和同质多晶现象与天然可可脂十分相似的代用脂，具有与可可脂相似的对称型甘油三酯分子结构。因此其塑性、熔化特性、脱模性等都十分相似，可以与天然可可脂完全相溶。类可可脂的生产可以采用直接提取、分提以及生物技术改性等方法实现。

代可可脂是一类口溶性好的人造硬脂。其脂肪酸及甘油三酯组成与天然可可脂完全不同，但在物理特性上，接近天然可可脂，具有与天然可可脂相似的熔化曲线。代可可脂可用不同类型的原料油脂进行加工制造。目前常见的有两种类型，即月桂酸型和非月桂酸型代可可脂。常用的加工方法有油脂氢化分提法和油脂酯交换氢化法等。

参 考 文 献

[1] 夏文水主编. 食品工艺学. 北京：中国轻工业出版社，2007.
[2] Ralph Early. The Techmology of Dairy Products. 2nd. 1998.
[3] Ranken M D，Kill R C，Baker C G J. Food Industries Manual. 24nd. 1998.
[4] Gosta Bylund. Dairy Processing Handbook. Tetra Pak Processing Systems AB，1995.

［5］　曾寿瀛主编. 现代乳与乳制品加工技术. 北京：中国农业出版社，2002.

［6］　谢继志主编. 液态乳制品科学与技术. 北京：中国轻工业出版社，1999.

［7］　夏文水主编. 肉制品加工原理与技术. 北京：化学工业出版社，2003.

［8］　周光宏，张兰威，李洪军等编. 畜产食品加工学. 北京：中国农业大学出版社，2002.

［9］　杨邦英. 罐头工业手册. 北京：中国轻工业出版社，2006.

［10］　李增利等. 乳蛋制品加工技术. 北京：金盾出版社，2001.

［11］　邵长富，赵晋府. 软饮料工艺学. 北京：中国轻工业出版社，1987.

［12］　赵晋府等. 食品工艺学. 第2版. 北京：中国轻工业出版社，1999.

［13］　高愿军等. 软饮料工艺学. 北京：中国轻工业出版社，2002.

［14］　许赣荣. 中国酒大观. http：//www. sytu. edu. cn/zhgjiu/jmain. htm.

［15］　艾启俊，张德权主编. 果品深加工新技术. 北京：化学工业出版社，2003.

［16］　张德权，艾启俊主编. 蔬菜深加工新技术. 北京：化学工业出版社，2003.

［17］　朱玉晶. 脱水蔬菜加工技术. 蔬菜，2007，6：30-31.

［18］　方卢秋. 涪陵榨菜加工技术. 农牧产品开发. 1997，3：31-33.

［19］　蔡云升，张文治主编. 糖果巧克力生产工艺与配方. 北京：中国轻工业出版社，1999.

［20］　李书国主编. 新型糖果加工工艺与配方. 北京：科学技术文献出版社，2002.

［21］　沈建福主编. 粮油食品工艺学. 北京：中国轻工业出版社，2002.

［22］　GB 5408. 1—1999.

［23］　GB 2746—1999.

［24］　GB 5410—1999.

［25］　SB/T 10013—1999.

［26］　GB 5420—2003.

［27］　GB 10789—1996.

［28］　GB 17323—1998.

［29］　GB/T 10792—1995.

［30］　GB 8537—1995.

［31］　QB 2499—2000.

［32］　GB/T 17204—1998.

［33］　GB 15037—2006.

［34］　GB 4927—2001.

［35］　GB 11856—1997.

［36］　SB 10346—2001.

第七章 食品包装与安全

自 1810 年法国药剂师 Nicolas Appert 发明了罐装工艺开始，人们便进入了现代食品包装的时代。我国《包装通用术语》国家标准 GB 4122—83 中，对包装有明确的定义："为了流通过程中保护产品，方便储运，促进销售，按一定的技术方法而采用的容器、材料及辅助物的总称"。随着社会经济的发展和人们生活质量的提高，营养、卫生、安全、食用方便和多层次消费已成为现代人对食品的消费需求。食品离不开包装，包装的好坏直接影响食品的质量、档次和市场销售。在科学技术迅猛发展的今天，包装已不再是简单和直观的东西，而是那些融入各学科技术而开发出的功能性包装。因此，食品包装一直是人们不断研究、不断探索、不断创新的热点课题。

食品包装是食品工业的重要组成部分，它应用了化工、生物工程、物理、机械、电子等多学科知识，形成了集先进技术、材料、设备为一体的完整工业体系。食品包装材料的作用主要是保护商品质量和卫生，不损失原始成分和营养，方便储运，促进销售，提高货架期和商品价值。随着人们生活水平的日益提高，对包装的要求也越来越高，包装材料逐渐向安全、轻便、美观、经济的方向发展。

与此同时，人们一直在关注着食品包装材料的安全性问题。20 世纪 60 年代随着塑料包装的引进，带来了包装材料中有机化学物质进入食品的问题，如聚苯乙烯，其单体苯乙烯可从塑料包装进入食品。当采用陶瓷器皿盛放酸性食品时，其表面釉料中所含的铅就可能被溶出，随食物进入人体而造成对人体的危害。现代食品包装给消费者提供了高质量的食物，同时也使用了种类更多的包装材料，如玻璃、陶瓷、金属（主要是铝和锡）、木制品（木制纸浆、纤维素），以及塑料，如聚乙烯（PE）、聚丙烯（PP）、聚氯乙烯（PVC）、聚苯乙烯（PS）等。食品包装材料品种和数量的增加，在一定程度上给食品带来了不安全因素。

尽管世界各国对食品包装材料的定义不完全相同，但均认为食品包装材料有可能迁移到食品中去，从而给消费者的健康带来潜在危害。因此，世界各国对食品包装材料都有严格的法规进行管理。

美国食品药品管理局（FDA）食品安全与营养应用中心对食品包装材料的解释如下：食品包装材料是指在食品生产、加工、运输过程中接触的物质，以及盛放食品的容器，而这些物质本身并不用来在食品中产生任何效应。食品包装材料出现于食品中，可能是由于这些物质向食品的迁移，或由于意外萃取而出现于食品中，因此，食品包装材料也称为间接食品添加剂。根据其使用情况，食品包装材料接触食品的概率有很大的不同：有的长期接触食品，例如食品最终的包装；有的作为接触的媒介，例如食品加工厂中临时盛放食品的容器；有的短期、伴随接触，例如食品加工厂中运输物质的传送带等。

欧洲食品安全局负责食品包装材料的卫生管理，其对食品包装材料的定义是：食品包装材料是与食品接触的材料或物品，包括包装材料、餐具、器皿、食品加工仪器、容器等，同时也包括与人类消费的水接触的物质或材料，但不包括公共或私人的供水设备。此外，它还包括活性和智能型食品包装材料。活性食品包装材料是指为了延长食品的货架期或保持以及增加包装食品的状态而与食品接触的材料，通过特定设计能够向食品或其周围环境中释放或被吸收的一种材料。

第一节　食品包装的功能及形式

一、食品包装的功能

食品包装是现代食品工业的最后一道工序，它起着保护商品质量和卫生，不损失原始成分和营养，方便储运，促进销售，延长货架期和提高商品价值的重要作用，而且在一定程度上，食品包装已经成为食品不可分割的重要组成部分。食品作为日常消费的特殊商品，其营养和卫生极其重要，而且又极易腐败变质。包装作为食品的保护手段，必须保证食品作为商品在其流通储运过程中的品质质量和卫生安全。随着人们对食品质量和食品卫生需求的不断提高，对于食品质量和食品卫生直接相关的包装就提出了新的更高的要求，卫生与植物卫生措施（SPS）委员会的《实施卫生和动植物检疫措施协议》提出的卫生和动植物检疫措施中就包括"与食品安全直接相关的包装要求"。食品包装容器、材料是指包装或盛放食品用的纸、竹、金属、搪瓷、陶瓷、塑料、橡胶、天然纤维、化学纤维、玻璃制品和接触食品的涂料。

目前我国允许使用的食品容器、包装材料比较多，主要有以下7种：①塑料制品；②橡胶制品-天然橡胶、合成橡胶；③陶瓷容器、搪瓷容器；④铝制品、不锈钢食具容器和铁质食具容器；⑤玻璃食具容器；⑥食品包装用纸等系列化产品；⑦复合包装袋-复合薄膜、复合薄膜袋等系列化产品。但是目前我国食品包装行业面临的形势却不容乐观，市场上各种食品包装材料都存在着这样或那样的问题，难以符合国家对食品安全、卫生和环保方面的要求，不但危害消费者身体健康，而且影响到我国的食品包装业甚至整个食品工业的健康发展。目前欧盟对包装的贸易壁垒已从几项增加到几十项，因此食品包装及包装材料的卫生、安全状况能否符合不同进口国的要求显得至关重要。

保护产品、方便储运、促进销售是包装的三大功能，对所有商品的包装设计，包括食品的包装设计都要以这三大功能为原则进行。包装是为食品服务的，必须在保证食品安全性的前提下，力求经济美观，便于销售。

（一）保护功能

保护功能是包装的首要功能，在流通过程中，食品包装件必须抵抗各种外部作用因素。

1. 防机械损伤

包括：①撞击，运输过程中的颠簸、晃动，使食品包装件相互或与车厢碰撞；②跌落，由于放置不稳或人为搬运不当导致食品包装件从高空跌落；③戳穿，包装被尖突物件戳破；④受压过重，食品包装件上方堆积质量过大，使包装受压变形。以上损伤均会造成外包装和内部食品变形、破损，并导致包装密封不严。因此，应选择强度较高的容器和材料，然后在食品和包装材料之间放置适当的缓冲材料或衬垫，运输过程过程中捆扎严实，严格按照外包装指示操作，并尽量减少人为搬运造成的损失。

2. 防水气透过

即采用具有一定隔绝水蒸气的防湿材料进行包封，隔绝外界湿度变化对产品的影响，同时满足包装内的相对湿度要求，保护产品质量。例如饼干等的包装采用水汽透过率较低的材料包装，并放有干燥剂。

3. 防挥发

即防止食品的气味挥发掉，例如香油、酒类等采用不透气的玻璃瓶包装，并在封口的盖中放有垫圈，保证其密闭性。

4. 防紫外线

有些食品受紫外线的照射后容易变质，所以必须采用避光材料，例如塑料复合薄膜中使用的铝箔材料及金属罐等，都能有效遮挡日光中的紫外线。

5. 防霉菌

一定条件下，霉菌会使食品发生霉变和腐败。因此，包装时可加入防霉剂或通过改变包装内空气组成成分等抑制霉菌的生命活动，使用透气率小、密封性能好的包装容器。

6. 其他

还有防虫害、防尘、防假冒等。

（二）方便储运功能

食品包装的方便储运功能，主要是指方便储存、运输、消费者携带、使用。在流通环节中，包装件储运、运输方便能提高工作效率，降低成本。有时为方便储运、运输，在食品外包装上增加方便工人搬运和方便消费者携带的提手等；为方便食品食用，设计易开装置，如易拉罐，在一些饮料包装顶端设计易挤出、易饮用装置。

（三）促进销售功能

食品包装的促进销售功能，即通过设计新颖独特的造型、刺激消费者食欲的图案和色彩来强化消费者的购买欲。包装装潢设计的好坏决定了消费者对产品的认知，也就是说能不能在众多同类商品中吸引消费者的注意力，让消费者在货架前驻足，然后通过消费者对商品的具体了解，包括产品性能、质量、品牌等以及以前对该产品相关的记忆，判断是否符合自己的需求，最终接受、购买。在此过程中，包装的装潢起到吸引消费者注意并让其喜欢从而促进购买的作用。

（四）其他功能

除了上述讲的三大功能之外，今年来包装界提出了包装的另外两种功能——信息功能和文明功能。前者指的是商品包装上传递着很多信息，除介绍商品的性能特点之外，从商标的设计、色彩的使用、图案的编排都反映了商家的企业文化以及商家附于产品的文化。后者则指有些包装要能反映出一个民族团结、友好等信息，比如礼品包装等。此外，文明包装还包括包装的环保问题，使用易降解、易回收处理的包装，减少污染，有利于保护环境。

二、食品包装材料的分类

食品包装材料是指用于包装食品的所有材料。包括用于食品包装装潢、食品包装容器、食品包装运输等的相关材料，例如金属、塑料、玻璃、纸、天然植物纤维、林木、竹藤、复合材料等。包装材料种类与适用范围见表 7-1。

表 7-1 食品包装材料种类与适用范围

材料名称	包装容器类型	适用范围
纸及纸板材料	牛皮纸带、加工纸盒、纸箱、瓦楞纸箱、复合纸罐、纤维硬纸桶	水果、糖果、糕点、肉制品、酱制品、水产制品等
棉麻袋材料	布袋、麻袋	粮食、花生、黄豆、白砂糖、面粉等
竹、木包装材料	箱、桶、盒	水果、干果(蜜饯、果脯类)、酒类等
金属材料	桶、盒、罐	茶叶、植物油、饼干、饮料等
塑料材料	聚乙烯、聚丙烯、聚氯乙烯、聚苯乙烯、聚酯等制成的袋与瓶	各类加工小食品、糕点、矿泉水、白糖、粮食、饮料等
玻璃材料	桶、瓶、罐等容器	调味品、饮料、腌制品、酒类等
复合材料	塑料与纸、铝箔复合制成的袋	肉制品、防潮防氧化食品等

（一）按包装材料来源分类

1. 塑料

（1）收缩包装 加热时即自行收缩，裹紧内容物，突出产品轮廓。如常用于腊肠、肉脯等聚乙烯薄膜包装。

（2）吸塑包装 用真空吸塑热成型的包装。如此法生产成型的两个半圆透明塑膜，充满糖果后捏拢呈橄榄形、葡萄形等各种果型，再用塑料条贴牢。可悬挂展销。许多糖果采用此种包装。

（3）泡塑包装 将透明塑料按所需要模式吸塑成型后，罩在食品的硬纸板或塑料板上，可供展示。如糕点、巧克力等多采用此种包装。

（4）蒙皮包装 将食品与塑料底板同时用吸塑法成形，在食品上蒙上一层贴体的衣服，它比收缩包装更光滑，内容物轮廓更加突出、清晰可见。如香肠的包装。

（5）拉伸薄膜包装 将拉伸薄膜依序绕在集装板上垛的纸箱箱外，全部裹紧，以代替集装箱。

（6）镀金属薄膜包装 在空箱内将汽化金属涂复到薄膜上，性能与铝箔不相上下，造价较低，如罐头的包装及一些饮料的包装。

2. 纸与纸板

（1）可供烘烤的纸浆容器　有涂聚乙烯的纸质以及用聚乙烯、聚酯涂层的漂白硫酸盐纸制成的容器。这种纸浆容器可在微波炉上烘烤加热。

（2）折叠纸盒（箱）　使用前为压有线痕的图案，按线痕折叠后即成纸盒箱，这样方便运输，节省运输费用开支。

（3）包装纸　这种普通的包装纸流通最多，使用最广泛。

3. 金属

（1）马口铁罐　质量较轻，不易破碎，运输方便，但易被酸性食品腐蚀，故采用镀锡在马口铁面上，应注意镀锡的卫生标准。

（2）易拉罐及其他易开器　使用最广泛的是拉环式易拉罐，还有用手指掀开的液体罐头，罐盖上有两个以金属薄片封闭的小孔，用手指下掀，露出小孔液体即可从罐中倾出。铝箔封顶的罐外罩塑料套盖，开启时用三个手指捏铝箔上突出的箔片，将箔撕掉，塑盖还可以再盖上。出口的饮料常采用此种罐装。

（3）轻质铝罐头　呈长筒型，多用来盛饮料。

（二）按包装功能分

1. 方便包装

（1）开启后可再关闭的容器　如糖果盒盖上的小漏斗，以便少量取用。大瓶上有水龙头或小口盖上有筒形的小盖，抽出或竖直即可倾出器内液体，塞进或横置小盖则复闭，粉状食品的塑料袋斜角开一小口，口边粘有一小铝皮，便于捏紧、折合、关闭。

（2）气雾罐　如盛装调味品、香料等。同时捏罐即可将调味品喷出。

（3）软管式　如盛装果酱、膏、泥状佐料，挤出后涂抹在食品上。

（4）集合包装　将关联的食品搭配在一起，以便利消费者。如一日三餐包装在一个大盒内，每餐又另包装。

2. 展示包装

即便于陈列的包装。如瓦楞箱上部呈梯形，开启后即可显示出内容物。

3. 运输包装

有脚的纸箱或塑料箱，便于叉车搬运、堆垛。容器上下端有供互相衔接的槽，如六角形罐头、有边纸箱，便于堆高陈列。

4. 专用包装

（1）饮料　从目前发展的情况来看趋向于塑料瓶或塑料小桶等。乳制品等多采用砖式铝箔复合纸盒、复合塑料袋等。

（2）鲜肉、鱼、蛋品的包装　鲜肉包装内有透气薄膜、外用密封薄膜包装。零售展销时，去掉外层包装，使空气进入袋内，肉即恢复鲜红色。活鱼采用充氧包装，一般采用空运，便于远方销售。鲜蛋可采用充二氧化碳包装，抑制其呼吸作用，延长鲜蛋的保存期。

（3）鲜果　鲜果一般用气调储藏，运输时用保鲜纸或保鲜袋（加入一定的保鲜剂）等包装方法。

三、各类食品的包装形式

食品包装分为两类，一类是运输包装，也称外包装或大包装，是在储运和运输中使用的；一类是销售包装，也称内包装或小包装，是在食品销售和使用过程中使用的。不同的食品具有不同的包装形式，下面分别介绍各类食品的有效包装形式。

（一）乳制品的包装

1. 消毒牛奶的包装

（1）巴氏消毒乳　玻璃瓶装消毒牛乳是一种传统的包装形式。其优点是成本低，可循环使用，光洁，便于清洗，性能稳定，无毒。缺点是质量大，运输费用高，易破损。规格有227g和250g两种。

用于罐装消毒乳的塑料瓶使用的包装材料为聚乙烯和聚丙烯。塑料瓶包装的优点是质量小、破损率低、可循环使用。缺点是使用一段时间后，由于反复洗刷，瓶壁起毛，不易洗净。另外，瓶口易变形会导致漏奶。包装规格和储运同玻璃瓶。

塑料袋为单层聚乙烯或聚丙烯塑料袋或双层的聚乙烯袋。双层袋内层为黑色，可防止紫外线破坏牛乳，外层为白色，上面印有标示，目前在我国普遍使用。此种包装简单，运输销售方便，但保质期短（仅48h），废袋污染环境。其规格有250mL和200mL。

屋顶型纸盒包装材料为纸板内层涂食用蜡，外层可印刷各种标识。此种包装美观大方，冷冻保存可达7～10天。但若蜡层质量不好，会向乳中溶解，影响产品质量。

手提环保立式袋是瑞士生产的一种新型包装材料，它是以碳酸钙为主要原料的新型环保包装材料，废袋在光照下自动降解。包装巴氏杀菌奶在冷藏条件下可保存7～10天。

（2）超高温灭菌乳的包装　超高温灭菌乳不需冷藏，不需二次蒸煮即可有较长的储存期。目前，超高温灭菌乳的包装容器主要有复层塑料袋和复层纸盒两种形式。

三层复合袋包装的超高温灭菌乳常温下可保质1个月，五层复合袋能在常温下保质3～6个月。复合纸盒包装容器使用的包装材料有纸板、塑料和铝箔。纸两面复合塑料或用塑料、铝箔覆盖。形状有四角柱形、圆筒形、四面体形、砖形和金字塔形等。代表性产品有美国的Purepack、德国的Zupack和瑞典的Tetrapack（利乐包）。

2. 酸牛乳包装

酸牛乳分为凝固型（罐装在发酵前进行）和搅拌型（罐装在发酵后进行）两大类。

凝固型酸牛乳最早采用瓷罐，之后采用玻璃瓶。塑料包装是目前酸奶包装的主流，也有采用纸盒包装形式。凝固型酸乳的包装规格有160mL和200mL两种。

搅拌型酸乳多采用塑杯和纸盒。容器造型有圆锥形、倒圆锥形、圆柱形和口大底小的方杯等多种形式。搅拌型酸乳的包装规格有227g和250g两种。

酸牛乳出售前应在低温条件（2～8℃）下储存，储存时间不应超过72h，运输时采用冷藏车。

3. 奶粉包装

奶粉制品保存的要点是防潮、防氧化，阻止细菌的繁殖，避免紫外线的照射。奶粉类包装一般采用真空充氮包装，使用的材料有 K 涂硬/Al/PE、纸/PVDC/PE 等复合材料。此外，还常用金属罐充氮包装。

4. 奶酪、奶油的包装

（1）奶酪的包装　无论是新鲜奶酪或加工后的干酪，都要密封包装。奶酪包装主要是防止发霉和酸败，其次是保持水分以维持其柔韧组织并免于失重。干酪在熔融状态下进行包装，抽真空并充氮气。聚丙烯片材压制成的硬盒耐温性好，适于干酪的熔融包装。

新鲜奶酪和干酪的软包装要用复合材料包装，常用的有 PET/PE、BOPP/PVDE/PE、复合铝箔、涂塑纸制品等，多采用真空包装。

（2）奶油和人造奶油的包装　奶油和人造奶油脂肪含量较高，极易发生氧化变质，也易吸收周围环境中的异味，因此要求包装材料阻气性优良，不透氧，不透香气，不串味，其次是耐油等。

奶油和人造奶油习惯上采用玻璃瓶和聚苯乙烯容器包装，以 Al/PE 复合材料封口。一般包装可采用羊皮纸、防油纸、铝箔/防油纸复合材料进行裹包。

盒装的奶油和人造奶油一般采用涂塑纸板或铝箔复合材料制成的小盒包装。

（二）畜禽肉类产品包装

1. 生鲜肉制品的包装

（1）真空保鲜包装　生鲜肉真空收缩包装采用的收缩薄膜膜袋能紧紧包住产品，避免多余的包装材料在储运流通过程中因反复折叠挤压而产生破裂，还能减少肉品中汁液水分的渗出，保持包装产品生鲜的感官品质。

（2）气调保鲜包装　气调包装保持较高氧气分压，有利于形成氧合肌红蛋白而使肌肉色泽鲜艳，并抑制厌氧菌的生长。

2. 现代冷鲜肉零售包装

（1）冷鲜肉零售包装　冷鲜肉零售包装在美国等发达国家称为"case-ready 零售包装"，随着冷鲜肉进入超级市场而逐渐普及。其包装形式可分为真空贴体包装、真空收缩包装、热成型包装。case-ready 包装包括气调包装和非气调包装。

（2）熟肉制品包装　熟肉制品主要有中式肉制品、西式肉制品和灌肠类制品。中式肉制品除罐藏外，常用真空充气包装、热收缩包装等。

有些西式肉制品在充填包装后再在 90℃ 左右进行热处理，一般要求包装材料有热收缩性能，可用 PA、PET、PVDC 收缩膜。有些西式肉制品成品不再高温杀菌，可用 PE、PS 片热成型制成的不透明或透明的浅盘，表面覆盖一层透明的塑料薄膜拉伸裹包，PA、PVC 等收缩膜进行热收缩包装。

灌肠类肉制品是用肠衣作包装材料来充填包装定型的一类熟肉制品，灌肠类制品的商品形态、卫生质量、保藏流通、商品价值等都直接和肠衣的类型及质量有关。

（三）果蔬类食品的包装

为保证果蔬的良好品质与新鲜度，在保鲜包装时要充分利用各种包装材料的阻气、阻湿、隔热、保冷、防震、抗菌等特性，设计适当的容器结构，采用相应的包装方法对果蔬进行内外包装。果蔬的包装方法应根据产品形状和容易腐烂程度等决定，大体可分为如下几种类型。

1. 软体水果

草莓、葡萄、杨梅、李子、蜜桃等软体水果，含水量大，果肉组织极软，不易保鲜。这类产品最好采用半刚性容器包装，同时覆以玻璃纸、醋酸纤维或聚苯乙烯等薄膜。包装材料应具有适当的水蒸气、氧气透过率，避免包装内部产生水雾、结露和缺氧性败坏。

2. 硬质水果

苹果、柑橘、梨等硬质水果，肉质较硬，呼吸速度较慢，不易腐败，可较长时间保鲜。最普遍的包装方式是采用浅盘并裹包塑料薄膜，或者连同水果和浅盘一起套入纸板盒中，也可装入塑料袋或网兜。

3. 茎类蔬菜

此类蔬菜很多，典型的有芹菜、芦笋、香菜等。这类蔬菜组织嫩脆，脱水速度快，易萎蔫，应采用防潮玻璃纸或聚乙烯塑料薄膜裹包，也可采用聚氯乙烯等热收缩薄膜裹包。

4. 块根类蔬菜

甘薯、萝卜、甜菜等属于此类。其储存期较长，储存中应防止脱水，通常经过洗净、分级后，装入聚乙烯塑料袋。由于甘薯对光线很敏感，光照后发育，往往将包装薄膜加以印刷或制成琥珀色塑料薄膜。

5. 绿叶类蔬菜

包心菜、白菜、菠菜等都属于此类。这类蔬菜很容易脱水、萎蔫，需用防潮材料包装，而且所选包装材料的换气性应适当。

（四）饮料的包装

饮料指以液体状态供人们饮用的一类食品。根据液体饮料中乙醇的含量，可分为软饮料和含醇饮料两大类。

1. 软饮料的包装

软饮料指不含乙醇或乙醇含量不超过 0.5% 的饮料。我国软饮料共分为八类：碳酸饮料、果汁饮料、蔬菜汁饮料、乳饮料、植物蛋白饮料、天然矿泉水饮料、固体饮料及其他饮料。其中，后七种饮料不含 CO_2，通称非碳酸饮料。

（1）碳酸饮料包装　传统的碳酸饮料包装是玻璃瓶及金属听罐，但目前塑料容器包装已占到碳酸饮料包装的一半以上。

玻璃瓶造型灵活、透明、美观，化学稳定性高且可以多次周转使用，但存在机械强度低、易碎、运输不方便、温差大时易爆裂等缺点，近年来已逐渐被各种塑料包装取代。

马口铁易拉罐分为三片罐及冲拔拉伸型二片罐。由于二片罐对马口铁材质的冲压、拉伸性能以及制罐设备都有特殊要求，目前应用不太广泛。三片罐的罐装、杀菌设备投资费用相对较低，对饮料加工技术要求不高，相容性好，产品货架期长。

铝质易拉罐的罐装、杀菌设备费用稍高于三片罐，但包装材料价格略低，而且材料的回收再造性好，产品保质期可达 1 年以上。

现在，阻隔性较好、透明性和强度均优良的塑料包装，已越来越多地为碳酸饮料业界所接受，并逐步取代玻璃瓶和金属罐。最早使用塑料瓶包装饮料的是美国的 Dupont 公司。如今，材质轻、强度高、无色透明、无毒无味的 PET 瓶用于碳酸饮料的包装，而且还扩大到油类及其他饮料的包装。不过，PET 瓶在耐酸碱和耐温方面尚有许多缺陷，有待于改进。碳酸饮料包装要求有良好的耐压力强度，因而不适合用软塑料包装材料包装。

（2）非碳酸饮料包装 非碳酸饮料不需要耐压力，除塑料瓶装外，还可使用软塑料包装材料包装，一般使用热充灌杀菌包装。其中聚乙烯、聚丙烯、聚苯乙烯和 PVC 是常用的包装容器材料。

非碳酸类饮料也可使用无菌复合铝纸包装。目前主要有瑞典利乐拉伐公司的利乐包装及 PKL 包装系统公司的康美包。利乐包主要规格有利乐传统（无菌）包、利乐砖型（无菌）包、利乐屋型包、利乐王和利乐罐五种，容量为 125~2000mL 不等。康美包主要规格有 Cb5、Cb6、Cb7 三种系列，容量为 150~1100mL 共 20 种常用规格。

2. 酒类饮料的包装

酒的包装主要是玻璃瓶和陶瓷器皿，其阻隔性好，能保持酒类特有的芳香从而利于长期存放。

小包装蒸馏酒可以选用塑料共挤复合瓶包装，也可用聚酯瓶包装。此外还可用 PET/PE 复合薄膜制作的小袋包装，便携，饮用方便，耐压耐冲击，十分适合旅行和野外工作者饮用。

烈性酒（白酒）由于价格便宜，通常采用塑料瓶包装。

发酵酒的包装一般采用玻璃瓶和陶瓷瓶包装。啤酒除用玻璃瓶包装外，还可用铝质二片罐、塑料瓶或衬袋盒包装。

（五）粮谷类食品包装

1. 粮谷作物类食品的包装

粮谷类包装要考虑的主要问题是防潮、防虫和防陈化。目前，我国粮食包装袋主要是编织袋、复合塑料袋、复合纸袋等。对于精米、面粉、小米等粮食加工品，过去一般采用棉布袋，随着生产经营改革，现可用聚乙烯、聚丙烯等单层薄膜包装，对于较高档的品种也有采用多层复合材料等包装。包装方法由普通充填包装改用真空或真空充气包装。

2. 粮谷加工食品的包装

粮谷加工食品是以面粉、淀粉、油脂、糖等为主要原料加工而成的。有的含水量高，如蛋糕；有的含水量低，如饼干；有的含油脂高，如薯片。因此，应根据产品的不同特点采用不同的包装。

（1）含水分较低的粮谷加工食品　选用 PE、PT/PE、BOPP/PE 等薄膜充填包装；纸盒、浅盘包装外裹 PT 或 BOPP 薄膜；纸盒内衬塑料薄膜等。

（2）含水分较高的糕点　包装时应选用阻湿、阻气性能好的包装材料进行包装，如 PT/PE、BOPP/PE 等薄膜。档次较高的可选用高性能复合薄膜配以真空充气包装技术，可有效防止氧化、酸败、霉变等，延长货架期。此外，包装中还可封入脱氧剂或抑菌剂。

（3）油炸食品　内包装采用 PE、PP、PT 等防潮、耐油的薄膜材料裹包或袋装。要求较高的油炸风味食品可采用隔氧性较好的高性能复合膜如 KPT/PE、BOPP/Al/PE 等，还可采用真空或充气包装或在包装中封入脱氧剂等。

（六）水产品的包装

1. 生鲜水产品包装

（1）生鲜水产品的销售包装　生鲜水产品的包装方式主要有以下几种：PE 薄膜袋；涂蜡或涂以热溶胶的纸箱（盒）；纸盒包装，纸盒外用热收缩薄膜裹包；生鲜鱼块或鱼片也可直接用玻璃纸或经过涂塑的防潮玻璃纸包裹；高档鱼类、对虾、龙虾、鲜蟹等可采用气调、真空包装，使用的材料主要有 PET/PE、BOPP/PE 等高阻隔复合材料。

（2）生鲜水产品的运输包装　水产品运输包装主要采用普通包装箱和保温包装箱。冻结的鱼货必须用冷藏车运输，在销售点需要设置冷库。保温箱包装水产品可在常温下用普通车运输，零售点可在常温下保持 2 天左右堆放和销售不会变质。

（3）生鲜鱼类的气调（MAP）包装　MAP 包装所采用的包装材料应具有高阻气性，可采用 PET/PE、PP/EVOH/PE、PA/PE。此外，MAP 保鲜包装必须配合低温才能得到良好的效果。

（4）其他生鲜水产品的包装　虾类在包装前先去头去皮并分级，再装入涂蜡的纸盒进行冷藏或冻藏。鲜活虾类产品可放在冷藏桶的冰水中充氧后密封包装，以防虾类死亡。贝类水产品性质与鱼虾类似，捕获后通常去壳并将贝肉洗净进行冷冻，用涂塑纸盒或塑料热成型盒等容器包装，低温流通。牡蛎等软体动物极易变质败坏，可采用玻璃纸、涂塑纸张、氯化橡胶、PP、PE 等薄膜包装。

2. 加工水产品包装

（1）盐渍水产品包装　由于食盐溶液的高渗压能抑制细菌等微生物的活动和酶的作用，包装主要是防止水分渗漏和外界杂质污染，通常用塑料桶、箱包装。

（2）干制水产品包装　此类产品水分含量很低，易霉变，需采用防潮包装材料。普通销售包装可用彩色印刷的 BOPP/PE 膜密封包装，高档产品包装要求避光隔氧，可采用涂铝复合薄膜真空或充氮包装。

3. 水产制品的灌装

有软罐头、金属罐头和玻璃罐头三种。

4. 其他水产加工产品的包装

鱼松含水量在 12%～16%，一般需长期保藏，多用 BOPP/PE、PET/PE 等复合薄膜袋包装。熏鱼、鱼糕、鱼火腿、鱼香肠等熟制水产品极易腐败变质，一般都需真空包装并加热杀菌。要求较高的场合可选用 PP/PVDC/CPP 共挤膜或 PET/Al/CPE 复合膜包装。

（七）蛋类食品包装

1. 鲜蛋包装

常温下保存鲜蛋必须将其毛细孔堵塞，常用水玻璃、石蜡、火棉胶、白油及其他一些水溶胶物质在鸡蛋表面涂膜。鲜蛋运输包装采用瓦楞纸箱、塑料盘箱和蛋托等。

2. 蛋制品的包装

（1）再制蛋 指松花蛋、腌制蛋、糟蛋等传统蛋制品。再制蛋在常温下有一定保质期，一般不进行包装而直接销售，但作为地方先进的特产需采用先进包装技术，可用石蜡、PVDC 或其他树脂涂料等代替传统涂料，再用 PS 等热成型盒或手提式纸盒作销售包装。

（2）冰蛋 指鲜蛋去壳后将蛋液冻结，有冰全蛋、冰蛋黄、冰蛋白等，可把液体蛋灌入马口铁罐或衬袋瓶中速冻，也可在容器中速冻后脱模再采用塑料薄膜袋或纸盒包装，然后于 −18℃ 以下冷库冷藏。

（3）蛋粉 指蛋液通过喷雾干燥制得的产品。长期保存一般采用金属罐或复合软包装袋包装，常用的复合膜有 KPT/PE、PET/PVDE/PE、BOPP/铝箔/PE 等。

第二节 食品包装材料及其安全性

近年来，我国各大媒体相继报道了多起由于食品包装材料的卫生安全问题引发的突发性食品安全事件，例如国产奶瓶双酚 A 事件、PVC 保鲜膜事件、不粘锅"特富龙"（Teflon）事件等。这一连串事件暴露出了我国食品包装（食品容器、器具与包装材料）卫生标准方面存在的某些问题。

2005 年 10 月 21 日，中国疾病预防控制中心（CDC）营养与食品安全所和全国食品卫生标准委员会在北京召开了食品包装材料和加工助剂标准研讨会。会议主要针对国内关于食品包装材料及加工助剂的卫生标准进行讨论，并邀请国外的专家介绍欧美发达国家相关方面的制度和法规。

为了贯彻落实《国务院关于进一步加强食品安全工作的决定》，加强对食品安全的监督管理，国家质量监督检验检疫总局令第 79 号，即《食品生产加工企业质量安全监督管理实施细则（试行）》自 2005 年 9 月 1 日起施行后，食品安全质量有了明显提高。但是许多问题仍然存在，特别是食品包装存在严重的安全隐患。从近几年食品包装袋（膜）产品以及一次性快餐餐具质量监督抽查的结果看，包装材料以及印刷油墨的安全卫生性能存在严重问题。根据国家质量监督检验检疫总局 2006 年的工作部署，国家已加强对食品包装产品的认证认可工作，在 2006 年内对食品包装产品实施强制性生产许可管理制度，加强对食品包装的监管力度。

一、食品包装材料的包装性能

（一）纸包装材料

包装用纸和纸板的质量要求重要包括外观、物理性质、机械性质、光学性质、化学性质等。几种常见包装用纸的包装性能：①牛皮纸机械强度高，富有弹性，抗水性、防潮性良好，大量用于食品的销售和运输包装。②羊皮纸具有良好的防潮性、气密性、耐油性和机械性能，适于油性食品、冷冻食品等的防护要求，可用于乳制品、油脂、鱼肉、茶叶等食品的包装。③半透明纸质地坚韧，具有半透明、防油、防水防潮等性能，具有一定的机械强度，可用于薯片、糕点等脱水食品的包装。④复合纸具有许多优异的综合包装性能，改善了纸的单一性能，使纸基复合材料大量应用于食品等包装场合。

（二）塑料材料

塑料材料的主要包装性能指标如下：①阻透性，对水分、水蒸气、气体、光线等的阻隔性能，包括透气度和透气系数、透湿度和透湿系数、透水度和透水系数、透光度等指标；②机械性能，包括硬度，抗张、抗压、抗弯强度，爆破强度，撕裂强度，耐刺强度等；③稳定性，包括耐高低温性能、耐化学性、耐老化性；④卫生安全性，包括无毒性、耐腐蚀性、防止有害物质渗透性、防生物侵入性。

（三）玻璃容器

玻璃容器应具有如下性能：透明及各向同性、耐化学性、不透过性（气体和液体不能透过玻璃容器）、不可改变性、耐内压、无污染、易回收。

（四）金属容器

金属容器对内装物要有良好的保护性能，遮光和隔绝水、气的能力强；具有较强的机械强度，能经受运输、堆码、振动；热传导性能好，用于罐头食品高温杀菌，可延长食品保存期；卫生无毒，符合食品包装卫生和安全要求。但金属容器有时易与内装物起化学反应。

二、食品各类包装材料的安全性

食品包装材料的安全评价已经吸引了一些公众的注意，但相对于对直接食品添加剂的关注来说还较少。然而，在全世界范围内有关食品化学安全的法规中，提出了用于评估食品包装材料使用安全性的问题。原因有几个：首先，它所包含的化学物数量非常大，有几千种之多。相比较而言，直接食品添加剂仅 400 种左右（如果调味品不包含在内）或相当于农药的数量。其次，用于食品包装的材料随技术革新的快速发展而不断变化，这是这一领域的一个特色。再者，由于一些物质来源于食品包装材料，迁移到食品中的物质总量相当于甚至于高出食品中直接添加剂的数量。由于这种迁移，在美国，包装迁移物被称为非直接食品添加剂，而在其他国家，它们通常被认作为污染物。

食品包装材料的主要类型有纸、板、金属制品、塑料、蜡剂、陶瓷、玻璃、再生纤维、木制品（包括软木）、织物、弹胶物以及橡胶等。然而，这些材料中没有哪一种真正是惰性的。工业技术的发展在塑料行业是最明显的，不仅包括新包装材料（薄片制品），而且包括包装过程中保存和处理食品的方法（例如真空包装、气调储藏包装以及包装食品的辐射）。

用于烹调食品和再热食品的微波包装以及烘烤包装的发展已经使人们对高温下塑料的性质较为关注。许多此类新方法提高了食品与包装材料之间相互影响的可能性，并且增加了物质从包装渗入食品的可能性。

包装材料与技术的发展理所当然为消费者带来了相当大的益处，包装的广泛使用已经毫无疑问地减少了对食品微生物和环境的化学污染。个别包装水平的改善带来的好处也很明显，例如，用塑料瓶代替玻璃瓶包装碳酸盐饮料可以减少瓶子落下时在压力作用下玻璃粉碎造成的伤害。真空保存食品和气调保存食品的较长的货架期不仅提高了产品质量，也带来了便利。

然而，过多地使用塑料也产生了新问题。从环境角度来看，包装材料生产过程中使用的能源和废料处理问题（包括塑料不完全燃烧生成的有潜在毒性的物质）是至关重要的。从调整控制和保证消费者安全的角度来看，人们还认识到对食品与包装之间的相互作用以及对生产中使用物质的毒理学研究还未能跟上新型包装材料的发展步伐。

对于食品包装材料安全性的基本要求就是不能向食品中释放有害物质，并且不与食品中的成分发生反应。来自食品包装中的化学物质成为污染物，这个问题越来越受到人们的重视和注意，在很多国家已经成为研究热点。世界上许多国家制定了食品包装材料的限制标准，如英国评价了约90多种物质为安全物质，允许作为食品包装物质使用。我国在这方面也做了一定的工作，制定了食品中包装材料卫生标准。下面就纸、塑料、橡胶、金属、玻璃和搪瓷、陶瓷等包装材料的安全性作介绍。

（一）纸和纸板包装材料的安全性

目前，用于食品包装的纸大体分为内包装和外包装两类，外包装主要为纸板和印刷纸；内包装直接接触食品，主要由普通包装纸、蜡纸（过去用于包装糖果、面包、饼干等，现代食品包装中已被禁止用于食品包装）、玻璃纸（包装糖果等）、铝箔（包装巧克力等）。

纸是一种古老的包装材料，纸和纸板在包装材料中占据了主导地位。造纸的原料主要有木浆、棉浆、草浆和废纸，使用的化学辅助原料有硫酸铝、纯碱、亚硫酸钠、次氯酸钠、松香和滑石粉等。造纸的基本原料是天然纤维，经过一系列处理制成纸，本应是无毒的，卫生性能较好，但制纸过程中加入了某些助剂后，影响包装食品的安全性。如为了提高纸张的洁白度，改善纸张的感官功能，多数纸张都经过了荧光增白剂处理。荧光增白剂是一类致癌活性很强的化学物质。我国曾颁布过在包装纸中禁用荧光增白剂的规定。

市场上常见到用彩色包装纸包装食品，以增加其装饰性。虽然彩色油墨的一面在食品包装的外侧，但彩色油墨很浓时，经过渗透也可污染食品，而且包装纸印刷后叠放在一起，造成相互污染。所以食品包装纸中，彩色油墨所用的染料和颜料应受严格的卫生控制。还有，许多高级食品的包装纸都使用了锡纸，调查显示，60%锡纸中的铅含量都超过了卫生允许标准。铅是造成急、慢性重金属中毒的元凶，可致肝、肾、脑神经变性、坏死及溶血性贫血。因此，应当重视控制锡纸中含铅量，同时避免让锡纸直接接触食品。

由于包装纸材料的不安全性，各个国家都规定了包装用纸材料有害物质的限量标准。我国食品包装用纸卫生标准如表 7-2。

表 7-2　我国食品包装用纸卫生标准

项　　目	标　　准
感官指标	质地光滑、色泽正常、无异物、无污染、无异味异臭
铅(以 Pb 计)含量(mg/L,4％醋酸浸泡液中)	≤5.0
砷(以 As 计)含量(mg/L,4％醋酸浸泡液中)	≤1.0
荧光性物质(波长为 365nm 及 254nm)	不得检出
脱色试验(水、正己烷)	阴性
致病菌(系指肠道致病菌,致病性球菌)	不得检出
大肠菌群(cfu/100g)	≤30

（二）塑料制品包装材料的安全性

塑料是以合成树脂的单体为原料，加入适量的稳定剂、增塑剂、抗氧化剂、着色剂、杀虫剂和防腐剂等助剂制成的一种高分子材料。在众多的食品包装材料中，塑料制品及复合包装材料占有举足轻重的地位。这种包装材料质量小，运输销售方便，化学稳定性好，易于加工，装饰效果好，具有良好的食品保护作用。

塑料包装受到广泛应用，虽然大多数塑料材料可达到食品包装材料卫生安全性要求，但是也存在着不少卫生安全方面的隐患。其安全性问题主要有如下几方面。

1. 塑料包装表面污染问题

由于塑料易带电，易造成包装表面被微生物及微尘杂质污染，进而污染包装食品。

2. 塑料制品中未聚合的游离单体及其塑料制品的降解产物向食品迁移的问题

这些游离单体及降解产物中有的会对人体健康造成危害，如聚苯乙烯（PS）中的残留物质苯乙烯、乙苯、异丙苯、甲苯等挥发物质等有一定毒性，单体苯乙烯可抑制大鼠生育，使肝、肾质量减轻。单体氯乙烯有麻醉作用，可引起人体四肢血管收缩而产生疼痛感，同时还具有致癌、致畸作用。这些物质迁移程度取决于材料中该物质的浓度、材料基质中该物质结合或流动的程度、包装材料的厚度、与材料接触食物的性质、该物质在食品中的溶解性、持续接触时间以及接触温度。

3. 油墨、印染及加工助剂问题

塑料是一种高分子聚合材料，聚合物本身不能与染料结合。当油墨快速印制在复合膜、塑料袋上时，需要在油墨中添加甲苯、丁酮、醋酸乙酯、异丙醇等混合溶剂，这样有利于稀释和促进干燥。这样的工艺，对于印刷业来说，是比较正常的事。但现在一些包装生产企业贪图自身利益，大量使用比较便宜的甲苯，并缺乏严格的生产操作工艺，使包装袋中残留大量的苯类物质。另外在制作塑料包装材料时常加入多种添加剂，比如添加稳定剂、增塑剂，这些添加剂中一些物质具有致癌、致畸性，与食品接触时会向食品中迁移。

4. 回收问题

塑料材料的回收复用是大势所趋，什么样的回收塑料可以再次用于食品包装，如何用于食品包装，都是亟待解决的问题。例如国外已经开始大量使用回收的PET 树脂作为 PET 瓶的芯层料使用。一些经过清洗切片的树脂也已达到食品包装的卫生性要求，可以直接生产食品包装材料。但是目前中国还没有相应的标准和法规。比较而言，回收 PET 作为夹层材料使用，卫生安全性有保障，但需要较大的设备投资，中国企业很少使用；反而是大量不法企业直接把回收材料当成新材料或掺混在新料中生产食品包装制品，造成食品卫生隐患。国家规定，一般聚乙烯回收再生品不得再用来制作食品包装材料。

食品塑料包装材料的卫生安全性基本要求为无毒、耐腐蚀性、防有害物质渗透性、防生物侵入性。我国制定了塑料包装材料及其制品的卫生标准，见表 7-3。

表 7-3　我国对几种塑料包装材料及其制品制定的卫生标准

指标名称	浸泡条件	聚乙烯	聚丙烯	聚苯乙烯	三聚氰胺	聚氯乙烯
单体残留量/(mg/kg)		—				<1
蒸发残渣量/(mg/kg)	4%醋酸(60℃,2h)	≤30	≤30	≤30	—	≤30(0.5h)
	65%乙醇(20℃,2h)	≤30	≤30	≤30		≤30(20%,0.5h)
	蒸馏水(60℃,2h)	—	—	—	≤10	≤20
	正己烷(20℃,2h)	≤60	≤30			≤150(0.5h)
高锰酸钾消耗量/(mg/kg)	蒸馏水(60℃,2h)	≤10	≤10	≤10	≤10	≤10(0.5h)
重金属量(以 Pb 计)/(mg/kg)	4%醋酸(60℃,2h)	≤1	≤1	≤1	≤1	≤1(0.5h)
脱色实验	冷餐油	阴性	阴性	阴性	阴性	阴性
	65%乙醇	阴性	阴性	阴性	阴性	阴性
	无色油脂	阴性	阴性	阴性	阴性	阴性
	浸泡液	阴性	阴性	阴性	阴性	阴性
甲醛	4%醋酸(60℃,2h)	—	—	—	≤30	—

（三）金属包装材料的安全性

铁和铝是目前使用的两种主要的金属包装材料，其中最常用的是马口铁、无锡钢板、铝和铝箔等。金属包装容器主要是以铁、铝或铜等金属板、片加工成型的桶、罐、管等，以及金属箔（主要是铝箔）制作的复合材料容器。此外还有铜制品、锡制品和银制品等。

马口铁罐学名为镀锡薄板罐，是最为常见的罐头包装容器，也常用于乳品、饮料等液体包装容器，其中的锡起保护作用。马口铁制品主要的食品安全问题是锡、铅等金属的溶出。内壁的镀锡层在硝酸盐或亚硝酸盐作用下可缓慢溶解，从而使某些食品中的天然色素变色，甚至引起食物中毒；盛装高酸性食品液汁会产生浑浊、沉淀及金属罐臭；镀锡和焊锡的铅含量过高可造成食物的铅污染；某些罐头的高硫内容物与罐壁接触可产生黑色金属硫化物。

铝制包装材料主要指铝合金薄板和铝箔，因其质轻耐用、不易生锈、易传热、抗腐蚀性强、稳定性好而广泛用作炊具、食具、铝罐等。一般认为食品级铝制品安全、无毒、无害，但回收铝制的炊具，由于原料来源复杂，故质量较差，可能含有多种有害金属。长期使用铝制品盛放盐、碱、酸类食物，容易使铝制品容器表面的氧化铝保护膜受到腐蚀和破坏，从而使部分铝进入食物和水，就有可能增加人体对铝的摄入量，对人体造成危害。

不锈钢因其具有高强度和刚性、抗磨损、抗腐蚀、易清洗等特点，越来越广泛地被用来制作食品机械、食具和厨房设备等。用不锈钢食具煮食物时，只发现微量的铬、镍、钼等痕量元素，一般认为检出的铬、镍含量水平对人体健康不会造成危害。但由于不锈钢型号、用途甚多，某些型号的不锈钢在一定条件下会迁移出大量有害金属如镉等污染食品。

为减少金属制品类包装材料对食品安全性的不良影响，我国规定了金属制品包装容器的卫生标准，见表7-4。

表 7-4　我国金属制品包装容器的卫生标准

指　　标	名称	铝制品	不锈钢制品
外观		表面应光洁均匀,无碱渍、油斑、无气泡砂眼	
理化指标(以 4%醋酸浸泡)/(mg/L)	锌(Zn)	≤1.0	
	铅(Pb)	(精铝)≤0.2 (回收铝)≤5.0	≤1.0
	镉(Cd)	≤0.02	≤0.02
	砷(As)	≤0.04	≤0.04
	铬(Cr)		(奥氏体型)≤0.5
	镍(Ni)		(奥氏体型)≤3.0 (马氏体型)≤1.0

（四）玻璃包装材料的安全性

玻璃是一种惰性材料，无毒无味。一般认为玻璃与绝大多数内容物不发生化学反应，其化学稳定性极好，并且具有光亮、透明、美观、阻隔性能好、可回收再利用等优点。主要用于含酒精的酒类、饮料等液体的包装。玻璃最显著的特征是其光亮和透明，但玻璃的高度透明性对某些内容食品是不利的，为了防止有害光线对内容物的损害，通常用各种着色剂使玻璃着色。绿色、琥珀色和乳白色称为玻璃的标准三色。玻璃中的迁移物质主要是无机盐和离子，从玻璃中溶出的物质是二氧化硅（SiO_2）。

（五）陶瓷和搪瓷包装材料的安全性

搪瓷器皿是将瓷釉涂覆在金属坯胎上，经过烧烤而制成的产品，搪瓷的釉配料配方复杂。陶瓷器皿是将瓷釉涂覆在黏土、长石和石英等混合物烧结成的坯胎上，再经焙烧而制成的产品。搪瓷、陶瓷容器在食品包装上主要用于日用品、沙锅、酒、咸菜等传统风味食品。陶瓷容器美观大方，在保护食品风味上有很好的作用。

但由于其材料来源广泛，反复使用以及加工过程中添加的化学物质而造成食品安全性问题。其危害主要由制作过程中在坯体上涂覆的瓷釉、陶釉、彩釉引起。釉料主要是有铅、锌、锑、钡、钛、铜、铬、钴等多种金属氧化物及其盐类组成。当陶瓷容器或搪瓷容器盛装酸性食品（醋、果汁）和酒时，这些物质容易溶出而迁移入食品，随着食物进入人体而造成危害，甚至引起中毒。

针对该类食品包装材料的安全隐患，我国发布了相应的卫生标准，规定了各种食具、容器成型品中几种有毒金属的最高限量标准，见表 7-5。

表 7-5　搪瓷和陶瓷材料食品包装的卫生标准

指　标	名　称	搪瓷制品	陶瓷制品
外观		内壁表面光滑,釉彩均匀,花饰无脱落现象	
理化指标(以 4％醋酸浸泡)/(mg/L)	铅(Pb)	≤7.0	≤0.5
	镉(Cd)	≤1.0	≤0.5
	锑(Sb)	≤0.7	

（六）橡胶制品包装材料的安全性

橡胶被广泛用于制作奶瓶、瓶盖、输送食品原料、辅料、水的管道等。有天然橡胶和合成橡胶两大类。

1. 天然橡胶

天然橡胶是异戊二烯为主要成分的天然高分子化合物，本身既不分解，在人体内部也不被消化吸收，因而被认为是一种安全、无毒的包装材料。但由于加工的需要，常在其中加入多种助剂，如促进剂、防老剂、填充剂等，给涉及食品带来安全隐患。

2. 合成橡胶

合成橡胶主要来源于石油化工原料，种类较多，是由单体经过各种工序聚合而成的高分子化合物，在加工中也使用了多种助剂。通过对橡胶的水提取液作较为全面的分析，可以发现有 30 多种成分，其中 20 种具有毒性，这些化学物质结构复杂，使用过程中可迁移到食品中造成污染。

我国规定橡胶制品食品包装材料所用原料必须是无毒无害的，并符合国家卫生标准和卫生要求。为了在外观上区分是否为食品工业用，规定使用红、白两种颜色的橡胶制品，黑色为非食品工业用。我国橡胶制品卫生质量建议指标见表 7-6。

表 7-6　我国橡胶制品卫生质量建议指标　　　　　　　　　　mg/kg

名　称	高锰酸钾消耗量	蒸发残渣量	铅含量	锌含量
奶嘴	<70	<40(水泡液)	<1	<30
		<120(4％醋酸)		
高压锅圈	<40	<50(水泡液)	<1	<100
		<800(4％醋酸)		
橡皮垫(圈)	<40	<40(20％乙醇)	<1	<20
		<800(4％醋酸)		
		<3500(己烷)		

（七）食品容器涂料的安全性

为防止食品对容器的腐蚀，或为防止容器中某些有害物质对食品的污染，在食品容器内壁涂上涂料，使其形成一层保护性涂膜，具有耐酸碱、耐热、耐油、抗腐蚀等的作用，并使容器内壁光滑，便于清洗、消毒。目前，我国允许使用的食品容器内壁涂料有聚四氟乙烯涂料、环氧酚醛涂料、聚酰胺环氧树脂涂料、漆酚涂料、有机硅防粘涂料、石蜡涂料、沥青涂料等。

环氧树脂是一种需要加固化剂固化成膜的涂料，属于热固性树脂，其固化剂一般采用乙二胺系列。从安全性考虑，分子量越大（即环氧值越小）的越稳定，越不易溶出而迁移到食品中去，因而其安全性越高。各种罐头内壁涂料因种类不同，分别具有不同的特性，其溶剂也各不相同，因此，对不同的食品种类其安全性各异。硫化物对罐壁的腐蚀起促进作用。

过氯乙烯涂料是以过氧乙烯树脂为主要原料，配以增塑剂、溶剂等，经涂刷或喷涂成膜。严禁采用多氯联苯和磷酸三甲酚酯等有毒增塑剂。环氧酚醛涂料用于罐头内壁，有抗酸抗硫作用。它虽经聚合和烧烤成膜，仍有少量游离酚和甲醛等聚合的单体和低分子聚合物，接触食品后可发生迁移，具有一定危害。生漆主要成分为漆酚，涂刷过程中可使游离酚向食品迁移。沥青涂料因沥青中含有较多的多环芳烃类物质，坚决禁止作为食品容器的内壁涂料。

（八）食品复合包装材料的安全性

复合包装材料由纸、塑料薄膜和铝箔经黏合剂复合而成，广泛应用于各种软包装食品。复合包装材料密封性良好，能够防止氧气、水分、光线的透过，因此，对食品具有较好的保护作用。主要适用于真空包装、真空加热杀菌包装、真空高温包装杀菌及充气包装等。

复合包装材料的安全性问题主要是所使用的黏合剂。目前采用的黏合方式主要有两种，一种是采用改性聚丙烯直接复合，此种方式不存在黏合剂的安全问题；另一种是采用黏合剂黏合，多数厂家采用聚氨酯黏合剂。这种黏合剂含有 2,4-甲苯二异氰酸酯（TDI），这种复合薄膜袋包装的食品经蒸煮后，TDI 会迁移到食品中并水解成具有致癌性的甲苯二胺（TDA）。为此，我国制定了《复合食品包装袋卫生标准》（GB 9683—1988），见表 7-7。

表 7-7　我国复合包装材料的卫生标准

名　　称	复合包装材料	备　　注
外观要求	平整、无褶皱、封边良好	
甲苯二胺/（mg/L）	≤0.004	
蒸发残渣量（4%醋酸）/（mg/L）	≤30	
正己烷（常温，2h）	≤30	
65%乙醇（常温，2h）	≤30	指聚乙烯塑料薄膜为内层
高锰酸钾消耗量（以水计）/（mg/L）	≤10	
重金属量（4%醋酸）/（mg/L）	≤1.0	

第三节　食品包装安全标准及政策法规

食品包装行业是一个新兴的产业，近年来发展迅速。现有的国家标准已远远跟不上食品包装的发展需要，特别是产品原料组成、添加剂的使用、印刷以及使用的具体功能不够明确、细致等问题尤为突出。根据卫生部《食品安全毒理学评价程序》的规定，一种新的产品在获得使用前应进行严格的评价试验，对于高分子聚合物食品包装材料和食具容器，应对个别成分（单体）和成品（聚合物）分别评价，对成品则根据其成型品在 4％醋酸溶出试验中所得残浓的多少来决定需要进行的试验。

一、食品包装国际通用标准

国际标准化组织 ISO 在 HACCP 安全管理体系标准的基础上，制定出 ISO 22000：2005 标准——《食品（包装）安全管理体系——对食品链中任何组织的要求》。

该标准由 ISO 来自食品行业的专家、国际专业化机构和食品法典委员会的代表，以及联合国粮农组织（FAO）和世界卫生组织（WHO）联合建立的机构共同制定。该标准可作为技术性标准为全球对企业建立有效的食品安全管理体系提供指导，并促使全球的企业以更加简单、一致的方式实施 HACCP，避免因为国家不同或者产品不同而有所差异。

ISO 22000 引用了食品法典委员会提出的五个初始步骤和七个原理。五个初始步骤包括：建立 HACCP 小组；产品描述；预期使用；绘制流程图；现场确认流程图。七个原理包括：危害性分析；确定关键控制点；建立关键限值；建立关键控制点；当监视体系显示某个关控制点失控时确立应当采取的纠正措施；建立验证程序以确认 HACCP 体系运行的有效性；建立文件化的体系。ISO 22000 明确了食品安全管理中的共性要求，而不是针对食品链中任何一类组织的特定要求。

ISO 22000 是食品安全管理体系的新标准，它旨在确保食品供应链中没有薄弱的链接。ISO 22000 采用了 ISO 9000 标准体系结构，在食品危害风险识别、确认以及系统管理方面，参照了仪器法典委员会颁布的《食品卫生通则》中有关 HACCP 体系和应用部分。ISO 22000 的使用范围覆盖了食品链全过程，即种植、养殖、初级加工、生产制造、分销，一直到消费者使用，其中也包括餐饮。另外，与食品生产密切相关的行业也可以采用这个标准建立食品安全管理体系，如杀虫剂、兽药、食品添加剂、储运、食品设备、食品清洁服务、食品包装材料等。该标准可以单独采用，也可以与其他管理体系标准如 ISO 9001：2000 联合采用。

二、绿色食品通用包装标准

科学技术革命既给社会生产力带来了突飞猛进的发展，为人类创造了巨大的物质财富，同时也形成了前所未有的破坏力，对生态环境造成了严重污染。包装业是造成污染的重要行业之一，为了解决包装业的污染问题，在包装业正在兴起一场"绿色革命"。

绿色包装的兴起源于白色污染的泛滥。究其根源，主要在于随着包装材料以及包装制品日益丰富而带来的包装废弃物的与日俱增。由于人们在生产和经营的活动中忽视环境因素，对难以处理的塑料包装制品不予理睬，对于该回收的包装制品不予回收，对环境造成了极其严重的污染。

包装业"绿色革命"的主要内容包括：减少非必要浪费，提供可再生的产品，讲究经济实惠和生态效益，不使用污染环境、破坏大自然的产品等。

对于绿色包装具有以下四个方面的内涵：①材料最省，废弃物最少，且节省资源和能源；②易于回收再利用和再循环；③废弃物燃烧产生新能源而不产生二次污染；④包装材料最少和自行分解，不污染环境。据此，我们可以对于绿色包装给出下列定义：能够循环复用、再生利用或降解腐化，且在产品的整个生命周期中对人体以及环境不造成公害的适度包装，就可以称为绿色包装。

绿色包装是理想包装，完全达到它的要求需要一个过程。为了既有追求的方向，又有可供分阶段操作达到的目标，我们可以按照绿色食品分级标准的方法，制定绿色包装的分级标准。

（一）绿色包装的分类

A级绿色包装：指废弃物能够循环复用、再生利用或降解腐化，含有毒物质在规定限度以内的适度包装。

AA级绿色包装：指废弃物能够循环复用、再生利用或降解腐化，且在产品整个周期中对人体和环境不造成公害，有毒物质含量在规定限度以内的适度包装。

上述分级的主要考虑是包装使用后的废弃物问题，这是当前世界各国保护环境关注的热点，也是提出发展绿色包装的主要内容。在此基础上进而解决包装生产过程中的污染，是一个虽然已努力多年，但是现在仍然需要解决的问题。

（二）绿色包装的设计

绿色包装产品又称为环境之友包装或生态包装，对生态环境和人体健康无害。包装产品要从原材料的选择、产品的制造、使用、回收和废弃的整个过程全面衡量，使其符合生态环境保护的要求，并能在自然生态系统保持良性循环。根据这一原则，有些专业人士给绿色包装的设计提出了六个方面的含义：

① 包装设计人员应该尽量采用绿色包装材料并设计寿命的包装材料，能极大地减少包装物废弃后对环境的污染。

② 包装减量化。在包装设计中尽量减少使用的材料，消除不必要的包装，提倡简朴包装，以节省资源。

③ 包装材料单一化。采用的材料尽量单一，不要混入异种材料，以便回收利用。

④ 包装设计可拆卸化。需要复合材料结构形式的包装应设计成可拆卸式结构，有利于拆卸后回收利用。

⑤ 包装材料要能再利用。采用可回收、复用和再循环利用的包装，提高包装物的生命周期，从而减少包装废弃物。

⑥ 包装材料的无害化。规定禁止使用或减少使用含有某些有害成分的包装材

料，并规定重金属的含量。

（三）绿色包装材料的分类

1. 可重复再用和再生的包装材料

包装的重复再用，如饮料包装采用玻璃瓶，可反复使用。再生利用即回收之后重新再生。再生的方法有两种：一种是物理方法，是指直接彻底地净化粉碎，无任何污染物残留，处理后的包装材料用于再生包装容器；另一种是化学方法，是指将回收的塑料经粉碎洗涤之后，用解聚剂在碱性催化剂作用下使其解聚成单体或者部分解聚成低聚物，纯化后再将单体或者低聚物重新聚合成再生包装材料。

包装材料的重复利用和再生，仅仅延长了高分子材料作为包装材料的使用寿命。当其达到使用寿命后，仍然要面临对废弃物的处理和环境污染的问题。

2. 可食性包装材料

人工合成可食性包装膜中比较成熟的是 20 世纪 70 年代已经工业化的普鲁兰树脂，它是一种非离子性、非还原性的稳定多糖，在水中容易溶解，无色、无味、无毒，具有韧性、高抗油性，能食用。

3. 可降解材料

可降解材料是指在特定时间内造成性能损失的特定环境下，其化学结构发生变化的一种塑料。它既具有传统塑料的功能和特性，又可以在完成使用寿命以后，通过阳光中紫外线的作用或者土壤和水中的微生物作用，在自然界中分裂降解和还原，最终以无毒形式重新进入生态环境中，回归自然。

三、国际食品包装管理模式

欧美发达国家食品包装安全管理各具特色，但也有一些共同点。

1. 科学立法

首先，立法、执法、司法机构要权利分开，以确保立法决策的科学性、透明性和公众参与性。美联邦和各州（法国是各省）法律的基础是严格的、灵活的、科学的。美联邦和各州法律都规定，食品生产和包装行业有按法律义务生产安全食品的法定责任。美联邦政府、各州以及地方政府在用法律管理食品和食品加工时，承担着互为补充、内部独立的职责。

2. 执法公正

宪法赋予执法、立法、司法各自的职责，执法、立法、司法机构在国家食品安全体系中均承担责任。作为立法机构的国会，要制定并颁布法令，确保食品安全。国会还授权执法分支机构贯彻这些法令，这些执法分支机构可以通过制定和实施法规来贯彻法令。当实施法规和方针引起争端时，司法机关要做出公正的裁决。在美国，法律、法令及总统执行令形成了一个完整体系，以确保对公众公开、透明。

3. 五大原则

一般说来，食品包装安全体系遵循以下五大指导原则建立：①食品安全方面的法规决策以科学为基础；②政府具有公正执法的职责；③只有安全健康的食品才能进入市场销售；④制造商、配送商、进口商及其他人要遵守以上原则，否则承担法律责任；⑤法律法规制定过程透明并向公众开放。

在美国、法国的食品包装安全体系中，将国际合作和以科学为基础的安全预防与风险分析作为国家食品安全方针和决策的重要基础。这是长期以来美国、法国执行的食品安全方针。在合作方面，一方面通过与国际组织的合作，如与世界食品法典委员会（CAC）、世界卫生组织（WHO）、联合国粮农组织（FAO）等合作，解决技术问题、紧急问题、食品安全事件等；另一方面通过政府机构内专家的合作及向其他科学家的咨询或合作，为法规制定者提供技术和科学方面的推荐方案；强调食品病原菌的早期预警体系；授权制定法规的机构根据技术发展、知识更新和保护消费者的需要修改法规和指南。

为了食品安全体系法令的有效实施，确保食品包装安全具有很高的公众信任度，欧美发达国家都建立了相应的管理机构，如法国国家认证委员会、国家标签鉴定委员会（CNLC）、卫生部、农业部、国家特产研究院；美国食品药品管理局（FDA）、美国食品安全和检验局（FSIS）、动植物健康检验局（APH IS）、环境保护署（EPA）等机构组织，承担了保护消费者安全、健康的首要职责。

四、我国食品包装安全控制

欧美发达国家是世界上制定食品包装安全法规的先驱，经过100多年的发展，建成了完善的食品包装安全管理体系。我国食品包装材料也有相应的法律法规和卫生标准，如《中华人民共和国食品卫生法》、《食品用塑料制品及原材料管理办法》、《食品用橡胶制品卫生管理方法》、《陶瓷食具容器卫生管理办法》、《搪瓷食具容器卫生管理办法》等。由于一些食品包装的卫生标准是20世纪制定的，检测项目相对较少，对于许多新产品由于缺乏相应的食品标准、相应的检测指标要求以及相应的检测方法标准，使一些食品包装材料（包括基本材料、黏合剂、油墨）中隐含的有害成分得不到控制。依据传统工艺制造出来的食品包装物里面都会有添加剂成分，如抗氧化剂、苯、甲苯等有害物质的溶剂。虽然其中绝大多数都在制造过程中挥发出去，但少量溶剂会残留在复合膜之间，随着时间的推移，从膜表面渗透入食品，使之变质、变味，增加了食品的不安全因素。在复合包装材料中，除了树脂、助剂外，还有十分广泛使用的油墨和胶黏剂，目前还没有单独的卫生标准，也没有全国统一的产品标准，只有各个生产企业的企业标准。

世界各国和联盟组织均对食品包装作出了相关管理规定。例如，目前欧盟对我国食品包装的贸易壁垒已从几项上升到几十项，制约了我国食品的出口，在一定程度上对我国的食品包装业形成新贸易壁垒。欧盟现行的《96/62/EC法规》中规定，2005年起，包装产品的重金属含量将受到欧盟各国的严格限制。其中，规定最严格的是铅、镉、汞、六价铬几种重金属。它还对这几种重金属的检测方法和计算方式做了详细解释。以一个矿泉水瓶为例，可将其分为瓶身、瓶盖、标签三个部分，对这三部分分别检测，铅、镉、汞、六价铬的含量均不得超过100mg/kg。检测方式主要是通过生产厂家或供应商提供数据粗略计算，然后是采用化学方法测定重金属含量。欧美制定了相应的标准，以确保化学物质不会影响食品。软包装的黏合剂已经渐渐转向水性或者无溶剂产品，而醇溶油墨取代甲苯油墨也在欧美、韩国成为主要的发展趋势。在相应的法规方面，美国以及欧盟都在相关法律中明确规定了用于食品或药品包装的黏合剂和油墨类型，只要是法规中没有提到的化学品，一律禁用。近期德国对我国出口食品使用的包装用纸箱提出了新的要求，要求尽可能用胶水封箱，不能用 PVC 或其他塑料胶带，如果不得不用塑料胶带，也要求是不含有 PE 或 PB 的胶带。美国食品药品管理局（FDA）是一个较为有名的机构，它对食品、药品以及食品包装进行管理。

总而言之，食品包装安全是一项巨大的全球性工程。不仅要有科学性、公平性，而且要法制化、统一化。随着人们生活质量的不断提高和对健康安全的日益重视，对包装食品的质量和安全将有更高的要求。借鉴和应用国外先进监管经验，促进我国食品包装安全得到更大发展，为全人类作出新的贡献！

第四节　食品标签标识规范

对所有产品来讲，在产品标识中，各种关于产品性质的信息都是相关的。当前的食品政策中，标签信息条款是一个重要的方面。标签信息必须有用、清楚、全面、强制性并容易理解，以便使消费者能够做出好的选择。为了正确使用和理解食品标签上提供的信息，还应该提高消费者关于食品和营养方面的知识。

在欧盟，食品标签主要条款列在指令 79/112/EEC 中，近似于成员国与售给最终消费者的食品标签、介绍和广告相关的法律。1997 年 4 月 30 日，欧洲委员会在"欧盟的食品法规普遍原则"绿皮报告中表达了下述观点："指令 79/112/EEC 建立在功能性标签原则的基础上。指令的目的是确保向消费者提供重要的关于产品成分、生产加工和储存方法的信息，并作必要准备以确保消费者安全和公平竞争。生产者和消费者可自由提供他们想要提供的任何额外信息，并证明该信息是正确可靠的，没有误导消费者。"美国也已经实施了关于食品标签的详细规则。1938 年在联邦《食品，药品和化妆品法》下采用了许多联邦标签规则。目前，考虑到营养标签、营养成分声明和健康声明的标签规则在美国已相当先进。

以前通常消费者不会注意他们所购买产品的来源。然而目前消费者对他们所购买的食品来源、特征、质量和营养性质越来越感兴趣。对许多产品，标签是获得这方面信息的唯一方式。

一、食品包装的标签标识要求

食品标签是指食品包装容器上或附于食品包装上的一切标签、吊牌、文字图形、符号及其他说明物。食品标签起多种作用，除了吸引顾客的注意外，食品标签还是合法的文件。

我国专门制定了针对食品包装的食品标签通过标准（GB 7718—1987）。规定食品标签上必须注有如下基本内容：①食品名称；②配料表，特殊需要食品，如婴幼儿食品、营养强化食品、特殊营养食品等，必须按产品标准要求增加"成分表"；③净含量及固形物质量；④厂名，包括地址、电话；⑤批号；⑥日期标志及储藏指南，要求注明保质期或保存期；⑦食品使用方法指导；⑧质量等级；⑨产品标准代号，对已制定标准（国家或专业标准）的必须标明；⑩商标。当容器表面积小于 $10cm^2$ 时，除香辛料外，可免除②、⑤、⑨项的内容要求；辐射食品或出口食品的标签按国家有关规定办理。

美国和欧盟的许多标签要求相似。这些要求包括出售食品的名称，按质量降序排列的成分表，预包装产品的净含量，生产商或包装者的名称和地址。另一方面，美国和欧盟关于营养标签的规则和食品要求的使用也有相当大的差别。

（一）名称

出售的食品名称提供关于产品本质的第一个信号，这信号经常是决定性的。欧盟和美国都要求食品名称应该合法地制定，或在缺少这种名称的情况下，应该使用一个名字能使该食品与其他食品相区分。对生产者、贸易者和消费者，凡使用特殊产品名称的条件必须明确。

（二）成分

成分标签经常是消费者了解一个成品中使用了什么原料的唯一方式。在美国和欧盟，添加剂必须在成分单中列出。标签上表明添加剂并不意味着是一种安全警告。添加剂用于食品中之前要由权威机构进行毒理学评价和批准。标注添加剂是因为它们能改变食品的基本特征和性质，如颜色、质地、耐用年限和外观。

指令 97/4/EC 规定，下述情况下用在食品制造或预加工中的一种成分的量或种类必须说明：①在食品出售名称中出现的或消费者通常会将其与名称相联系的有关成分或其种类；②在标签中用语言、图片或图表强调的有关成分或其种类；③描述一种食品时，或将它与可能因为它的名字或外表而与之混淆的食品分开时，所需要的基本的有关成分或其种类。

这些标准不包括构成一种食品 20%～30% 以上的某些成分（如糖和脂肪）。为了确定哪一种成分是特有的，并在"强调"的含意上达成共识，有必要作出解释。另外，必须写明计算方法。

（三）生产和加工方法

希望得到生产和加工条件信息的消费者人数在增加。消费者想要区分来源于某些技术的产品。生产者不愿意提供生产方法的信息，并声明所有的生产方法都是安全的。他们看到新技术的好处，并注意到特殊的标签条款可能被认为是一种警告而危及新技术的引入。基因技术的使用就是这个现象的典型例子。

1. 食品辐射

食品辐射的引入导致相当大的问题。一旦使用的这个技术公开（标签上未注明），就会引起消费者关注。消费者认为他们试图保密加工过程，一些人甚至相信许多食品已经被辐射过。关于辐射技术的负面信息不断地重复提出。食品辐射这个事实表明，使用一种有争议的技术而不告知公众，不是获得消费者认可的最好方式。

2. 现代生物技术产品

应该把使用现代生物技术导致的哪种变化列在标签上是争论的一个主题。有人提出来源于转基因产品（GMO）不需要列在标签上，因为他们和传统食品一样安全。消费群体却拒绝接受这一观点。调查表明绝大多数欧洲人认为基因改性的产品应该清楚表明。

3. 有机生产

有机产品经由标签信息与传统食品分开。它们在物理和化学上的区别通常不明显。然而，有机生产方法与传统方法不同。在有机农场，很少使用杀虫剂和肥料，因此，这个方法被认为更利于环保。必须向购买昂贵有机产品的消费者保证这些产品真正来源于有机农场。FAO/WHO法典委员会正在研究有机产品的标准。

（四）食品标签语言

如果标签使用一种陌生的语言，大多数国家的相当大部分人群将不理解标签信息的主要内容。虽然一些语言中有些表达是相似的，但要使用相同的标签是不可能的。使用民族语言是告知消费者的一个显而易见的方式，因此，国家应该能够决定在他们地区销售的食品标签的语言要求。生产者通过使用多种语言形式在标签上写下强制性信息而降低他们的标签成本。然而，这可能妨碍标签的清楚度。为防止使用太小尺寸类型和欺骗形式，有必要精确地要求一个清楚的标签。

二、营养标签

1. 营养标签的内容

人类健康受许多内部和外部因素的影响。尽管许多还有待于研究，但是饮食成分是一个与慢性病发生相关的因素。在饮食和疾病之间关联最大的包括一些心血管疾病（尤其是心肌梗死和脑卒中）和几种癌症（食管癌、胃癌、结肠癌、乳腺癌等）。由与饮食相关的疾病引起的花费占了健康维护总费用中相当大的一部分。食品营养成分的标签信息帮助消费者得到更健康的食品。为合理使用营养标签，需要了解一些关于饮食和健康之间关系的知识。

越富裕的人群，对含淀粉产品如谷类和马铃薯的消费越低，而对糖、脂肪和动物产品的摄取越高。营养学家推荐的饮食含有丰富的淀粉产品、水果和蔬菜，以及有限量的脂肪（尤其是动物脂肪）。

美国和大多数欧洲国家，在20世纪期间饮食变化相当大。脂肪和动物产品的比例增加，淀粉产品减少。最近几十年，许多消费者对饮食组成和健康之间关系的意识越来越强。这就促进了人们对更营养食品的需求和更多关于食品信息的需求。制造商有责任销售大量可能有利于健康饮食的产品。政府有责任采编关于食品的信息和采用更高的食品标签标准。

2. 欧盟的营养标签规则

1990年采用了食品营养标签的议会指令90/496/EEC。指令只允许标明热量、蛋白质、碳水化合物、脂肪、纤维素、钠、维生素和矿物质。指令允许两种形式的营养标签：①热量、蛋白质、碳水化合物和脂肪含量（"四大"）；②"四大"和糖、饱和脂肪、纤维素和钠的量。

另外，可以提供关于淀粉、多元醇、单不饱和脂肪酸，多不饱和脂肪酸、胆固醇和一些维生素以及矿物质的含量信息（如果这些含量很大的话）。

热量必须以千焦和千卡形式表明，提供热量的营养物、纤维素和钠的含量以克计；胆固醇用毫克计；维生素和矿物质用毫克或微克计，以及推荐每日允许（RDA）的百分量。热量和营养素必须以每 100g 或每 100mL 表示。另外，如果写明了每包装包含的份数，可以在标签上用每份的这种信息来表示。

3. 美国的营养标签规则

1990 年营养标签教育法典（NLEA）的补充法规要求大多数待售和 FDA 控制的食品都需要强制性营养标签。美国农业部管辖下的食品也必须遵循这些规则。在采用这些规则前，所有的包装食品中有 40％的标签没有营养信息。

该规则要求必须强制性提供关于总热量和脂肪产生的热量和总脂肪酸、饱和脂肪、胆固醇、钠、总碳水化合物、膳食纤维、糖、蛋白质、维生素 A、维生素 C、钙和铁的含量的信息。制造商也可自愿发行关于来自不同类型脂肪的热量、可溶性和不可溶性纤维、糖醇、其他碳水化合物、钾和许多维生素及矿物质的信息。

FDA 建立了一个标准格式，组成如下：①除维生素和矿物质外，每份中每种营养物的含量；②按照每日 2000cal 饮食，每种营养物的百分数；③在 2000cal 和 2500cal 饮食基础上附注选定营养物的参考值；④热量转换信息。

有些食品不用写营养标签，包括小公司生产的食品，饭店食品，速食食品（例如飞机上的食品），主要在固定场所准备的现吃食品（例如焙烤店），由食品小贩卖的食品，大容量船运食品，药用食品，普通咖啡和茶，一些调味料和其他不含大量营养物的食品。

第五节　食品包装与食品安全的发展趋势

21 世纪是环保世纪，环境问题日趋重要，资源能源更趋紧张。构筑循环经济社会，走可持续发展道路，成为全球关注的焦点和迫切任务，并成为各行各业发展及人类活动的准则。我国包装产业在快速壮大的同时，应高度重视安全、卫生和环保，积极推广安全包装和无苯印刷技术，提高食品包装产业的整体技术水平，减少包装中有害物质对消费者身体健康和生态环境的影响。

随着国家经济的发展、政策的调整以及消费观念的改变，人们已从过去对食品的视觉、触觉、味觉的保护要求转向对内在品质的营养保护、消除不可视或潜在的污染与危害的深层要求。人们开始寻找对环境、对人类生存无害的绿色包装材料以及相匹配的包装技术。

自 20 世纪 80 年代以来，人们开始追求快捷、简单、舒适的生活方式。各家各户每天都要产生大量的塑料垃圾，这些是造成"白色污染"的重要因素。目前城市"白色污染"已得到政府及有关部门的重视和初步解决。

一、包装材料的发展趋势

食品等快速消费品包装材料的发展趋势，目前已呈现出五大趋势。

1. 包装材料减量化

在日趋激烈的市场竞争中，企业往往会通过控制成本来保证利润，而削减包装费用通常是企业降低成本的一个主要内容，同时也是出于减少包装垃圾、加强环境保护的需要。因此，食品等快速消费品包装材料的薄型化、轻量化已成为一种趋势。

在塑料软包装材料中，已经出现了能够加工更薄的薄膜，且加工难度不大的新型原材料；在纸包装行业，为了适应包装减量、环保的要求，微型瓦楞纸板的风潮已经兴起，并开始向更细微的方向探索。有的国家已开始应用 N 楞（楞高 0.46mm）和 O 楞（楞高 0.30mm）。在包装容器方面，国外还开始了刚性塑料罐的研制，希望以其质量小、易成型、价格低的优势取代金属容器。目前可蒸煮罐、饮料聚酯罐和牛奶聚丙烯罐等已见成效。

2. 材料使用安全化

随着社会物质和精神文明的不断进步，人类对自身的健康更加重视。因此，食品企业对自身产品的安全控制力度逐步加大，对包装材料的卫生和功能安全的要求越来越严格，对包装材料的防护范围也逐步扩大。例如，目前有很多企业要求包装材料生产商提供由权威部门出具的包装材料生物安全性和化学稳定性证明。在国外，有些企业甚至要求包装材料供应商提供材料对人体敏感性的测试等项目。

3. 生产设备高效化

随着科学技术的不断进步，各种新型商品和新型包装设备不断出现，因此快速消费品企业的生产集中度和自动化程度得到不断提高，其包装设备正在向大型化、快速化、高效化、自动化方向发展。因此，作为包装材料生产企业必须紧跟新的发展趋势，不断地为客户提供适应性强、生产效率更高的材料。

4. 包装材料智能化

随着物质生活的日渐丰富，人们对商品包装的要求已不仅仅是保护商品不受损坏，同时还要求其具有保鲜、防腐、抗菌、防伪、延长保质期等多种功能。于是各种全新概念的包装材料和包装技术应运而生。目前，许多功能性智能化的包装材料和包装技术还面临着许多要解决的新问题和亟待攻克的科技难关，这将成为包装企业的重要研发方向。

5. 结构形式新颖化

随着竞争程度的加剧，同类产品之间的差异性在逐步减少，品牌使用价值的同质性逐步增大，产品销售对终端陈列的依赖性越来越大。

对企业而言，在性价比相同的情况下，什么样的产品能吸引消费者，什么样的产品能让消费者购买，这些问题使企业对同类产品的终端陈列提出了更高的要求，直接导致企业在产品销售包装上下工夫，以求通过包装来突出自己的产品与其他产品的差异，吸引消费者选购。于是，在食品等快速消费品行业中，形式、结构新颖的包装相继涌现。例如，美国最新上市的一种提神啤酒，采用新型的铝质瓶包装，瓶身采用红白相间的图案，再配上可重复密封的瓶盖，代表了创新产品和创新包装的完美结合。为了适应人们边走边吃的快节奏生活，坎贝尔公司设计了一种全新概念包装，车辆驾驶员或乘客可以直接从这种包装里吸食热汤。这种阻隔塑料罐已由桶形演变成圆柱形，使其更适合放入汽车的杯托中。

二、食品安全包装新材料

1. 活性包装材料

活性包装材料与活性包装技术的应用已经成为食品安全包装的一种发展趋势。所谓活性包装技术就是使用活性包装材料，使之与包装内部的多余气体相互作用，以防止包装内的氧气加速食品的氧化。20 世纪 70 年代，除氧活性包装体系应运而生，不久脱氧剂开始用于食品包装。活性包装能够有效保持食品的营养和风味。由于材料科学、生物科学和包装技术的进步，近年来活性包装技术发展很快，其中铁系脱氧剂是发展较快的一种，先后出现了亚硝酸盐系、酶催化系、有机脱氧剂、光敏脱氧剂等，使包装食品的安全日益完善。

2. 智能包装材料

用于食品安全包装的智能包装材料主要有显示材料、杀菌材料、测菌材料等。

最近，加拿大推出的可测病菌包装材料别具特色，该包装材料可检测出沙门菌、弯曲杆菌、大肠杆菌、李斯特菌四种病原菌。此外，该包装材料还可以用于检测害虫或基因工程食品的蛋白含量，指出是否是转基因工程食品。日本的一家食品公司新近推出一种抗菌塑料包装容器，是用纤维塑料和聚丙烯等合成，再与一种用于食品薄膜的抗菌剂混合制成，能防止微生物和细菌的繁殖。最近，美国汽巴精化公司研制成功一种紫外线阻隔剂，能够保护包装内的食品免受紫外线的破坏，提高包装食品的安全性，延长保质期。日本最近开发成功食品包装用长效、多功能保鲜剂，能有效抑制好氧性、厌氧性、兼性厌氧性等多种微生物生长，且使用简便安全，不影响食品风味，可大大延长包装食品的货架寿命。

3. 灭菌型活性包装材料

能灭菌的活性包装体系是一种把活性灭菌物质与包装材料相结合的体系，如将山梨醇、山梨酸盐、苯甲酸钠、银沸石等物质加入到制造包装容器的材料中，然后制造成型加工成容器，使其缓慢释放出灭菌活性成分。

4. 新型高阻隔包装材料

常用的高阻隔包装材料有铝箔、尼龙、聚酯、聚偏二氯乙烯等。随着食品对保护性要求的提高，新型高阻隔塑料包装材料在国外已广泛应用，使用高强度高阻隔性塑料不仅可以提高对食品的保护，而且在包装相同量食品时可以减少塑料的用量。对于要求高阻隔性保护的加工食品以及真空包装、充气包装等，一般都要用优质复合包装材料，而在多层复合材料中必须有一层以上的高阻隔性材料。例如纳米改性的新型高阻隔包装材料纳米复合聚酰胺、乙烯-乙烯醇共聚物、聚乙烯醇等。

5. 无菌高阻隔食品包装材料

鉴于铝箔和某些材料复合制成的包装具有不透明、不易回收且不能用于微波加热的缺陷，近年来，研究人员开发成功无菌型镀 SiO_2 包装材料，即在真空环境中在 PET、PA、PP 等塑料薄膜基材上镀一层极薄的硅氧化物，之后赋予灭菌功能而制成。它不仅有极好的阻隔性，而且有极好的大气环境适应性，它的阻隔性不受环境温度变化影响。SiO_2 镀膜成本较高，大规模生产技术还不完善，目前我国已开始一定规模的研究，发达国家已在食品包装中应用。

总之，食品安全是一项巨大的工程，不仅要有优良的包装材料、先进的包装工艺，还要有统一性、科学性、公平性。食品包装业是 21 世纪的朝阳产业，随着人们生活质量的不断提高和对健康消费的日益重视，对包装食品的质量和安全将有更高的要求，食品包装材料领域也将迎来大发展。

参 考 文 献

[1] 《食品卫生学》编写组编. 食品卫生学. 北京：中国轻工业出版社，1991.
[2] 杨洁彬，王晶等编著. 食品安全性. 北京：中国轻工业出版社，1999.
[3] 高德主编. 实用食品包装技术. 北京：化学工业出版社，2003.
[4] 曹小红主编. 食品安全与卫生. 北京：科学出版社，2006.
[5] 陈炳卿，孙长颢主编. 食品污染与健康. 北京：化学工业出版社，2002.
[6] 章建浩主编. 食品包装技术. 北京：中国轻工业出版社，2001.
[7] 向贤伟编著. 食品包装技术. 长沙：国防科技大学出版社，2002.
[8] 章建浩主编. 食品包装学. 第 2 版. 北京：中国农业出版社，2006.